Teenager

© Michelle Bainbridge

David Bainbridge hat seine Evolution als Teenager in den frühen 1980er-Jahren in den Savannen von Essex durchlebt. An der University of Cambridge hat er dann Zoologie und Veterinärmedizin studiert und unterrichtet heute dort Klinische Anatomie der Nutztiere am St. Catharine's College. Forschungsaufenthalte führten ihn an das Institute of Zoology der Zoological Society of London am Regent's Park, das Royal Veterinary College der University of London sowie die Universitäten Cornell, Sydney und Oxford. Er hat mehrere populärwissenschaftliche Bücher verfasst, darunter *Das X in Sex. Wie ein Chromosom unser Leben bestimmt*. Er lebt mit seiner Frau und seinen drei Kindern, die unaufhaltsam der Pubertät zustreben, in Suffolk.

Website: www.davidbainbridge.org

David Bainbridge

Teenager

Naturgeschichte einer seltsamen Spezies

Aus dem Englischen übersetzt von Anna Schleitzer

Spektrum
AKADEMISCHER VERLAG

Titel der Originalausgabe: Teenagers – a natural history
Copyright © First published in English by Portobello Books Ltd in 2009

Aus dem Englischen übersetzt von Anna Schleitzer

Wichtiger Hinweis für den Benutzer

Bibliografische Information der Deutschen Nationalbibliothek

Die Deutsche Nationalbibliothek verzeichnet diese Publikation in der Deutschen Nationalbibliografie; detaillierte bibliografische Daten sind im Internet über http://dnb.d-nb.de abrufbar.

Springer ist ein Unternehmen von Springer Science+Business Media
springer.de

© Spektrum Akademischer Verlag Heidelberg 2010
Spektrum Akademischer Verlag ist ein Imprint von Springer

10 11 12 13 14   5 4 3 2 1

Planung und Lektorat: Frank Wigger, Sabine Bartels
Redaktion: Birgit Jarosch
Herstellung und Satz: Crest Premedia Solutions (P) Ltd, Pune, Maharashtra, India
Umschlaggestaltung: wsp design Werbeagentur GmbH, Heidelberg
Titelgrafik: © James Nunn

ISBN 978-3-8274-2373-3

Für all jene, die ich damals kannte. Hmm.

Inhaltsverzeichnis

Einführung
Ein Silberstreif am Horizont

Teenager zu sein, ist eine positive und mit dem Verstand erfassbare Erfahrung. Ich weiß, dass man das selten so hört oder liest, aber ich möchte Sie davon überzeugen, dass es stimmt.

Wer dieses Buch zur Hand nimmt, hat die Zeit des Erwachsenwerdens entweder schon durchgemacht oder steckt gerade mittendrin. Wie auch immer: Die Nachwirkungen dieses Prozesses begleiten uns das ganze Leben. In der Tat ist die Teenagerzeit der interessanteste Lebensabschnitt überhaupt – sagt die Wissenschaft – und möglicherweise auch der positivste. Es kommt ganz darauf an, was Sie daraus machen.

In den Jahren zwischen 10 und 20 passiert uns vieles zum ersten Mal, manches Gute, manches Schlechte und manches irgendwo dazwischen. Was wohin gehört, werden Sie im Laufe dieses Buches selbst herausfinden: Akne, Alkohol, Arbeit, Beziehungen zu Erwachsenen, Brüste, Depressionen, Drogen, Führerschein, Haare an komischen Stellen, Identifikation, Körpergeruch, Loslösung von den Eltern, Orgasmus, Pornografie, Prüfungen, Pubertät, Rauchen, Selbstbefriedigung, Selbstbeherrschung, Sex, Verantwortung, Wachstumsschübe ... Diese alphabetische Liste ist ganz sicher nicht vollständig, lässt aber doch ahnen, wie viel Neues in ein kurzes Jahrzehnt gepackt ist.

Als ob die schiere Menge des Ungewohnten nicht schon genug wäre, muss man sich in dieser Zeit auch noch mit seinen Mitmenschen herumschlagen. Niemand wird für sich allein erwachsen. Wenn ein Mensch erwachsen wird, tauchen plötzlich erstaunlich viele Experten mit noch mehr guten Ratschlägen auf: Was sollst du tun, was lieber lassen; wie sollst du es tun und mit wem. Bald hat der Teenager den Verdacht, dass sich eigentlich kein Erwachsener gut genug an die eigene Jugendzeit erinnern kann, um einen wirklich brauchbaren Rat zu geben. Dieser Verdacht wächst zu einem Misstrauen gegen Autoritäten im Allgemeinen heran. Noch schlimmer wird die Lage, wenn sich herausstellt, dass die Erwachsenen dieses Misstrauen an sich selbst durchaus schätzen und nähren, an jedem Jugendlichen aber strikt ablehnen. Vermutlich ist das der Zeitpunkt, zu dem der junge Mensch erwachsen genug sein sollte, um nicht mehr alles zu glauben, was man ihm erzählt?

Der Konflikt ist also unausweichlich. Gerade dann, wenn wir reif genug sind, um für uns selbst entscheiden zu wollen, kommen von überall Vorschriften: Arbeite hart, plane dein Leben, Finger weg von Drogen und Alkohol – und schlaf mit niemandem. Wenn die Adressaten dieser Ratschläge aber nach Begründungen fragen, kommt nicht viel dabei heraus. Ein gutes Beispiel sind Drogen. Jeder weiß, dass es Leute gibt, die Drogen nehmen und denen es offenbar gut damit geht. Trotzdem predigt man der Jugend ständig, Drogen seien „schlecht". Ein junger Mensch, der zwei und zwei zusammenzählen kann, muss daraus folgern, dass eine Partei lügt oder zumindest Blödsinn erzählt. Das ist nicht kompliziert, sondern logisch. Aber warum werden die gut gemeinten Ratschläge so häufig ohne stichhaltige Beweise ausgeteilt? Kennen die Erwachsenen (wenn sie ganz ehrlich sind) diese Beweise denn überhaupt selbst?

Womit ich beim Konzept dieses Buches angekommen bin. Wo findet man Beweise? Die gute (vielleicht überraschende) Nachricht lautet: Es gibt sie schon, wenn sie auch größtenteils erst in den letzten fünf bis zehn Jahren gefunden wurden. Man weiß inzwischen ziemlich viel über Drogen, Sex, Pubertät und die Gehirne von Jugendlichen. Dieses Wissen muss nur verständlich dargestellt und erklärt werden, damit jedem klar wird, wie ein Teenager funktioniert und was daraus zu lernen ist. Die Arbeiten von Naturwissenschaftlern, Ärzten und Therapeuten haben in den zurückliegenden Jahrzehnten Licht auf jeden Schritt des Erwachsenwerdens geworfen. Im Großen und Ganzen wissen wir, wie dieser Prozess abläuft, und überdies gibt es ein paar gute Erklärungen dafür, warum er sich so entwickelt hat. Mag das Heranwachsen von Zeit zu Zeit auch chaotisch, unvorhersagbar, ja sogar pervers wirken – es lässt sich nicht leugnen, dass es nach einem bestimmten Muster vor sich geht. Nachdem ich dieses Buch geschrieben und die Erkenntnisse der Entwicklungsbiologie, Paläoanthropologie, Neurowissenschaft, Physiologie, Psychologie, Therapie und Politik aufgearbeitet habe, bin ich mehr denn je überzeugt, dass die Entwicklungsjahre den entscheidenden Abschnitt unseres Lebens bilden.

Wie Sie sehen, halte ich das Erwachsenwerden also für absolut erklärbar. Vermutlich erinnern Sie sich aber auch, dass ich außerdem kühn das Wort „positiv" verwendet habe.

Die Teenagerjahre können etwas sehr Schönes sein. Leider reden die meisten Leute davon wie von einer unerfreulichen, aber leider unausweichlichen Hürde zwischen der goldenen Kindheit und der erstrebenswerten Reife des Erwachsenen.

Zugegeben, unser zweites Lebensjahrzehnt ist voller Mühen, von denen ich einige weiter oben aufgelistet habe. Warum soll man es aber nicht als positive Chance begreifen? Alles, was wir über die biologische Evolution und die gesellschaftliche Entwicklung des Menschen wissen, ermutigt zu dieser optimistischen Einstellung. Sehen wir die Teenagerzeit nicht als schmerzvollen, unsicheren Übergangszustand zwischen zwei Lebensstadien, sondern als eine Zeit, in der wir von allem das Beste haben können: das naive Staunen des Kindes und die gefestigte Unabhängigkeit des Erwachsenen.

Verglichen mit anderen Tieren, vergeht beim Menschen ein ziemlich großer Teil des Lebens vor dem Erwachsensein. Zu behaupten, der (evolutionsgeschichtliche) Sinn des Ganzen bestünde darin, die Leidenszeit möglichst in die Länge zu ziehen, wäre geradezu pervers. Im Gegenteil: Vieles deutet darauf hin, dass uns dieser Aufschub aus gutem Grund verschafft wurde, denn auf lange Sicht hilft er uns beim Überleben – und das ist schließlich das Ziel der Evolution. Die Jugend ist die Zeit, in der wir ein bisschen spielen, ein bisschen leben und ein bisschen wachsen dürfen. Manchmal hat man den Eindruck, das sei eine extrem anstrengende, extrem gefährliche Periode. Sicherlich hat alles seine Risiken, aber eins sollten wir nicht vergessen: In diesen Jahren ist uns die einzigartige Möglichkeit gegeben, mit der Welt, uns selbst und unseren Mitmenschen zu experimentieren. Mag im Moment manches auch ernst und schwerwiegend erscheinen, hat doch kaum etwas wirklich Konsequenzen für das spätere Leben. Ich fürchte fast, wir nehmen den Jugendlichen den Mut, Neues auszuprobieren. Das Leben ist dazu da, gelebt zu werden! Jeder sollte sich ein bisschen unverantwortlich benommen haben dürfen, bevor der 20. Geburtstag heranrückt.

Warum sollte nun ausgerechnet ich dieses Buch schreiben, und wie bin ich auf die Idee gekommen?

Damit Sie mir glauben, dass ich mich dem Thema aus ungewöhnlicher Perspektive und unvoreingenommen genug nähern kann, möchte ich Ihnen ein bisschen über mich selbst erzählen. Natürlich könnte ich wieder mit dem üblichen, aalglatten „Ich war auch mal jung" und so weiter anfangen – was natürlich stimmt. Konkret kann ich dazu sagen, dass ich neun Monate vor der ersten Mondlandung geboren wurde und in Südengland aufwuchs. Ich war ein glücklicher kleiner Junge und wurde ein normaler Teenager, der versuchte, in Kneipen bedient zu werden, bevor er alt genug dazu war, und sich bevorzugt mit Leuten anfreundete, die Auto fahren konnten. Ich diskutierte ein wenig herum, aber vor allem hatte ich Spaß; dann begann ich zu studieren und hatte noch mehr Spaß. Ich bin mit einem guten Gedächtnis gesegnet; so beschloss ich, Tierarzt zu werden. Deswegen kann ich eine gewisse Erfahrung im Umgang mit aggressiven Pelztieren in die Waagschale werfen. Außerdem begann ich mich dafür zu interessieren, wie die Evolution uns Menschen im Laufe der Jahrmilliarden geformt hat. Meine Faszination für dieses Thema hielt an und mündete in dieses Buch.

Ein paar Jahre lang habe ich als Tierarzt gearbeitet. Dabei hatte ich oft die Aufgabe, verständigen und interessierten, aber naturwissenschaftlich nicht (aus)gebildeten Leuten biologische Sachverhalte zu erklären – genau das, was ich jetzt mit meinen Büchern versuche. Danach forschte ich eine Weile am Zoologischen Institut in London, arbeitete in einer Geburtsklinik in Oxford und an der Hochschule für Tiermedizin in London und fing an, Studenten und Schüler bei der Planung ihres Berufsweges zu beraten. Allmählich überwog dieser Bereich meiner Tätigkeit, bis ich mich schließlich (mittlerweile in Cambridge) hauptberuflich damit befasste.

Zwischendrin begann ich irgendwie, populärwissenschaftliche Bücher zu biologischen Themen zu schreiben, erst über
die Schwangerschaft, dann über Sexualität und schließlich
über das Gehirn. Ich hoffe, es macht sich in diesem vierten
Buch bemerkbar, dass mich sehr bemüht habe, meine schon
zu Tierarztzeiten vorhandene Fähigkeit, Biologie zu erklären, weiterzuentwickeln. Beim Schreiben habe ich entdeckt,
dass man eigentlich die gesamte Biologie unterhaltsam und
verständlich erklären kann, wenn man all die langen Wörter
weglässt und stattdessen einfach Geschichten erzählt. Und,
was entscheidend war: Ich habe erkannt, dass die Teenagerzeit Dreh- und Angelpunkt des ganzen Lebens ist, obwohl die
Öffentlichkeit fast nichts davon weiß.

Jetzt kennen Sie meine Motive, dieses Buch zu schreiben,
und verstehen auch, warum ich ausgerechnet mich für den
geeigneten Autor hielt. Ich interessiere mich für Wachstum,
Paarung und Geist und dafür, warum die Evolution uns so
wachsen, kopulieren und denken ließ, wie wir es eben tun. Die
Geschichte der Jugendzeit halte ich für wert, erzählt zu werden, und ich glaube, sie wird so manchem helfen, sich selbst
(mit allen Schwächen) besser zu verstehen. Von Berufs wegen habe ich sehr viel mit älteren Teenagern zu tun, und ich
erschrecke immer wieder, wenn ich sehe, wie viele attraktiv,
intelligent und selbstbewusst wirkende junge Leute innerlich
von Unsicherheit, Ängsten und Selbstzweifeln zerrissen werden. In diesem Buch versuche ich zu erklären, warum das so
ist und warum es immer Hilfe gibt.

Ein Feind der Freude am Erwachsenwerden ist die schar-
fe Klinge des Reduktionisten: die Gefahr, alles zu zerreden
und kaputtzuanalysieren. Das mag seltsam klingen aus dem
Munde eines Mannes, der ausgerechnet ein Buch über dieses Thema verfasst hat, aber lassen Sie mich erklären, was ich

meine. Es gibt unzählige Bücher über die Pubertät und über Sexualerziehung, über Drogen und Abhängigkeit und erst recht über Beziehungen zwischen Teenagern. Darunter befinden sich sogar einige, die sich dem „Teenagergehirn" widmen. Viele davon sind, für sich genommen, hervorragend, aber ich fürchte, sie hinterlassen den Eindruck, von vollkommen verschiedenen Dingen zu handeln. Ich dagegen empfinde meine eigene Teenagerzeit im Rückblick als einen Mischmasch von allem – als einen Versuch, Beziehungen zu knüpfen, während mein Körper verrückt spielte, mein Gehirn ganz anders zu funktionieren begann (zumindest, wenn es nicht mit Alkohol oder anderem getränkt war) und mein ganzes Selbst eine sexuelle Identität entwickelte. Es war alles so unbestimmt und durcheinander, nicht klar getrennt, wie die Bücher nahelegen. Vielleicht ist es gerade dieses Chaos, dieser Mangel an Vorhersehbarkeit, der einen Jugendlichen auf eine höhere, intensivere Stufe der Erfahrung hebt, als er sie jemals wieder erleben wird.

Wichtig ist also, dass Sie sich das Heranwachsen nicht wie eine Kette einzelner, voneinander unabhängiger Veränderungen vorstellen. Alles greift ineinander: Das Geschlecht beeinflusst den Arbeitsstil, die Beziehungen beeinflussen die Einstellung zum Sex, Drogen beeinflussen die Stimmung und so weiter.

Allerdings musste ich dieses Buch in fünf Kapitel unterteilen, damit Sie die Übersicht behalten können. Der Reihenfolge nach handeln sie vom Wachsen, vom Denken, von Drogen, von Beziehungen und vom Sex. Natürlich gibt es aber bis zu einem gewissen Grad Überschneidungen. Schließlich findet alles zur gleichen Zeit statt, und der Grund für die große Verwirrung, die viele in diesem Lebensabschnitt erleben, ist gerade die Tatsache, dass sich so vieles gleichzeitig ereignet.

Ein Teenager ist weder Kind noch Erwachsener, sondern ein kompliziertes Zwitterwesen. Die Jahre zwischen 10 und 20 sind keine Lücke im Lebenslauf, sondern eher ein äußerst aufregender Knoten vergangener und zukünftiger Lebenswege, die hier in einzigartiger Weise aufeinandertreffen.

Aus diesem Wirrwarr geht schließlich die Straße hervor, die ins Erwachsensein führt; und der Erwachsene ist vorbereitet auf das, was ihn erwartet – schließlich war er mal ein Teenager! Wie Sie in diesem Buch erfahren werden, hat die Evolution den Teenager erschaffen, weil dies die beste Methode ist, erwachsen zu werden. Wir können nicht ewig leben; die Menschheit muss sich immer wieder selbst ersetzen. Mit anderen Worten: Indem wir für Nachkommen sorgen, schlagen wir dem Tod ein Schnippchen. Kann man den Prozess des Heranwachsens noch positiver sehen?

Die Jugend kann eine wunderbare, wertvolle Zeit sein – ein Geschenk, kein Leidensweg.

1

Pickel, Kurven und Wehwehchen

Warum Wachsen harte Arbeit ist

Unterhaltung am Pool:
Mein drei Jahre alter Neffe: „Wo ist dein Zipfel?"
Meine drei Jahre alte Tochter: „Ich habe keinen."
Mein drei Jahre alter Neffe: „Wie machst du dann Pipi?"

Die einzige Zeit in meinem Leben, in der ich fertigbrachte, ein Tagebuch zu führen, waren die Jahre zwischen 14 und 18. – Obwohl das nicht gerade das Alter ist, in dem man Fleiß bei Jungen vermutet, schrieb ich dreieinhalb Jahre lang täglich einen Eintrag, fast immer innerhalb von 24 Stunden nach dem jeweiligen Ereignis. Ehrlich und unumwunden verzeichnete ich alles, was mir Tag und Nacht so passierte, ohne Missgeschicke und Brummschädel zu verschweigen.

Es dauerte nicht lange, bis ich mir eine Schrift und einen Stil angewöhnt hatte, den niemand verstehen (oder auch nur entziffern) konnte. Das stärkte mein Vertrauen ungemein. Es ist wirklich erstaunlich, wie man sich einem Blatt Papier gegenüber öffnet, wenn man nur sicher sein kann, dass es niemals jemand liest. Natürlich gab es viele Tage, an denen nichts geschah; eingestreut in Hunderte beschriebener Seiten finden sich aber auch wirklich wichtige Momente meines Lebens,

neue Erfahrungen, Perspektiven und Gefühle, die in dieser
Zahl und Dichte noch nie dagewesen waren und sich auch
nie wiederholen sollten. Eintöniges gemischt mit Bizarrem
gemischt mit Delikatem. Hin und wieder blätterte ich zurück,
nur um zu lesen, was sich in so kurzer Zeit getan hatte und
wie manches, das mir eben noch exotisch und unmöglich vor-
gekommen war, den Alltag erobert hatte. Die immer länger
werdende Geschichte, die das Tagebuch erzählte, gab mir entschieden das Gefühl, irgendwohin *unterwegs* zu sein.

Während ich so schrieb, blätterte und wieder schrieb, stellte
ich fest, dass – fast unmerklich langsam – etwas mit mir geschah. Meine Erfahrungen, Perspektiven und Gefühle hatten
ein dramatisches Ausmaß erreicht. Ich war ein anderer Mensch
geworden, ohne es recht mitbekommen zu haben. Der große
Wust der Veränderungen wirkte nun wie ein Wall, ein Gebirge,
das mich Achtzehnjährigen von der Kindheit trennte. Zwar
glaubte ich beharrlich, dass Jungen nicht erwachsen werden
müssen (manchmal glaube ich das noch heute), aber die Beweise für das Gegenteil häuften sich. Ich war gern Kind gewesen, und ich war gern 18 Jahre alt, aber es war nicht dasselbe
gute Gefühl. Es gab kein Zurück.

Aus diesem Grund zitiere ich oben die beiden kleinen Kinder: Ich stelle mir vor, auch Sie kommen jetzt ins Grübeln
über all die Veränderungen, die Sie als Teenager erlebt haben
(oder noch erleben). Natürlich muss es sehr lange her sein,
dass Sie so geredet haben wie meine Tochter und mein Neffe.
Vielleicht können Sie sich gar nicht mehr vorstellen, einst auch
auf dieser Stufe gestanden zu haben, aber es ist *Tatsache*. Und
niemals können Sie wieder so sein. Die drei Zeilen Kleinkind-
gebrabbel sagen so viel über die Kindheit aus. Sie sprechen
von sexueller Naivität, ehrlicher Neugier auf das Leben anderer, von der selbstverständlichen Annahme, alle Leute wären

so wie man selbst ist. Möglich, dass Sie jetzt auch ein hohes Gebirge von Veränderungen zwischen damals und heute (in Ihrem eigenen Leben) ausmachen. Vielleicht verbringen wir alle unsere Jugendjahre als geistige, emotionale und sexuelle Bergsteiger.

Ein weiterer Grund dafür, den kleinen Dialog voranzustellen, ist, dass er einen ganz speziellen Aspekt des Heranwachsens deutlich macht. Oberflächlich betrachtet geht es hier um die (äußerlichen) Unterschiede zwischen Mann und Frau. Wir stellen fest, dass kleine Kinder viel weniger sexuell denken als Halbwüchsige oder Erwachsene. Hören wir aber genauer hin, dann zeigen die Worte, dass Kinder grundsätzlich anders denken und handeln. Mit dem Erwachsenwerden beginnt nicht nur das Sexualleben, auch wenn die öffentliche Diskussion über „die Jugend" dies meist vermuten lässt. Natürlich ist der Sex ein wichtiger Teil des Lebens, und natürlich fangen die meisten Leute als Teenager damit an. Trotzdem beinhaltet unser zweites Lebensjahrzehnt weit mehr als ein simples Übungsprogramm in Paarungstechnik. Ein wichtiger Punkt, auf den ich im Laufe dieses Buches immer wieder zurückkommen werde, ist: Teenager „wachsen" in vielerlei Hinsicht, körperlich, geschlechtlich, intellektuell, emotional und geistig, und zwar gleichzeitig und in engem Wechselspiel. Als Jugendlicher mag man „sexualisiert" werden, aber nicht weniger „intellektualisiert", „emotionalisiert" und so weiter. Und bei alldem muss man auch noch länger und breiter werden.

Ich bin – aus Gründen, die ich bald im Detail erläutern werde – der festen Überzeugung, dass die Jahre zwischen 10 und 20 in vielerlei Hinsicht ungewöhnlich sind und deshalb als eigenständiges Entwicklungsstadium betrachtet werden sollten, nicht als Übergangszustand zwischen Kindheit und Erwachsensein, sondern als etwas sogar noch viel

Bedeutenderes: etwas, das den Menschen biologisch von anderen Tieren unterscheidet. Was ist dann von dem oft vorgebrachten Gedanken zu halten, die Teenagerzeit sei nichts als ein modernes soziales Konstrukt? Verfechter dieser Idee behaupten, bis zum Zweiten Weltkrieg (oder einem anderen willkürlich festgesetzten Zeitpunkt) habe sich das Erwachsensein nahtlos an die Kindheit angeschlossen. Nun hat sich die Einstellung der Gesellschaft zu Teenagern sicherlich im Laufe der Jahre gewandelt, und die Eigenheiten und Bedürfnisse dieser Altersgruppe werden heute weitaus mehr beachtet und zugelassen als noch vor Jahrzehnten. Das bedeutet aber keinesfalls, dass der Teenager „als solcher" erst seit dem späten 20. Jahrhundert existiert. Sie brauchen sich nur in der Literatur umzusehen, um zu erkennen, dass Heranwachsende schon immer als etwas Besonderes galten, wobei der Umgang der Gesellschaft mit diesen Besonderheiten vom jeweiligen Zeitgeist diktiert war. Wie viel Aufhebens man in der griechischen und römischen Antike um Jünglinge und Mägdelein machte, beweist ein Blick auf Nebenhandlungen etwa bei Homer oder Virgil, in denen reizbare Halbwüchsige Hauptrollen spielen. Und können Sie sich *Romeo und Julia*, all diese Impulsivität, diese überbordenden, widerstreitenden Gefühle, mit erwachsenen Protagonisten vorstellen? Nein, Teenager sind ganz und gar keine soziologische Idee. Sie sind einfach anders als alle anderen.

Im ersten Kapitel dieses Buches werde ich versuchen, eine geheimnisumwitterte Frage zu beantworten: Woher kommt der Teenager? Diese Frage ist so komplex, dass es mehrere, ineinander verschlungene Wege gibt, zu einer Antwort zu gelangen. Zunächst werden wir unsere Geschichte bis in vorsintflutliche Zeiten zurückverfolgen, um den Moment zu erleben, in dem der erste Teenager auftauchte, und um zu klären, was diesen „wahren Teenager" tatsächlich ausmacht. Dann werden wir die Vorboten der Pubertät und des Erwachsenwerdens untersuchen, die Zeit also, in der der Körper sich entschließt, uns endgültig zur Frau oder zum Mann werden zu lassen. Als Nächstes betrachten wir, welchen Einfluss dieser Prozess auf die Teile unserer Persönlichkeit hat, die nicht unmittelbar mit dem Geschlecht(sverkehr) verknüpft sind. Da wir nicht allzu schnell beim tatsächlichen Sex landen wollen, denken wir ausführlich darüber nach, wie der junge Mensch in die Länge schießt und dabei immer dürrer, fettiger und behaarter wird, zu müffeln beginnt und so weiter. Schließlich verbringen die allermeisten Teenager deutlich mehr Zeit damit, Sex zu wollen und ihm aus dem Weg zu gehen und zu grübeln, wie sie beides am besten fertigbringen, als damit, „es" wirklich zu tun – so werden wir es auch halten. Wir tun so, als ob wir zu Hause herumsitzen und uns über Dinge wie Achselgeruch den Kopf zerbrechen. Zur Sache „an sich" kommen wir erst in Kapitel 5. Am Schluss dieses ersten Kapitels wollen wir entwicklungsgeschichtliche und biologische Kennzeichen des Erwachsenwerdens zu einer Theorie vermischen, die begründet, warum der Teenager entstanden ist und wozu er gut ist.

Kapitel 1 befasst sich also mit den körperlichen Veränderungen, die jeder Teenager erleidet, aushält oder freudig miterlebt – je nachdem –, also mit etwas von all dem Eintönigen, Bizarren, Delikaten, das ich in meinem Tagebuch verewigt habe. Falls Sie gern im Rückblick darüber staunen würden, wie viel Sie während Ihrer eigenen Teenagerzeit durchgemacht haben, kann ich nur empfehlen: Stellen Sie Ihre Wohnung auf den Kopf und suchen Sie nach Tagebüchern, Briefen und sonstigen Kritzeleien, und verlieren Sie diese Aufzeichnungen nicht auf rätselhafte Weise wie ich. Ich habe gern und fleißig Tagebuch geschrieben; allerdings muss ich zugeben, auch ein ganz kleines bisschen erleichtert zu sein, dass ich es nicht mehr finden kann. Ich habe keine Ahnung, wo es jetzt ist und ob es dem neuen Besitzer schon gelungen ist, meinen Code zu knacken.

Woher kommt der Teenager?

Eine seltsame Frage, oder? Erlebt die Zeitspanne zwischen 13 und 19 Jahren nicht jedes Tier, das mindestens 20 Jahre alt wird? Ein Menschen-Teenager zu sein, bedeutet aber mehr, als nur das geeignete Alter zu haben. Das Erwachsenwerden ist ein bemerkenswertes – man könnte sagen, einzigartiges – Stadium des Menschenlebens mit einer ganz bestimmten Rolle und einer eigenen, umstrittenen Evolutionsgeschichte. Konkret: Es gibt gute Gründe anzunehmen, dass die Teenagerzeit einer der wesentlichen Bausteine des Erfolges der menschlichen Rasse ist.

Um unserer Frage auf den Grund zu gehen, müssen wir sie in einen breiten Kontext stellen. Wenn es dieses besondere Heranwachsen ist, was den Menschen so speziell macht, dann ist zunächst zu überlegen, worin sich unsere Gattung denn von anderen unterscheidet. Indem wir die zehn Millionen Jahre lange Chronologie der Entwicklung unserer spezifisch menschlichen Eigenschaften nachvollziehen, tun wir den ersten Schritt, um diese Eigenschaften selbst zu verstehen und in ihrer Bedeutung einzuordnen. Zu ihnen zählt man heute auch die Jugendphase, die wir im Laufe dieses Buches zu den anderen, wann immer es sich anbietet, in Beziehung setzen werden.

Ich muss betonen, dass ich – Veterinär mit zoologischen Fachkenntnissen – es philosophisch reizvoll finde, Menschen als eine Art unter vielen zu betrachten. Letztlich sind wir Tiere, die den gleichen biologischen Gesetzmäßigkeiten unterliegen wie alle anderen Tiere auch und sich mit den gleichen Methoden untersuchen lassen. Außerdem lehne ich es grundsätzlich ab, den Menschen als *per se* überlegen zu betrachten, denn darin sehe ich eine Quelle der Grausamkeit und Vermessenheit unserer Spezies. Je eingehender ich mich jedoch mit Humanbiologie befasse, desto klarer wird mir, wie ungewöhnlich, wie sonderbar wir sind. Obwohl ich es überhaupt nicht gern eingestehe, scheint es doch einige Merkmale zu geben, die den Menschen im Tierreich einzigartig machen. In der Regel hängen sie mit dem Erwachsenwerden zusammen. Schauen wir sie uns genauer an. Ich habe sie dazu in vier Gruppen eingeteilt:

Fortbewegung	Gehirn	Fortpflanzung	Lebensplan
auf zwei Beinen	hohe kognitive Fähigkeiten Sprache	Menstruation keine „Hitze" Sex nicht nur zum Zweck der Fortpflanzung Menopause	Langlebigkeit Eltern sorgen für Nahrung und befriedigen Bedürfnisse langes Leben nach Beendigung der Fruchtbarkeit Nachwuchs längere Zeit abhängig

Unser erstes und offensichtlichstes charakteristisches Merkmal ist die Fähigkeit zu gehen. Im Unterschied zu den meisten Primaten – und zu den meisten Säugetieren überhaupt – bewegen wir uns auf zwei Beinen, und zwar seit ungefähr sechs Millionen Jahren. Es gibt auch Säugetiere (Beutel- und Nagetiere), die auf zwei Füßen stehen können, aber sie laufen dann nicht, sondern nutzen den Stand zum Absprung. Viele Primaten könnten natürlich auf zwei Beinen gehen, wenn sie wollten; aber sie tun es selten. Erwachsene Menschen hingegen bewegen sich nur aufrecht, und das sehr effektiv:

Zwar haben wir kaum Anlass, uns als physisch herausragende Art zu betrachten, aber wir sind tatsächlich bessere Langstreckenläufer als fast alle anderen Tiere. Die Geschichte des aufrechten Gangs ist für sich genommen äußerst interessant, aber wir werden sie hier beiseite lassen, weil sie höchstens indirekt mit der Geschichte des Erwachsenwerdens verknüpft ist. Zehnjährige können schließlich schon sehr gut laufen und herumrennen. Eine gewisse Bedeutung lässt sich trotzdem nicht abstreiten, denn die Zweibeinigkeit befreit die Hände: Wir können unsere Artgenossen mit Nahrung versorgen, Handgriffe verrichten, Werkzeuge benutzen und nicht zuletzt unsere anspruchsvollen Nachkommen herumschleppen, solange sie sich noch nicht selbst festklammern.

Die zweite Spalte der Tabelle betrifft das Gehirn, das häufig als der alles entscheidende Unterschied zwischen Mensch und Tierreich betrachtet wird. Sicher ist es doch dieses Gehirn, das unsere Art so erfolgreich macht? Auf jeden Fall ist es außergewöhnlich groß, da sind sich all die zahlreichen vergleichenden mathematischen Verfahren einig. Vielleicht erklärt das unsere überragenden „kognitiven" Fähigkeiten. Als Kognition oder Erkenntnisvermögen bezeichnet man allgemein die Fähigkeit, Sinneseindrücke zu verarbeiten, zu verstehen, in mentale Bilder und Symbole zu übersetzen, Handlungen zu planen und dann zielgerichtet auszuführen. Allerdings ist nicht gesagt, dass wir uns – wie schlau wir auch immer wirken mögen – in dieser Hinsicht qualitativ von anderen Tieren unterscheiden. Vielleicht entscheidet hier nur die Quantität, was man vom zweiten großen Triumph des menschlichen Gehirns nicht sagen kann: Wir haben eine Sprache entwickelt. Viele Tiere kommunizieren mit Lauten, manche in komplexer Weise, aber nur der Mensch verfügt über eine gesprochene Sprache, die einige wenige Buchstaben oder Silben zu vielgestaltigen Folgen verknüpft und mit

Syntax und Grammatik die Artikulation abstrakter Begriffe zulässt. Die Sprache ist in der Tat spezifisch menschlich, darin stimmen Tierverhaltensforscher, Linguisten, Sprachforscher und Kryptographen im Großen und Ganzen überein.

In der dritten Spalte geht es um die Fortpflanzung. Vielleicht erkennen Sie hier zunächst keinen Zusammenhang; im Laufe dieses Buches werde ich Ihnen aber erklären, was diese Aspekte mit dem Menschsein an sich zu tun haben. Da ist zunächst die Menstruation, ein Vorgang, den wir nur mit wenigen Primaten gemeinsam haben. Frauen zeigen zur Zeit des Eisprungs keine erhöhte sexuelle Empfänglichkeit, sie kommen nicht in die bei weiblichen Tieren als „Hitze", Brunst, Läufigkeit usw. bezeichnete Deckbereitschaft. Bis die Wissenschaft ihnen Hilfestellung gab, wussten deshalb weder sie selbst noch die Männer, wann sie fruchtbar waren. (In der griechischen Antike hielt man etwa die Tage der Menstruation für besonders fruchtbar.) Damit verbunden ist zweitens die Tatsache, dass Menschen bekanntermaßen längst nicht nur um des Kinderkriegens willen Sex haben. Das macht uns geilen Primaten fast niemand nach. Drittens schaltet sich die frauliche Fruchtbarkeit innerhalb einer relativ kurzen Zeitspanne, der Menopause, ab; auch das ist spezifisch menschlich, obwohl es auch bei Gorillas und einigen Walen beobachtet worden sein soll. Alles in allem ist die Fortpflanzung unsere wichtigste Aufgabe. Darwins natürliche Auslese funktioniert nur, weil manche Individuen für Nachkommenschaft sorgen, wohingegen ihre Artgenossen versagen. Es sollte also niemanden überraschen, dass eine so sonderbare Art wie der Mensch auch verrückte Fortpflanzungsgewohnheiten hat.

In der vierten Spalte stehen Merkmale, die mit dem zeitlichen Ablauf unseres Lebens zu tun haben. Man kann „Lebensgeschichte" oder „Lebenslauf" dazu sagen, aber ich werde den Begriff „Lebensplan" verwenden, weil er impliziert, dass wir unsere Gründe haben, das Leben so und nicht anders zu verbringen. Wie sich unser Lebensplan von dem anderer Tiere unterscheidet, ist sicherlich weniger greifbar, weniger konkret als die bereits erklärten anderen Differenzen, aber ich halte diesen Punkt für den interessantesten, weil er die evolutionäre und biologische Entwicklungsrichtung, die uns zum Menschen werden ließ, auf alltägliche, unspektakuläre Weise erfahrbar macht. Und, nicht zu vergessen, über unseren Lebensplan zerbrechen wir uns pausenlos den Kopf. Dass wir auf zwei Beinen stehen, reden, denken und uns vermehren, nehmen wir als selbstverständlich hin, aber die Ansprüche unserer Kinder, die Auseinandersetzungen mit unseren Geschlechtspartnern, die Einstellung zum Älterwerden – das sind Themen, über die wir endlos diskutieren können. Die Seltsamkeiten des menschlichen Lebensplans kommen hier alle zum Ausdruck: Wir leben außergewöhnlich lange, mit durchschnittlich 70 Jahren mindestens doppelt so lange wie unsere nächsten Verwandten unter den Affen. Obwohl wir aber so lange leben, sorgen in der Gesellschaft von Jägern und Sammlern hauptsächlich Menschen zwischen dem 20. und 50. Lebensjahr, in der Regel Männer, für Nahrung und unterstützen damit andere soziale Aktivitäten – ein ungewöhnliches, menschliches Verhalten. Eine dieser sozialen Aktivitäten ist die Unterstützung von Männern und Frauen, die noch ein langes Leben vor sich haben, nachdem sie aufgehört haben, Nachkommen zu produzieren – ein Verhalten, das es bei anderen Tieren so gut wie nicht gibt. Eine zweite Aktivität ist der Prozess, der uns in diesem Buch besonders beschäftigt: die Versorgung und Aufzucht unserer sich unglaublich langsam entwickelnden Sprösslinge. Keine andere Art bringt Kinder hervor, die 20 Jahre lang – fast ein Drittel des gesamten Lebens! – dermaßen abhängig von der Fürsorge ihrer Mitmenschen sind. Es ist nicht zu übersehen: Das Leben der Menschen ist sehr lang und sehr ungewöhnlich. Eine Gruppe von Individuen in den „besten Jahren" muss gleichzeitig die Alten versorgen und eine Horde von Babys, Kindern und Jugendlichen durchbringen, die sich mühsam und schrittweise bis zum Erwachsenenalter vorankämpfen.

Wir Menschen sind schon ein eigenartiges Volk. Man kann kaum nachvollziehen, dass sich eine einzige Art so sehr von allen anderen Arten unterscheiden soll. Auf die meisten Merkmale, die ich genannt habe, werde ich im Laufe des Buches noch zurückkommen. In diesem ersten Abschnitt aber, in dem wir überlegen wollen, woher die Teenager kommen, bietet es sich an, nach der Evolution des Lebensplans zu fragen, insbesondere nach Gründen für die Evolution einer 20 Jahre dauernden Periode der Abhängigkeit von der Elterngeneration. Es ist nicht zu vermuten, dass man so etwas wie Lebensplanfossilien findet; trotzdem hat die Paläoanthropologie überraschend viel zu diesem Thema zu sagen.

In den letzten beiden Jahrhunderten hat sich die Sicht dieser Dinge deutlich geändert. Niemand, der auch nur halbwegs seinen gesunden Menschenverstand einsetzt, zweifelt heute noch daran, dass unsere Art aus Primaten hervorgegangen ist. Die anatomischen und molekularen Analogien springen einem förmlich ins Gesicht, und auch Fossilien belegen den Übergang vom Affenähnlichen zum Menschenähnlichen so eindrucksvoll, dass sich nur schwer darüber hinweggehen lässt. Wie bei jeder guten Theorie üblich, suchen die Wissenschaftler aber auch hier gezielt nach Schwächen. Aller Vermutung nach haben wir die meisten typisch menschlichen Fähigkeiten im Laufe der vergangenen zehn Millionen Jahre erworben, aber die dokumentierten Funde sind nach wie vor frustrierend lückenhaft. Belege fehlen zum Beispiel für die Zeit der Abspaltung der menschlichen Linie von der Linie der Schimpansen und für das Erscheinen der Gattung *Homo*. Außerdem bekommen wir – wie jeder weiß, der sich genauer damit beschäftigt hat – nur die Fossilien zu sehen, die die Natur uns zeigen will. Die Dokumentation hat neben den zeitlichen auch geographische Lücken. In einigen Gebieten Afrikas zum Beispiel wurden unsere verblichenen Vorfahren von den Elementen einfach zu Staub zerrieben. Wenn Sie dann noch bedenken, dass die frühesten Menschenpopulationen spärlich über riesige Flächen verstreut waren und dabei höchstwahrscheinlich noch stark variierten, begreifen Sie, warum unser Blick auf die eigene Geschichte selektiv bleiben muss.

Von diesen Problemen abgesehen herrscht Einigkeit darüber, dass der Überlebenskampf im veränderlichen afrikanischen Klima unsere Vorfahren immer wieder zur Anpassung zwang. Bis vor ungefähr sechs Millionen Jahren lebten die gemeinsamen Vorfahren von Schimpansen und Menschen in Wäldern und verfügten über ein Hirnvolumen von rund 400 Millilitern. Das ist ungefähr so groß wie eine respektable Orange und dem modernen Schimpansengehirn vergleichbar. Danach ereignete sich etwas Einschneidendes: Während die Vorfahren der Schimpansen im idyllischen Wald blieben, zogen ihre Verwandten in die weniger dicht bewachsene Baumsavanne, die sich entlang der Waldsäume erstreckte. Eine wichtige Gruppe dieser Auswanderer, zusammengefasst in der Gattung *Australopithecus*, verbreitete sich vor vier bis zwei Millionen Jahren über einen Großteil des afrikanischen Kontinents. Vermutlich mussten sie noch oft klettern, aber sie hatten bereits den charakteristischen zweibeinigen Gang entwickelt, dessen wir uns noch heute erfreuen.

Was als Nächstes passierte, wird von Anthropologen manchmal als unsagbar traumatisch beschrieben, als Gegenstück der Evolution zur Vertreibung aus dem Paradies. Das afrikanische Klima wurde immer trockener, die Wälder schrumpften, Wüsten waren auf dem Vormarsch. In einem Prozess, der in die Entstehung unserer Art mündete, begannen unsere Vorfahren vor zwei Millionen Jahren, die dürren, spärlich bewachsenen Buschsavannen zu besiedeln. Dabei waren sie zweifellos darauf angewiesen, alle fünf Sinne zusammenzunehmen. So wuchs ihr Gehirn auf 800 Milliliter (zwei Orangen) an; wahrscheinlich benutzten sie häufiger Werkzeuge als die Vorfahren der Schimpansen, und ihre Hilfsmittel wurden komplexer. Von diesem Zeitpunkt an trugen unsere Ahnen den ehrenhaften Namen *Homo*, der ihre Ähnlichkeit mit dem Jetztmenschen deutlich machen soll. Vertreter der Art *Homo erectus* gehörten fast zwei Millionen Jahre lang zum lebenden Inventar der afrikanischen, ja sogar der europäischen und asiatischen Landschaften.

Danach nahm die Evolution des Menschen Fahrt auf. Der gute alte *Homo sapiens* erschien vor gerade einmal 250 000 Jahren, ein eindrucksvolles Drei-Orangen-Gehirn (1200 Milliliter) und große Begabung für das Werkzeugmachen im Gepäck. Faszinierenderweise ist das Gehirn seit 150 000 Jahren fast gleich geblieben. Man könnte sagen, wir laufen mit Steinzeitgehirnen herum. Vielleicht war das Drei-Orangen-*sapiens*-Design von Anfang an so gut, dass sich Modifikationen erübrigten. Unser altmodisches Gehirn erwies sich in der Tat als sehr anpassungsfähig, und der Grips scheint offenbar zur Entwicklung der Landwirtschaft vor 12 000 Jahren und zum Bau von Städten vor 6000 Jahren ausgereicht zu haben. Der Rest ist, wortwörtlich, Geschichte.

Wo aber kommt darin das Erwachsenwerden vor? Wann kicherte oder schmollte sich der erste Teenager durch die majestätischen Weiten des schwarzen Kontinents? Vielleicht halten Sie es für zu optimistisch, zwischen den zerschmetterten Knochen und Zähnen unserer entfernten Vorfahren Hinweise auf Halbwüchsige zu suchen, aber man hat es getan – und wurde fündig.

Dass uns die Paläoanthropologie hier Antworten geben kann, liegt unter anderem an dem harten Leben unserer Ahnen. Manche von ihnen starben, bevor sie erwachsen waren, und vermachten uns ihre jugendlich-hominiden Fossilien. Verständlicherweise werden diese Überreste genauestens untersucht, aber es bleibt strittig, ob es zulässig ist, hinsichtlich Alter und Entwicklungsstand von einzelnen Individuen auf verstreute, uneinheitliche Populationen zu schließen. Allerdings kennen wir eine Reihe charakteristischer Veränderungen der Skelette heranwachsender Kinder (insbesondere der Zähne, Schädel- und Röhrenknochen), anhand derer forensische Pathologen das Alter von Kinderskeletten schätzen können. Das funktioniert auch für unsere engsten lebenden Verwandten, die Schimpansen, die allerdings nach einem anderen Zeitplan aufwachsen.

So ist die Versuchung groß, mit diesen Methoden eine Altersbestimmung von Skelettfossilien nicht ausgewachsener Vormenschen zu wagen, zum Beispiel des „Turkana Boy", eines 1984 in Kenia entdeckten, auf 1,6 Millionen Jahre datierten Skeletts eines männlichen Jugendlichen. Man hoffte zunächst, den Schlüssel zum Verständnis der Evolution des menschlichen Lebensplans gefunden zu haben; stattdessen entfachte der Junge einen Streit zwischen Anthropologen, der bis heute nicht beigelegt wurde. Unter forensischen Gesichtspunkten betrachtet, schien es sich um den ersten Teenager der

Art Mensch zu handeln. Wie wunderbar wäre das gewesen: ein eindeutiger Beweis, dass *Homo erectus* in den „Teens" körperlich noch unreif war. Leider passten die einzelnen angewendeten Kriterien nicht besonders gut zusammen. Zähne, Schädel und Röhrenknochen deuteten auf ein Lebensalter von etwa 10, 13 bzw. 15 Jahren hin. Bestenfalls bedeutete dies, dass der Junge erst zehn Jahre alt gewesen sein konnte; schlimmstenfalls musste man sich damit abfinden, dass die Variationen des Wachstums unter den Individuen zu groß sind, um das Alter fossiler Knochen mit den forensischen Methoden hinreichend verlässlich bestimmen zu können.

Dazu kommt ein weiteres Problem. Den modernen Verfahren liegt selbstverständlich das Wachstumsmuster des modernen Menschen zugrunde; also liefern sie nur sinnvolle Ergebnisse, wenn wir davon ausgehen können, dass unsere Vorfahren genauso gewachsen sind wie der Jetztmensch. Wenn *Homo erectus* in dieser Hinsicht aber eher dem Schimpansen ähnelte und sich das *sapiens*-Muster erst später herausbildete, kann man den Ansatz vergessen. Berechnet man das Alter des Turkana-Boys nach dem Zeitplan des Schimpansen, deuten die meisten Resultate darauf hin, dass der Junge etwa neun Jahre alt war, als er starb – und die einzelnen Werte sind konsistenter, wenn auch nicht gesagt ist, dass der Junge tatsächlich mit einem Schimpansen verglichen werden kann. Es könnte also sein, dass der Turkana-Boy keine zehn Jahre alt wurde. Damit wäre uns der erste potenzielle Menschen-Teenager durch die Finger geschlüpft.

Vielleicht fragen Sie jetzt, ob sich überhaupt mit einiger Sicherheit ermitteln lässt, wie alt ein fossiler Vormensch zum Zeitpunkt seines Todes war. Es geht darum, das Lebensalter eines Kindes herauszufinden, dessen Überreste eine Million Jahre lang im Boden vergraben waren – das absolute Alter, wohlgemerkt, nicht relativ zu (vermutlich) ähnlichen Menschen oder Schimpansen ermittelt. Ist das nicht zuviel verlangt? Bemerkenswerterweise schafft man es heute trotzdem, und zwar ziemlich genau – und man braucht noch nicht einmal fossile Skelette dazu.

Wer legt den Sex-Schalter um?

Eines Tages saß mir in der Tokioter U-Bahn ein einheimisches Mädchen gegenüber, eins von diesen modebewussten jungen Dingern, denen man in der japanischen Hauptstadt auf Schritt und Tritt begegnet. Sie hatte eine Einkaufstüte irgendeiner extravaganten Boutique in der Hand. Zu jener Zeit war es im japanischen Business gerade angesagt, mit Anleihen aus der englischen Umgangssprache Weltgewandtheit zu demonstrieren. Die Resultate waren oft lustig, weil den Leuten, die die Wendungen auswählten, nicht immer klar war, was sie wirklich bedeuteten. Ich bin sicher, wir Nicht-Japaner beweisen auch kein besseres Gespür für Sinnhaftigkeit, wenn wir Kleidungsstücke mehr oder weniger wahllos mit Kanji-Zeichen verzieren. Trotzdem musste ich regelmäßig grinsen, wenn ich einen „Love Burger" aß oder eine erfrischende Dose „Sweat" trank. Unschlagbar war aber die Wirkung, die die Aufschrift auf der Tüte jenes Mädchens auf einen englischen Muttersprachler haben musste: Der Laden, in dem die junge Dame eingekauft hatte, hieß tatsächlich „Early Puberty".

Es ist durchaus vernünftig, wenn wir auf unserer Suche nach der Natur und den Ursprüngen des Erwachsenwerdens jetzt Station beim Thema „Pubertät" machen, einem offenbar ziemlich wichtigen Teil des Teenagerseins. Allerdings müssen wir anders vorgehen als bei der Frage nach dem ersten

„numerischen" Teenager, weil die Pubertät nun wirklich keine Fossilien hinterlässt. Ungeachtet dieses Fehlens von Beweismitteln muss es eine Art Pubertät (Zeit des Eintritts der Geschlechtsreife) gegeben haben, seit es Tiere auf unserem Planeten gibt, denn das Leben aller Tiere gliedert sich zumindest in zwei Stadien: die Kindheit, in der das Individuum noch nicht fortpflanzungsfähig ist, und das Erwachsenenalter, in denen das Individuum Nachkommen zeugen oder zur Welt bringen kann.

Tiere müssen vollständig ausgewachsen sein, bevor sie sich vermehren. Der eigentliche Grund dafür ist ganz einfach: Wären die Elterntiere körperlich nicht groß genug, dann würde die Nachkommenschaft von Generation zu Generation kleiner. Bei nicht wenigen Tierarten beobachtet man ein absichtliches Hinausschieben der Fruchtbarkeit bis zum Erwachsensein aus ganz raffinierten Gründen – zum Beispiel zur Vermeidung von Inzest unter Geschwistern, zur optimalen zeitlichen Planung des ersten Wurfs oder sogar zur Vorbeugung gegen geschlechtlich motivierte Konflikte zwischen erwachsenen Konkurrenten. Grundsätzlich ist die Erlangung der Geschlechtsreife in der Pubertät (von lat. *pubes*, „erwachsen") aber eine allen Tieren gemeinsame Eigenschaft. Beim Menschen fällt die Pubertät in die Jahre zwischen 10 und 20.

Die Pubertät bietet den Säugetieren (wie auch den meisten unserer weiteren Verwandten unter den Wirbeltieren) die Möglichkeit, die Fortpflanzung mit den Umweltbedingungen zu koordinieren. Auf die Beobachtung der Umgebung – Jahreszeit, Verfügbarkeit von Geschlechtspartnern, Grad der eigenen körperlichen Entwicklung – gründet der Organismus die Entscheidung, sexuell aktiv zu werden. Das Organ des Menschenkörpers, das am besten beobachten und Entscheidungen treffen kann, ist das Gehirn. Deshalb ist es keine

Überraschung, dass ausgerechnet unser Gehirn das Signal für die Pubertät gibt. Im Laufe dieses Buches werde ich Sie noch öfter daran erinnern, dass das Gehirn in vieler Hinsicht als unser primäres Fortpflanzungsorgan gelten kann.

Ein Blick auf die engsten lebenden Verwandten der Wirbeltiere zeigt, dass der Teil des Gehirns, der mit der Steuerung der Fortpflanzung zu tun hat, der stammesgeschichtlich älteste Teil ist. Die Verwandten, von denen die Rede ist, sind die Lanzettfischchen. Auf den ersten Blick an Fischbrut erinnernd, haben sie mit den Fischen zwar den äußeren Körperbau mit Schwanz gemeinsam, aber ihnen fehlt der Schädel mit Augen, Kiefer und Gehirn. Den Rücken dieser scheinbar kopflosen Tierchen entlang läuft aber ein Nervenstrang, der vielleicht unserem Rückenmark entspricht. Interessanterweise befindet sich am Vorderende dieses Strangs eine Anhäufung von Zellen, die die Biologie des Fischchens mit den Umweltbedingungen koordinieren. An der Unterseite des menschlichen Gehirns gibt es eine ähnliche Zentrale, den Hypothalamus. Diese uralte Struktur, etwa so groß wie eine Weintraube und mitten in Ihrem Kopf gelegen, steuert die meisten inneren Vorgänge und insbesondere die Pubertät.

Untersuchungen an Fischen haben gezeigt, dass die für die Kontrolle der Fortpflanzung vorgesehenen Zellen des Hypothalamus zuerst am äußersten vorderen Ende des Embryos entstehen. Diese „Placode", ein Zellscheibchen an der „Schnauze" des Embryos, wandert dann allmählich in das Innere des Schädels ein. Placoden sind auch an der Bildung der wichtigsten Sinnesorgane (Augen, Ohren, Nase) beteiligt. Die Zellen, die später mit der Pubertät zu tun haben werden, erscheinen direkt neben der Placode, aus der sich das geruchsempfindliche Gewebe der Nasenhöhle bilden wird – eine äußerst interessante Nachbarschaft. Wie wir noch sehen werden, spielt der Geruchssinn eine wichtige Rolle bei den amourösen Abenteuern von Teenagern. Außerdem hat diese räumliche Nähe auch medizinische Konsequenzen. Kinder, die am „Kallman-Syndrom" leiden, können nicht riechen und werden auch nicht geschlechtsreif, weil ihnen sowohl das Riechgewebe als auch die pubertätsentscheidende Region des Hypothalamus fehlt.

Nachdem die Immigranten sich einmal von ihren anrüchigen Nachbarn getrennt und es sich im Hypothalamus an der Hirnbasis gemütlich gemacht haben, entwickeln sie sich rasch weiter zu Nervenzellen, „Neuronen", und beginnen, ein Hormon zu produzieren, mit dem sie das gesamte Fortpflanzungssystem kontrollieren. Dieses „Gonadotropin-Releasing-Hormon" (oder Gonadoliberin), kurz GnRH, ist ein Peptid – ein kleines Eiweißmolekül, das aus gerade einmal zehn miteinander verknüpften Aminosäuren besteht. (Die meisten Eiweißketten sind viel länger, man spricht dann von „Proteinen".) Mag das GnRH auch klein sein, seine Wirkung ist groß: Die GnRH-produzierenden Neuronen des Hypothalamus sind die Steuerzentrale der gesamten Pubertät.

GnRH sieht nicht nur unbedeutend aus, es wirkt auch noch nicht einmal direkt auf die Fortpflanzungsorgane. Wie alle anderen Hormone auch, wird es in den Blutstrom ausgeschüttet und entfaltet seine Wirkung, wenn es von bestimmten Zellen wahrgenommen wird, die nichts mit seiner Produktion zu tun haben. Im Falle des GnRH befinden sich jene Zellen nur Millimeter von der Quelle entfernt, nämlich in der Hypophyse, die an der Unterseite des Gehirns „hängt" (und daher auch „Hirnanhangdrüse" genannt wird). Die Neuronen des Hypothalamus setzen das GnRH in ein einzigartiges Geflecht feinster Blutgefäße frei, die unmittelbar zu speziellen Zellen der Hypophyse führen. Durch GnRH angeregt, beginnen diese

Zellen „Gonadotropine" in den Blutkreislauf auszuschütten. Diese Hormone wirken dann unmittelbar auf die Keimdrüsen (Gonaden), die Eierstöcke oder Hoden (griech. *trophein*, „ernähren"). Gonadotropine bestehen aus etwa 200 Aminosäuren und sind damit deutlich länger als GnRH.

Damit ist noch nicht alles über die hormonelle Steuerung der Fortpflanzung gesagt. Teenager zu sein, bedeutet viel mehr, als über aktive Keimdrüsen zu verfügen. Wie wir noch besprechen werden, unterscheiden sich junge Männer und Frauen stark im Körperbau. Fast jeder Körperteil funktioniert beim Mann irgendwie anders als bei der Frau. Das ist nur möglich, weil auf den größten Teil des Körpers Hormone wirken, die von den Gonaden als Reaktion auf die Gonadotropine der Hypophyse freigesetzt werden. Wenn Sie nun noch bedenken, dass die Hypophyse ihrerseits auf GnRH aus dem Hypothalamus reagiert, erkennen Sie die klar definierte Befehlskette, die über unsere sexy Persönlichkeit bestimmt.

Dieser Steuerungsmechanismus ist äußerst wichtig. Die Forscher sind heute einig, dass er, nach einer Periode relativer Ruhe in der Kindheit, im Laufe der Pubertät voll angeschaltet wird. Genauer gesagt: Die Aktivierung der GnRH-Neuronen *löst die Pubertät aus*. Das winzige Zellscheibchen, das vom Vorderende des Embryos her in das Gehirn eindringt, ist der Schlüssel zu einer der dramatischsten Verwandlungen unseres ganzen Lebens.

Während der Hypothalamus ungeduldig darauf wartet, die Pubertät anspringen lassen zu dürfen, möchte ich eine kurze Pause einlegen und Ihnen etwas über den Unterschied zwischen Jungen und Mädchen erzählen. Das Gehirn mag bei beiden in gleicher Weise darüber bestimmen, wann die Geschlechtsreife einsetzt. Verantwortlich dafür, ob ein bestimmtes Individuum männlich oder weiblich wird, ist es aber nicht.

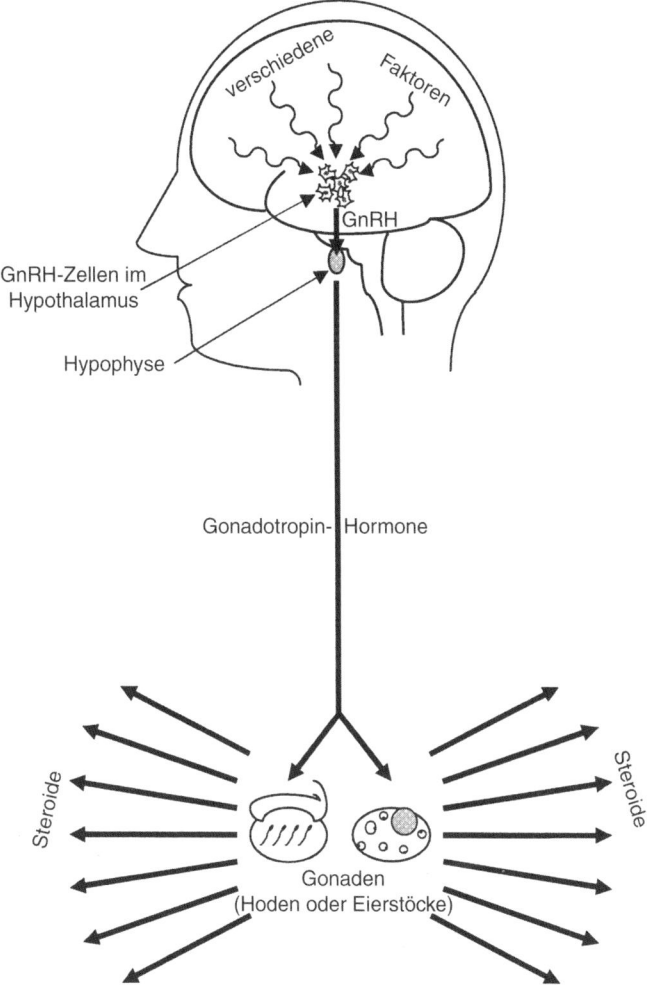

Der Prozess der Geschlechtszuordnung ist eine lange Geschichte für sich, die ich in einem früheren Buch, *Das X in Sex*, aufgeschrieben habe. Während manche Tiere komplizierter vorgehen, stellt der Mensch – kurz gesagt – schlicht einen binären genetischen Schalter auf „männlich" oder „weiblich". Zwar sind die biologischen Folgen dieses Vorgangs immens und betreffen nahezu jeden Aspekt unseres Lebens, aber der Mechanismus selbst ist simpel. Die meisten Menschen erben 23 Chromosomen von jedem Elternteil; insgesamt sind das 46 kleine Bibliotheken, in denen um die 20 000 genetische Baupläne verzeichnet sind. Unter diesen 46 Chromosomen sind neben 22 Paaren gewöhnlicher Chromosomen zwei Geschlechtschromosomen, von denen es wiederum zwei Formen gibt. Aus historischen Gründen bezeichnet man sie mit X und Y. Frauen haben XX, Männer XY; Mütter können ihrem Kind also nur ein X weitergeben, während Väter ein X oder ein Y vererben und damit das Geschlecht des Sprösslings bestimmen. Das Y trägt eine einzelne genetische Anweisung, die die Keimdrüsen des Embryos zu Hoden werden lässt; ist kein Y da, entwickeln sich Eierstöcke. Diese eine Instruktion entscheidet über das ganze Geschlechtsleben, denn Hoden produzieren Hormone, die aus dem Embryo einen Jungen machen – gibt es keine Hoden, dann wird der Embryo ein Mädchen. So entstehen geschlechtsspezifische Prototypen, die das Gehirn ein Jahrzehnt später zum Leben erwecken kann.

Einer der besonders bemerkenswerten Aspekte der Pubertät ist, dass das Leben hier einen neuen Anfang nimmt. In den ersten zehn Lebensjahren sehen Kinder zwar männlich oder weiblich aus, bleiben aber geschlechtslos und unreif. Dann findet eine Reihe von Veränderungen statt, an deren Ende ein geschlechtlich aktiver Erwachsener steht. Wann die Pubertät genau einsetzt, ist individuell verschieden. Sind die Dinge aber einmal in Gang gekommen, laufen sie stets ähnlich ab. Jahrhundertelang haben sich die Wissenschaftler gefragt, woher der Körper weiß, dass er aus seinem sexuellen Dornröschenschlaf erwachen soll. Erst in den letzten Jahrzehnten ist es gelungen, den Weg zu verfolgen, der zu dieser wundersamen Erweckung führt. Das moderne Modell beruft sich auf die Reifung des Gehirns, und im Brennpunkt der Ereignisse stehen unsere kleinen GnRH-Neuronen im Hypothalamus. Die Vermutung lautet: Kinder sind sexuell inaktiv, weil die GnRH-Neuronen nicht arbeiten. Die Pubertät beginnt, wenn die GnRH-Neuronen ihre Tätigkeit aufnehmen. Wir haben also nur eine einzige Frage zu klären: Wer oder was knipst die GnRH-Neuronen an?

Anscheinend wird die Aktivität der GnRH-Neuronen von anderen Regionen des Gehirns gesteuert. Der Hypothalamus wird ständig von Signalen überflutet, die auf die Kontrolle des Körpers abzielen. Diese Signale werden in der Regel direkt von Nerven übertragen, die irgendwo im Gehirn ihren Anfang haben. Die Fülle an eintreffenden Anweisungen überrascht nicht, wenn man bedenkt, dass der Hypothalamus als Zentrale fungiert, die Informationen aus dem Körperinneren mit Informationen aus der Umwelt koordinieren muss. Herauszufinden, welche Teile des Gehirns ihre Signale nun unmittelbar an die alles entscheidenden GnRH-Zellen übermitteln, ist wohl ein ziemliches Stück Arbeit, aber wir sollten uns von den technischen Schwierigkeiten nicht abschrecken lassen: Haben wir Erfolg, dann finden wir vielleicht nicht nur heraus, auf welchen biochemischen Wegen die Pubertät angeschaltet wird, sondern auch, inwieweit sich äußere Einflüsse und innere Befindlichkeiten auf diesen Prozess auswirken. Vom „Wann" und „Wie" könnten wir damit den Schritt zum „Warum" unternehmen.

Die an den GnRH-Neuronen zusammenlaufenden Nerven können anhand der Substanzen identifiziert werden, die sie ausschütten. Diese Substanzen lassen sich in zwei Gruppen unterteilen: solche, die GnRH-Neuronen hemmen (in der Kindheit?), und solche, die sie stimulieren (in der Pubertät?). Dabei ist anzunehmen, dass sich die Wirkung dieser Stoffe nicht in einem klaren „an-aus"-Muster niederschlägt, sondern dass eine langsame Verschiebung der Konzentrationsverhältnisse an einem bestimmten Punkt zum Umlegen des Schalters führt.

Auf jedes GnRH-Neuron wirkt ein ganzer Cocktail hemmender Substanzen. Da wäre zunächst die γ-Aminobuttersäure (GABA), die die Aktivität des ganzen Hypothalamus dämpft. (Das Nachlassen ihrer Wirkung während der Pubertät könnte den gehäuften Ausbruch von Epilepsie und Schizophrenie in diesem Lebensalter erklären.) Ein zweiter hemmender Faktor ist das Melatonin, ein Hormon, das nur bei Dunkelheit von der Zirbeldrüse im oberen Bereich des Gehirns ausgeschüttet wird. Wie wir noch sehen werden, schwankt die Produktion von Sexualhormonen zu Beginn der Pubertät im Tag-Nacht-Rhythmus. Die dritte Gruppe von Inhibitoren sind Opioide, morphinähnliche Verbindungen, die in vielen Regionen des Gehirns erzeugt werden. Ihre Bedeutung für den Verlauf der Pubertät ist noch nicht geklärt; in Kapitel 3 werden wir aber wieder auf die Frage zurückkommen, warum der Körper überhaupt auf die Idee kommt, Morphine herzustellen. Als letzte Position auf unserer Liste steht eine Substanz, die sich als besonders interessant erweisen wird, obwohl der Name eher kryptisch klingt: „Neuropeptid Y". Neuropeptid Y wirkt in komplexer Weise auf das Fortpflanzungssystem; der Grund dafür könnte sein, dass diese Substanz vielleicht den Zusammenhang zwischen der Fortpflanzung und der Ernährung herstellt. Wenn wir in Kapitel 5 die vielen Faktoren besprechen, die den Zeitplan der Pubertät bestimmen und verschieben, werden wir besonders auch auf die Bedeutung der Körperfettspeicher eingehen. Neuropeptid Y könnte das entscheidende Bindeglied zwischen Fruchtbarkeit und Körperfett sein.

Nachdem wir nun die Substanzen identifiziert haben, die unsere GnRH-Neuronen hemmen, führen uns weitere Nachforschungen zu den aktivierenden Substanzen, die während der Pubertät wichtig werden könnten. Glutamat zum Beispiel aktiviert Zellen des Hypothalamus, wirkt stark auf die GnRH-Neuronen und könnte als Gegengewicht zu GABA gelten. Dann haben wir Insulin, ein mit dem Blutkreislauf transportiertes Hormon. Dass Insulin in diesem Zusammenhang eine Rolle spielt, ist erfreulich – weil man über seine Wirkungsweise schon gut Bescheid weiß. Insulin ist das wichtigste Stoffwechselhormon, bekannt im Zusammenhang mit der „Zuckerkrankheit", dem Diabetes. Seine unmittelbare Verknüpfung mit den GnRH-Neuronen lässt vermuten, dass unser Körper den Eintritt der Pubertät erst dann zulässt, wenn unser Stoffwechsel reif genug ist. Schließlich biete ich Ihnen noch eine Verbindung mit dem hübschen Namen „Kisspeptin" an, die in jüngerer Zeit wegen ihrer sehr spezifischen Wirkung auf die Fortpflanzung von sich reden machte: Nach einer Injektion von Kisspeptin steigen die Spiegel der Fortpflanzungshormone an, die Hemmung seiner Wirkung hingegen lässt die Hormonkonzentrationen sinken. Auch Kisspeptin hat nicht nur diese eine Wirkung. Anscheinend hemmt es auch die Ausbreitung von Tumoren.

Wir verfügen nun also über zwei Listen: eine mit hirnaktiven Chemikalien, die die Pubertät begünstigen, und eine andere mit Stoffen, die sie verhindern. Damit stecken wir natürlich noch mitten in der Forschung, aber einen wichtigen Fakt können wir schon notieren: Die Sexualität von Jungen und Mädchen erwacht, weil die GnRH-Neuronen, eine kleine Gruppe von Zellen, die im Embryonalstadium ins Gehirn eingewandert ist, ihre Tätigkeit aufnehmen. Diese Zellen sind es letztlich, die entscheiden: Es geht los. Der Rest des Gehirns scheint sich mehr oder weniger darauf zu beschränken, dem Hypothalamus Anweisungen zu erteilen. All dies zu erkennen, war eine große Leistung, denn es bringt uns einem wirklichen Verständnis der Pubertät schon ziemlich nahe. Die Pubertät ist ein wichtiger Meilenstein unseres Lebens – vielleicht der wichtigste und der älteste –, und die Evolution hat dafür gesorgt, dass das Gehirn sich genau zum richtigen Zeitpunkt dazu entschließt. Die Erforschung der inneren Funktionsweise des Hypothalamus wird uns nicht nur zeigen, was während der Pubertät passiert, sondern auch, warum die Dinge so und nicht anders ablaufen.

Wozu all die körperlichen Unannehmlichkeiten?

Auch wenn wir den Ursachen der Pubertät erst jetzt allmählich auf die Spur kommen, die äußerlich sichtbaren Auswirkungen kennen wir alle zur Genüge. Wenn Sie an Teenager denken, sehen Sie vor Ihrem geistigen Auge vielleicht Hormone, die verrückt spielen und uns der samthäutigen Unschuld der Kindheit entreißen. Teenager bestehen aus Schweiß, Haaren und Fett, sodass man sich kaum des Eindrucks erwehren kann, die Natur wolle uns mit ihrer Fähigkeit schockieren, uns mit Gewalt aus der Kindheit ins „wirkliche" Leben hinauszustoßen.

Ob wir die körperlichen Veränderungen, die die Pubertät mit sich bringt, befremdlich finden oder sie mit Gleichmut hinnehmen – zumindest verstehen wir sie immer besser. In den letzten Jahrzehnten wurde das wissenschaftliche Puzzle schrittweise vervollständigt. Dabei stellte sich auch heraus, welche Rolle diese Veränderungen im Kontext der Evolution des modernen Menschen spielten. Ganz bestimmt ist die Pubertät nicht nur „schlecht"; insbesondere lässt sie Männer und Frauen zurück, die sich in wunderbar subtiler Weise voneinander unterscheiden. Unsere Sexualität macht so viel Spaß, weil sie (auch) indirekt abläuft: die starke Hand des Mannes, der anmutige Nacken der Frau, das geistige Schwelgen in der Körperlichkeit des Partners. Sex ist für uns Menschen sehr viel mehr als die kurze Vereinigung der Genitalien, wie man sie bei anderen Tieren beobachtet. Von seiner Komplexität sind wir regelrecht besessen, und wir können endlos darüber nachdenken. Der Grundstein all dessen wird in den Teenagerjahren gelegt; und das ist einer der besten Gründe dafür, diese Periode als den Gipfelpunkt der menschlichen Errungenschaften anzusehen, auch wenn man die Vorgänge während der Pubertät als weniger positiv empfinden mag, solange man drinsteckt.

Inzwischen versteht man die Pubertät gern als eine „Reaktivierung" der Sexualität. Es hat sich nämlich herausgestellt (und das ist eine durchaus beunruhigende Tatsache), dass unser Fortpflanzungssystem vorher auch nicht völlig untätig ist. Genauer gesagt: Seine aktivste Zeit ist vermutlich unmittelbar nach der Geburt. Durch den Körper eines Neugeborenen schwappen Unmengen von Sexualhormonen, die auch äußerlich erkennbare Effekte bewirken können: Manche Mädchen haben eine Art Menstruation, und die Brust sondert Milch ab. Dieses Phänomen fand man früher so gruselig, dass man es als „Hexenmilch" bezeichnete. Im Körper von Jungen ist sogar noch mehr los, obwohl man weniger sieht: Ihre

Hypophyse schüttet in den ersten Lebensmonaten mehr Gonadotropin aus als die der Mädchen. Offenbar ist das wichtig für die sexuelle Entwicklung; vielleicht regt es das Wachstum der Hoden an oder bringt das männliche Gehirn auf seinen holprigen Entwicklungsweg (auf den wir uns in Kapitel 2 begeben werden).

Nach diesem Aufruhr in der Neugeborenenzeit beruhigt sich die Lage für ein paar Jahre, zumindest physisch gesehen. Ein Kinderkörper „schläft" in sexueller Hinsicht, während das Gehirn daran arbeitet, das Individuum seinen Platz in der Welt finden zu lassen. Das bedeutet, Kinder können diese Zeit ungestört nutzen, um sich Kenntnisse über ihren zukünftigen sexuellen Status anzueignen und naiv experimentierend zu erkunden, wozu ihre einzelnen Körperteile da sind. Zwar geht es in diesem Buch nicht um Kinder, aber ich möchte trotzdem hervorheben, dass diese „geschlechtslose" Kindheit eine Spezialität des Menschen zu sein scheint. Bei den meisten Tieren beobachtet man einen nahtlosen Übergang von der frühen Kindheit (mit hohen Hormonspiegeln) zur Pubertät (mit noch höheren Hormonspiegeln).

Der nächste Meilenstein der Entwicklung ist reichlich seltsam und wohl auch typisch menschlich. Wir passieren ihn mitten in der gefühlten Kindheit, und er betrifft ein Organ, das wir normalerweise nicht mit der Fortpflanzung in Zusammenhang bringen. Die Rede ist von den Nebennieren und der Prozess heißt „Adrenarche". Im Alter von etwa sieben (Mädchen) bzw. neun Jahren (Jungen) beginnen, ohne dass wir den Auslöser kennen, die beiden kleinen, über den Nieren angeordneten Drüsen aktiver zu werden. Die Adrenarche markiert das Einsetzen der Produktion von Dehydroepiandrosteron, einem Hormon, dessen Namen man zum Glück mit DHEA abkürzen darf. DHEA wird bis in das 20. Lebensjahr hinein ausgeschüttet, aber leider wissen wir nicht genau, was es bewirkt. *Nicht* verantwortlich zu sein scheint es zum Beispiel für den kleineren, vorübergehenden Wachstumsschub in der Kindheit. Aufschlussreich ist, dass die Pubertät unauffällig abläuft, auch wenn die Adrenarche nicht stattgefunden hat. Ein wahrscheinlicher Zusammenhang besteht mit der erhöhten Fettabsonderung der Haut und dem Erscheinen der ersten Schamhaare („Pubarche"); so lässt sich erklären, warum beide zurecht als Vorboten der Pubertät gelten. DHEA sorgt möglicherweise auch für die Auffüllung der Körperfettdepots, die, wie bereits angedeutet, wohl zu den Auslösern der Pubertät gehören. Im nächsten Abschnitt werden wir auch sehen, dass manche Forscher die Adrenarche für den Dreh- und Angelpunkt der Evolution des schnell wachsenden kindlichen Gehirns halten. Alles in allem hängt die Adrenarche sicherlich mit der Pubertät zusammen, vielleicht aber nicht besonders eng.

Haben wir das zehnte Lebensjahr hinter uns gebracht, gießt die Hypophyse hartnäckig immer mehr Gonadotropine über unsere unersättlichen Keimdrüsen aus (man nennt das die „Gonadarche"). Ursache dafür ist das Erwachen der GnRH-Neuronen im Gehirn. Aus irgendeinem Grund werden die Gonadotropine zu Beginn nur nachts freigesetzt, ein Phänomen, das sich im Erwachsenenalter verliert. Bei Jungen findet die Gonadarche später statt als bei Mädchen, vielleicht aufgrund der Neuverschaltung des Gehirns, die die Hormonflut in männlichen Säuglingen bewirkt. Dieser Rückstand der Jungen, worauf er auch immer zurückzuführen sein mag, erklärt eventuell, dass ein verzögertes Einsetzen der Pubertät häufiger bei Jungen, ein vorzeitiger Beginn dagegen häufiger bei Mädchen beobachtet wird.

Auf die meisten Gewebe wirken die Gonadotropine nicht direkt, sondern auf dem Umweg über die Sexualsteroide, zu

deren Produktion sie Eierstöcke oder Hoden anregen. Sexualsteroide sind evolutionsgeschichtlich „alte" Substanzen, die
von sehr vielen Arten quer durch das ganze Tierreich hergestellt werden und sicherlich tiefgreifende Einflüsse auf die
Gewebe des Körpers eines Heranwachsenden haben. Chemisch ähneln die Steroide einander, denn sie werden alle aus
einem allgegenwärtigen Rohstoff synthetisiert, dem Cholesterin. Es handelt sich also, im Unterschied zu GnRH und Gonadotropinen, um fettartige Verbindungen. Die Steroide sind
die bekanntesten Hormone überhaupt. Bestimmt wird Ihnen
der eine oder andere Name bekannt vorkommen.

Die Zellen in den Eierstöcken oder Hoden beschaffen sich
Cholesterin und modifizieren es mithilfe von Enzymen (gro
ßen Proteinen): Hier schneiden sie ein Stückchen ab, dort fügen sie eine neue Verzweigung an, bis sie das erste Sexualhormon hergestellt haben, das Progesteron. Auf der folgenden
Seite finden Sie eine Strichformel der Molekülstruktur. Wie
die meisten Moleküle des Lebens, besteht auch Progesteron
aus einem Kohlenstoffgrundgerüst (alle Ecken der Struktur),
an dem Wasserstoffatome hängen (so viele, dass ich sie nicht
mitgezeichnet habe). Im Progesteronmolekül erkennen Sie
vier zusammenhängende Kohlenstoffringe (Fünf- und Sechsecke). An einigen Ecken sind zusätzliche Kohlenstoffatome
(C) oder Sauerstoffatome (O) angebracht. Meine Zeichnung
suggeriert, dass das Molekül flach ist; in Wirklichkeit sind
Sechs- und Fünfecke zu einer komplizierten dreidimensionalen Struktur geknickt und in sich verzerrt. Forscher haben
herausgefunden, dass die eigentlich interessante Stelle der
Struktur die Kante links oben ist. Dort werden die Rezeptormoleküle der Zielzellen aktiviert, die auf das Heranströmen
der Steroide reagieren.

Progesteron   ein Androgen   ein Östrogen

Manchmal lassen es die Eierstock- oder Hodenzellen damit
noch nicht genug sein. Sie spalten vom Progesteron ein paar
Atome ab, und es entsteht ein Androgen wie Testosteron oder
das schon genannte DHEA. Vielleicht denken Sie, das Androgen sieht nicht viel anders aus als Progesteron, aber die vergleichsweise geringen Unterschiede genügen, um die Wirkung
des Steroids völlig zu verändern. Schließlich lässt sich auch das
Androgen noch weiter bearbeiten: zu einem Östrogen. Der
wesentliche Unterschied zwischen Östrogen und Androgen
fällt dem Eingeweihten sofort ins Auge: Der Kohlenstoffring
links ist beim Östrogen „aromatisch" (zu erkennen am Kreis
in der Struktur). Das bedeutet, diese Region des Moleküls ist
flach, was sich auch in den spezifischen Eigenschaften der
Verbindung niederschlägt. Vielleicht finden Sie es ein bisschen beunruhigend, dass ähnliche Stoffe mit östrogenartigen
Eigenschaften auch in Bier vorkommen.

Jetzt mögen Sie sich fragen, wo der Sinn dieses Durcheinanders fettähnlicher Steroide liegt. Der Punkt ist: Es ist
das Wechselspiel dieser Hormone, das fast alle pubertäts-
typischen Veränderungen und noch etliches darüber hinaus
bewirkt. Allerdings wird die Funktionsweise der Steroide oft
zu sehr vereinfacht dargestellt: Progesteron und Östrogene,
heißt es dann, seien die „weiblichen" Hormone und Androgene die „männlichen". Das Leben ist deutlich komplizierter.

Zu Beginn stellen sowohl Jungen als auch Mädchen Progesteron, Östrogene *und* Androgene her; keines davon ist also geschlechtsspezifisch. Die Unterschiede zwischen Mann und Frau kommen durch die relativen Mengen der Hormone, die Wirksamkeit der konkreten Molekülarten und die Verfügbarkeit reaktionsfähiger Zellen zustande. Um die Grenzen noch mehr zu verwischen, beteiligen sich neben Eierstöcken oder Hoden auch die Nebennieren an der Steroidsekretion.

Wie meist auch sonst, sind Jungen hier einfacher gestrickt. Die „Vermännlichung", die mit der Pubertät einhergeht, lässt sich fast zur Gänze auf die Wirkung von Androgenen zurückführen, die von den Hoden mit stoischer Gleichmut produziert werden. Ganz so simpel ist es aber doch nicht, denn es sind mehrere verschiedene Androgene am Werk, die jedes für sich einen speziellen Aspekt der Entwicklung steuern. Außerdem und überraschenderweise gibt es im Körper des jungen Mannes Zellen, die auf Androgene nur ansprechen, wenn sie zuvor in Östrogene umgewandelt wurden. Junge Mädchen sind mit einer noch komplexeren Hormonsuppe gesegnet. In der Tat steuern teilweise Östrogene die sexuelle Reifung des weiblichen Körpers, aber heranwachsende Frauen produzieren in den Eierstöcken und Nebennieren auch größere Mengen von Androgenen, auf die sie während der Pubertät gleichfalls nicht verzichten können. Schlussendlich kommt auch das Progesteron noch ins Spiel, obwohl es erst richtig viel zu tun bekommt, wenn der Menstruationszyklus einsetzt. Von diesem Zeitpunkt an gleicht das Leben einer Frau bis zur Menopause einer Achterbahnfahrt durch zyklisch veränderliche Berge und Täler des Östrogen- und Progesteronspiegels.

Trotz dieses komplizierten Wechselspiels der Sexualsteroide läuft die Choreographie der Hormone, nachdem sie einmal in Gang gesetzt wurde, bemerkenswert gleichmäßig ab.

Wann die Pubertät beginnt, ist individuell unterschiedlich; ihr Zeitplan mit Stadien, Ereignissen und Effekten dagegen ist immer ähnlich und deshalb vorhersehbar. Bei Jungen folgen aufeinander das Wachstum der Hoden, das Wachstum des Penis, das Erscheinen der Schambehaarung, die „Spermarche" (erste Produktion frei beweglicher Spermien), das Wachstum der Achsel- und Gesichtsbehaarung, der allgemeine (Längen)wachstumsschub, das Wachstum der Körperbehaarung und der Aufbau der Muskulatur (einschließlich der des Herzens). Bei Mädchen lautet die Reihenfolge so: „Thelarche" (Beginn der Brustentwicklung), Erscheinen der Schambehaarung, Reifung der Genitalien, Herausbildung der typisch weiblichen Fettpolster, allgemeiner Wachstumsschub, stärkeres Brustwachstum, Wachstum der Körperhaare, „Menarche" (erste Menstruation), fruchtbare Menstruationszyklen. Jede Abweichung von diesem festen Ablauf muss als unnormal betrachtet werden. Wenn Sie die langen Listen der Veränderungen betrachten, wird Ihnen klar, was für ein komplexer und umfangreicher Prozess hier vor sich geht. Bei Mädchen beginnt das Brustwachstum oft schon mit acht Jahren, fruchtbar sind nicht wenige von ihnen erst mit 18. Noch viel zögerlicher verläuft die Entwicklung bei Jungen: Erst Mitte 20 haben viele die typisch männlichen Muskeln gebildet, und das Muster der Körperbehaarung kann sich während des gesamten Erwachsenenalters weiter ändern. Die Pubertät ist kein plötzliches Ereignis, sondern ein zäher, mehrstufiger Prozess.

Die Pubertätssequenz haben wir also geklärt. Was uns eigentlich fasziniert, sind natürlich aber die sichtbaren körperlichen Veränderungen. Wir werden sie jetzt einzeln betrachten und nach ihrem Sinn fragen. Dabei werden Sie erleben, dass selbst das unangenehmste Detail irgendeinen Nutzen hat (oder wenigstens früher einmal hatte). Vieles, was ein Teenager durchmacht, ist einzusehen, wenn man es im Kontext der Evolution betrachtet. Infrage stellen müssen wir dabei die Annahme, dass nur die Pubertät für die Unterschiede zwischen männlichem und weiblichem Körperbau sorgt. Sind ihre nicht mit der Fortpflanzung befassten Gewebe nicht schon deutlich verschieden, wenn die Pubertät beginnt? Die Veränderungen während der Pubertät sind zwar spektakulärer als jene zuvor, aber wir müssen uns der Tatsache stellen: Jungen und Mädchen starten nicht vom gleichen Punkt. Nicht zuletzt wird uns die Diskussion über die Pubertät auch Aufschlüsse darüber geben, was Männer und Frauen attraktiv finden. Die sexuelle Anziehungskraft gehörte schließlich zu den wichtigsten Triebkräften der Evolution des Teenagers.

Warum unterscheiden sich Mädchen und Jungen im Teenageralter?

In der Pubertät verändern sich manche Körpermerkmale mehr, andere weniger. Besonders dramatisch ist natürlich die Reifung der Fortpflanzungsorgane, aber andere Aspekte sind nach außen viel besser sichtbar. Ich meine vor allem die Haut und die Körperform.

Wer an Pubertät denkt, denkt an Pickel. Unsere Haut ist das Organ, das jeder, nicht nur ein Intimpartner, sehen und berühren kann. Hinzu kommt, dass die Hautveränderungen im Frühstadium der Pubertät beginnen, zu einem Zeitpunkt, wenn wir weder sexuell noch emotional in der Lage sind, sie zu verstehen oder zu verarbeiten. Dieser ungünstige Zeitplan und die Schwierigkeit, die eigene Haut zu verstecken, können das ganze Thema sehr anstrengend, ja deprimierend machen.

Angesichts dessen ist es bedauerlich, dass die ersten neuen Haare dem Teenager ausgerechnet in der Genitalregion wachsen – bei Mädchen zunächst auf den Schamlippen, bei Jungen an der Oberseite des Penis. Die Behaarung breitet sich dann allmählich dreieckförmig über die Schamgegend und weiter in Richtung der Oberschenkel aus, bei Jungen auch in einem Streifen aufwärts zum Nabel. Die anfangs scharfen Grenzen werden etwas verwischt, wenn später die allgemeine Körperbehaarung hinzukommt. Schamhaare sehen unverwechselbar aus: kurz und lockig mit einer Struktur, die sich von jener der anderen Haare unterscheidet. Ihr Wachstum wird bei beiden Geschlechtern von Androgenen bestimmt. Wozu sie gut sind, wissen die Biologen nicht – bisher gibt es mehr Theorien als Beweise. Eines jedenfalls scheint klar zu sein: Im Laufe der Evolution hat der Mensch fast all sein Fell verloren. Für die spärliche verbliebene Behaarung muss es einen guten Grund geben.

Eine Hypothese, die lange vertreten wurde, deutet die Schamhaare als „Dochte", an denen die öligen, charakteristisch duftenden Sekrete der Schweißdrüsen in den Genitalregionen emporsteigen, um vom Wind davongetragen zu werden. Diese Idee ist auf den ersten Blick gar nicht schlecht; sie erklärt, wozu an den betreffenden Körperstellen sowohl Haare als auch Schweißdrüsen nützlich sind. Allerdings verfügen unsere Verwandten unter den Primaten nicht über solche Dochte und ganz bestimmt nicht über Lockenhaar, und bei genauem Hinsehen stellt sich heraus, dass viele Tiere um die Duftdrüsen herum keinen dichten Pelz aufweisen (denken Sie zum Beispiel an die Stirn einer Katze). Außerdem wird das Vorhandensein der Achselhaare ganz ähnlich begründet. Achselhaare aber sind spärlich, dünn und glatt und eignen sich wohl viel besser als Dochte für den beschriebenen Mechanismus der Duftverbreitung. Vielleicht sorgt das Achselhaar

dafür, dass der Körperduft über weite Entfernungen und große Flächen getragen wird, während das Schamhaar den Duft
festhält für jene Mitmenschen, die dem Intimbereich nahe genug kommen.

Eine zweite, auf den Nutzen für den Träger abzielende
Erklärung lautet: Schamhaar hält warm. Es fragt sich jedoch,
wieso gerade das Dreieck über den Genitalien einer derart besonderen Isolierung bedarf. Weiter wurde vorgeschlagen, die
Behaarung schütze die weiblichen Geschlechtsorgane vor Ver-
schmutzung; das männliche Schamhaar wäre dann funktions-
los, obwohl es üppiger wächst. Sorgen die Haare vielleicht für
eine Luftschicht, die die darunterliegende Haut gesund hält?
Diese Theorie klingt zwar abstrus, ist aber gar nicht so abwegig, denn Achselhöhlen und Leisten sind in der Tat relativ anfällig für Hautinfektionen. Eine Quelle aus dem 19. Jahrhundert vertritt gar eine Hypothese, die Lachtränen in die Augen
treibt: Schamhaar sei ein Überrest der dichten Behaarung, an
die sich die Sprösslinge unserer Ahnen anklammerten. Eine
andere Variante dieser eher mechanisch motivierten Erklärungen ist, dass die Haare das Wundscheuern der Genitalien an
den Oberschenkeln beim Laufen verhindern. Mir gefällt diese Idee gut, weil sich damit auch begründen lässt, warum das
Wachstum der Schambehaarung *vor* dem Wachstum der Genitalien einsetzt. Oder wirken die Haare dem Aneinanderscheu-
ern der Partner bei der typisch menschlichen, im Tierreich un-
üblichen Kopulation mit dem Gesicht zueinander entgegen?
Nun rasieren sich heutzutage manche Leute die Schamhaare
gerade zu dem Zweck, die Berührungsempfindlichkeit beim
Sex zu steigern, aber es heißt, dies sei nur dann so recht angenehm, wenn es beide Partner tun. Stellen Sie sich mal das
prähistorische Wettrüsten vor: Frauen entwickeln die Schamhaare, um Hautabschürfungen durch die Haare der Partner zu

verhindern, worauf Letztere mit den geeigneten Gegenmaß-
nahmen reagieren (und so weiter).

Andere Schamhaartheorien rücken nicht den unmittelbaren Nutzen für den Besitzer in den Vordergrund, sondern
die Signale, die an Artgenossen gesendet werden. Zunächst
ist festzustellen, dass die Behaarung wahrscheinlich nicht als
sexuelles Lockmittel dient, weil sie beiden Geschlechtern gemeinsam ist – und aufregend sind bekanntlich vor allem die
Unterschiede. Nicht ganz abwegig klingt der Gedanke, das
Schamhaar fungiere als sichtbares Zeichen der sexuellen Reife im Sinne eines „Laden offen"-Schildes. Mit dem hübschen
Namen „vulvokryptische Theorie" bezeichnet wird ein Vorschlag, das Schamhaar sozusagen als Quelle von allem zu
betrachten, was wir als menschlich schätzen. Das ist folgen-
dermaßen gemeint: Als die Menschen aufrecht zu gehen begannen, waren die weiblichen Genitalien plötzlich und erst-
malig dem Blick der Männer verborgen. Das bedeutete, die
Frauen konnten besser kontrollieren, wann und mit wem sie
sich vereinigten. Die Entwicklung der Schamhaare versteckte
die Geschlechtsorgane noch mehr, und die Frauen nutzen ihre
sexuelle Selbstbestimmung, um die Männer aktiv zu manipulieren. Auf diese Weise wurde der zwischenmenschliche Sex
zu einem komplexen Prozess, der auf Kommunikation, emotionaler Interaktion und Denken fußt. So kam der Mensch
zu Sprache, Gefühlen und großer geistiger Leistungsfähigkeit.
Zugegebenermaßen ist diese Theorie nicht ganz wasserdicht,
Denkanstöße aber gibt sie allemal.

Die interessante Kulturgeschichte des Schamhaars spiegelt die wechselnde Einstellung der Menschen zu diesem
Körpermerkmal wider. Wir wissen nicht, wann der erste
Mensch auf die Idee kam, das Schamhaar zu entfernen. Vermutlich war es aber schon im antiken Rom und Griechenland

üblich. Die Situationen, in denen die Behaarung als akzeptabel galt, haben sich im Laufe der Zeit immer wieder geändert. In weiten Teilen der bekannten Kunstgeschichte des Westens ließ man das Schamhaar bei künstlerischen Darstellungen nackter (insbesondere weiblicher) Menschen weg, während es in alten und jüngeren pornografischen Bildern nie verschwiegen wird. Seit Ende des 18. Jahrhunderts hielt die Behaarung in zunehmendem Maße Einzug in die „hohe Kunst", und in Vollendung der Umkehr klassischer Bräuche sieht man in der modernen Pornografie fast ausschließlich unbehaarte Genitalien. Diese Vorgänge haben einen großen Einfluss auf Teenager, die die ersten nackten Menschen außerhalb der Familie in der Regel auf Bildern sehen. Der Gezeitenwechsel der kulturellen Etikette zeigt eindrucksvoll, dass wir unseren Frieden mit dem Thema noch nicht gemacht haben. Vermutlich ist der Grund dafür aber nicht die Einstellung zur Sexualität an sich, denn warum sollten sich die Vorlieben dann im Laufe der Jahrhunderte gerade umgekehrt haben? Der Grund könnte vielmehr in den Reaktionen Heranwachsender auf das weibliche Schamhaar zu suchen sein: Gilt es etwa als maskuliner Aspekt, der versteckt oder am besten ganz entfernt werden sollte?

Die Körper- und Gesichtsbehaarung unterscheidet sich deutlich vom Schamhaar: Sie hat eine andere Textur, entwickelt sich später in der Pubertät und weist typisch männliche oder weibliche Merkmale auf. Ihr Verteilungsmuster bei Mann und Frau ist ähnlich, aber bei Frauen sind die feinen Härchen fast unsichtbar, weil sie vor dem Ausfallen nicht sehr lang werden. Verantwortlich dafür ist wahrscheinlich die spezifische Menge und Art der zirkulierenden Androgene. Wozu aber brauchen Männer ihr üppigeres Körperhaar? Ein sexuelles Reizmittel ist es wohl nicht, wobei manche Frauen es durchaus attraktiv finden. Vielleicht lässt die Behaarung den Mann etwas größer und damit für potenzielle Gegner einschüchternder aussehen (wie eine Katze, die ihr Fell sträubt). Vielleicht geht es auch um den Schutz vor Abschürfungen, den eine dünne Haarschicht in bemerkenswertem Maße bietet; glaubt man den traditionellen Theorien der Rollenverteilung, dann hatte der prähistorische Mann ein körperlich härteres Leben als die Frau. Männer haben auch buschigere, spezifisch geformte Augenbrauen, die möglicherweise verhindern sollten, dass Schweiß in die Augen läuft. Ebenfalls schwer zu erklären ist der Bart, obwohl es eine Menge Ideen gibt. Hält man ihn für ein offenes Zeichen der Männlichkeit, ist unklar, warum sich die Rasur so breit und kulturübergreifend durchgesetzt hat. Unsere Einstellung zu unserem Fell ist wirklich merkwürdig. Als letzten Stichpunkt zu diesem Thema verrate ich Ihnen, dass „Horror" mit einem lateinischen Wort für „rau, stoppelig" zusammenhängt und „bizarr" vielleicht auf das baskische Wort für „bärtig" zurückgeht.

In der Pubertät verändern sich die Drüsen der Haut, oft gleichzeitig mit dem Haar. Man unterscheidet in unserer Haut drei Arten von Drüsen: ekkrine und apokrine Schweißdrüsen sowie Talgdrüsen. Sie entwickeln sich in verschiedenem Maße. Die ekkrinen Schweißdrüsen sondern durch eigene Öffnungen in der Hautoberfläche wässrig-salzigen Schweiß ab. Bei den meisten Tieren treten ekkrine Drüsen gehäuft an den Pfoten auf, weil die Feuchtigkeit die Haftung auf glatten Flächen verbessert. Bei uns nackten Menschen hingegen führt die Verdunstung Körperwärme ab. Fußgeruch entsteht, wenn Bakterien den ekkrinen Schweiß in Methandiol und Isovaleriansäure umwandeln, zwei Substanzen, die sich auch in Stinkekäse finden. Die ekkrinen Schweißdrüsen sind von der Pubertät nur wenig betroffen. Deshalb können auch Kinderfüße schon müffeln.

Stärker wirkt sich die Pubertät auf die apokrinen Schweißdrüsen aus. Diese sondern ein öligeres Sekret in die Haarfollikel ab; das Sekret bedeckt dann das wachsende Haar. Der apokrine Schweiß dient beim Menschen wahrscheinlich dazu, den
ekkrinen Schweiß zu emulgieren, damit er die Haut als dünner
Film überzieht, anstatt sofort abzutropfen. Außerdem enthält
der apokrine Schweiß Duftstoffe, die das andere Geschlecht
anziehen. Der Volksmund kennt jede Menge Geschichten von
jugendlichen Liebhabern, die mit verschiedenen Mitteln versuchen, dem Objekt ihres Begehrens ihre „Duftmarke" zu-
kommen zu lassen. (In Kapitel 5 werden wir uns genauer damit befassen, wie Gerüche uns bei der Wahl des Geschlechtspartners beeinflussen.) Dass frischer apokriner Schweiß nach
irgendetwas riecht, wird uns allerdings gar nicht recht bewusst.
Während der Pubertät kurbeln Androgene die Schweißpro-
duktion an und verändern die Rezeptur der darin enthaltenen
Fettsäuren. Jetzt erst entwickelt sich Körpergeruch, manchmal
als allererster Vorbote der heraufdämmernden Pubertät. Der
Geruch geht allerdings nicht vom Schweiß selbst aus, sondern
von Abbauprodukten, die Bakterien hinterlassen und die das
Gehirn dann durchaus registriert. Entscheidend ist der Unterschied zwischen frischem und „verdautem" Schweiß, denn er
bedeutet, dass man unangenehme Gerüche durch Waschen
und Desinfektion in Schach halten kann.

Auch die Talgdrüsen geben ihren Inhalt in die Haarfollikel
ab. Talg ist eine noch fettigere Masse als apokriner Schweiß.
Er bedeckt die Haare, hält die Feuchtigkeit in der Haut und
wirkt beim Menschen vermutlich auch wasserabweisend.
Letzteres würde erklären, warum sich die Talgdrüsen in den
Hautregionen häufen, die dem Regen ausgesetzt sind: Brustkorb, oberer Rücken, Gesicht und Kopfhaut. Der Aktivitäts-
schub der Talgdrüsen während der Pubertät wird bei beiden

Geschlechtern durch Androgene ausgelöst. Uns interessiert er besonders, weil er für zwei unangenehme Erscheinungen der Jugendjahre verantwortlich ist. Erstens wird im Laufe der Pubertät das Haar fettiger. Dieser Teil des Erwachsenwerdens wird von der Menschheit mit großer Anstrengung bekämpft und man ist nicht gewillt aufzugeben – die Kosmetikindustrie verkauft uns für viel Geld schäumende Shampoos, die das Fett aus dem Haar waschen, Spülungen, die den Schaden begrenzen, den die Shampoos angerichtet haben, und Sprays und Gels, um die Frisur in eine haltbare Form zu bringen – was auch das eigene Fett bewirkt hätte, wenn wir es gelassen hätten, wo es war. Wenn Sie bedenken, dass die Talgabsonderung von Androgenen gesteuert wird, überrascht es Sie vielleicht nicht, dass die klebrigeren Produkte im Regal für Herrenkosmetik stehen.

Der zweite Effekt der androgengesteuerten Talgsekretion ist die klassische Geißel der Jugend: Akne, oder, um sie bei ihrem abscheulichen vollen Namen zu nennen, Akne vulgaris. Akne entsteht durch eine Verstopfung und Entzündung von Talgdrüsen. Deshalb ist es verständlich, dass die androgengetriebenen Jungen heftiger betroffen sind, und zwar an den oben genannten Hautregionen mit besonders vielen Talgdrüsen. Junge Mädchen haben im Mittel weniger zu leiden, dafür kann die prämenstruelle Akne bis ins Erwachsenenalter bestehen bleiben. Eines der Probleme im Zusammenhang mit Akne ist, dass die exakten Hautveränderungen noch nicht genau bekannt sind (obwohl man die hormonelle Basis der Vorgänge kennt) und dass sie zudem individuell variieren. Vermutlich aus diesem Grund kursieren so viele Legenden um diese Erkrankung. Was aber passiert wirklich?

Das erste Teilchen des Aknepuzzles ist die von Androgenen, vor allem Testosteron, ausgelöste Überproduktion von

Talg. Nicht jede „Seborrhoe" (fettige Haut) entwickelt jedoch Akne. Ein zweiter Faktor ist die Verstopfung des Ausgangs, durch den Haar und Talg an die Hautoberfläche gelangen, mit toten Hautzellen. Solche toten Zellen sind an sich ganz normal – unsere Haarfollikel stoßen täglich Milliarden davon ab –, aber manchmal sind sie so zahlreich, dass sie, gemischt mit Talg, das ganze Follikel mit einer gelblichen Masse ausfüllen, die bei Luftkontakt langsam oxidiert. Ein schwarzer Mitesser oder Komedo ist entstanden. Das dritte Puzzleteilchen sind Bakterien namens *Propionibacterium acnes*, die die Haut mancher Menschen gehäuft besiedeln und die verstopften Follikel infizieren. Vervollständigt wird das Bild von der Tatsache, dass die Follikel bei manchen jungen Leuten besonders leicht platzen, wobei ihr ungesunder Inhalt in die umgebende Haut ausläuft. Es kommt dann zu dramatischen lokalen Entzündungen, in deren Verlauf zwar all der Unrat zwar beseitigt wird, aber Narben zurückbleiben können. Mit Blick auf diese Narbenbildung rät man den geplagten Jugendlichen, ihre Mitesser nicht auszudrücken (wobei jeder Teenager ganz genau weiß, dass der Pickel schneller weggeht, wenn man es doch tut).

Die Wissenschaft von der Akne ist also eine komplexe Angelegenheit, in die mindestens vier Faktoren hineinspielen. Weil es mehr als eine einzige Ursache gibt, führt die Behandlung oft nur zum Teilerfolg. Schwere bakterielle Akne behandelt man sinnvoll mit Antibiotika, die aber natürlich nicht das Grundproblem – die Verstopfung der Follikel durch übermäßig viel Talg – beheben. Dafür wiederum eignet sich Benzoylperoxid. Es gibt auch Medikamente, die antiandrogen wirken, aber es versteht sich von selbst, dass sie bei Heranwachsenden mit Vorsicht einzusetzen sind. Abgesehen von der Frustration über die unzureichenden Behandlungsmöglichkeiten fällt es auch schwer, den Betroffenen ein positives Bild des eigenen Zustands zu vermitteln. Akne ist kein Phänomen, das zu irgendetwas Nützlichem führt. Sie ist einfach ein (vorübergehender) Ausdruck der unzureichenden Entwicklung des Drüsensystems, das die Haut feucht hält und das Eindringen von Regen verhindert. Es gibt keine magische „Ursache" der Akne, die die Sorgen der Teenager lindern könnte – und diese Sorgen können schwer wiegen. Wie wir noch sehen werden, gehört Akne zu den Hauptursachen von Depressionen und sogar Suizid im Jugendalter.

Teenagerhaut ist auch in einer Hinsicht bemerkenswert, die Sie wahrscheinlich gar nicht mit der Haut in Zusammenhang gebracht hätten. Extrem komplizierte Hautdrüsen, die sich vor langer Zeit aus apokrinen Schweißdrüsen entwickelt haben könnten und deren Entwicklung wir daher an dieser Stelle besprechen wollen, sind die Brüste. Für die Brustentwicklung bei Mädchen sind Östrogene verantwortlich, die hauptsächlich aus den Eierstöcken stammen, und Prolaktin, ein weiteres Peptidhormon aus der Hypophyse. Wie die Pubertät allgemein folgt auch die Ausbildung der Brust einem verlässlichen Schema. Oft beginnt sie noch vor der Vollendung des zehnten Lebensjahrs mit einer kleinen kegelförmigen Schwellung unter der Brustwarze, die gelegentlich ein bisschen wund werden kann. Später wächst die ganze Brust, sodass die Warze vom Brustkorb abgehoben wird und oft etwas nach außen zeigt; schließlich hängt die Brust leicht nach unten, und häufig flacht sich die Erhöhung um die Warze herum wieder ab. Inzwischen hat sich das Brustgewebe mit einem vielfach verzweigten System von Milchgängen durchzogen, das sich allerdings erst bei erhöhtem Progesteronspiegel in einer Schwangerschaft vollständig ausbilden wird. Wie im Fall der Körperbehaarung sind die Unterschiede zwischen weiblicher und männlicher Brust vor allem quantitativ. Auch Jungen entwickeln ein kleines

Milchgangsystem und können im Laufe des Lebens sogar an Brustkrebs erkranken.

Brüste sind aus allen möglichen Gründen faszinierend. Das markanteste Merkmal der Frauenbrust ist, dass sie vor allem aus Fett besteht, weshalb sie wesentlich stärker herunterhängt als die Zitzen aller anderen Tiere. Besonders augenfällig ist, dass Zitzen im Vergleich zur Brust erstens deutlich kleiner sind, wenn keine Jungen gesäugt werden, und zweitens noch viel kleiner sind, bevor das Tier zum ersten Mal trächtig ist. Warum Frauenbrüste in Größe und Form individuell so stark variieren, ist ein Rätsel; absolut unerklärlich ist aber, warum sie sich bereits während der Pubertät so stark entwickeln. Junge Teenager sind normalerweise nicht schwanger und stillen auch nicht; häufig können sie nicht einmal schwanger werden, weil sie noch nicht fruchtbar sind. Das Aussehen junger Mädchen ist der deutlichste Hinweis darauf, dass das optische Hervorstechen der weiblichen Brust nichts mit der Milchproduktion zu tun hat.

Welche Ursache hat es dann? Darüber wurde schon viel spekuliert. Die Vorschläge lassen sich in zwei Gruppen einteilen: solche, die mit der Versorgung der Babys zusammenhängen (und gewöhnlich von Frauen favorisiert werden), und solche, die auf sexuelle Attraktivität abzielen (und bei Männern beliebt sind). Die älteste Idee aus der ersten Gruppe lautet: Menschen haben ein sehr kurzes Kinn und können deshalb nur schwer an einer Zitze saugen, die auf einer flachen Unterlage dargeboten wird. Ich finde das Argument nicht gerade stichhaltig, unter anderen, weil es Affenarten mit sehr kurzem Kinn gibt, die mit dieser Situation prima zurechtzukommen scheinen. Trotzdem ist etwas seltsam am Stillen eines kleinen Menschleins: Im Unterschied zu den meisten Tierjungen müssen Babys beim Saugen den ganzen Mund „voll Brust" nehmen, aber aus irgendeinem Grund tun sie das nicht instinktiv, wie viele Mütter mit wunden Brustwarzen bestätigen werden. Ein anderer Vorschlag lautet, die Brust habe sich vorspringend entwickelt, damit die Warze in bequemer Nähe des Mundes eines Babys ist, das ihre auf zwei Beinen laufende Mutter im Arm oder auf der Hüfte trägt. Vor der Erfindung des BHs leierten die Brüste sicherlich früh aus. Wurden die Warzen damit direkt bis vor den Mund des hungrigen Nachwuchses abgesenkt? Ein letzter Vorschlag stammt von einigen Anthropologen, die davon ausgehen, dass der Mensch an den uralten afrikanischen Küsten einst das halbe Leben im Wasser verbrachte. Damit erklären sie eine Reihe eigenartiger Aspekte der Humanbiologie, zum Beispiel die Brust: Das war eine Vorrichtung, an die sich das im Wasser paddelnde Baby anklammern konnte. Natürlich erfahren wir damit weder, warum kein anderes Meerestier das ganze Erwachsenenleben lang eine voluminöse Brust trägt, noch, warum stillende Mütter nicht mögen, dass man sich an ihrer Brust festklammert.

Diese auf die Babyaufzucht konzentrierten Theorien haben vor allem zwei Schwachstellen. Erstens erklären sie nicht, warum die Brust auch dann so umfangreich ist, wenn die Frau gerade nicht stillt. Zweitens liefern sie keine Begründung dafür, dass die Brust eine sexuell hochempfindliche Körperregion ist. Beide Punkte deuten darauf hin, dass die Attraktivität in den Augen des anderen Geschlechts doch ein wichtiger Faktor der Evolution der Brust gewesen sein kann. Gestützt wird diese Idee auch von einem Mechanismus namens „sexuelle Auslese", der in vielen Bereichen der menschlichen Entwicklung für bedeutsam gehalten wird. *Natürliche Auslese* bedeutet, eine Art verändert sich, weil sich bestimmte Individuen, die über für das Gedeihen in ihrer Umwelt nützliche Eigenschaften verfügen, besonders reichlich vermehren. *Sexuelle Auslese* dagegen heißt, bestimmte Individuen bringen einfach deshalb viele Nachkommen hervor, weil sie für das andere Geschlecht attraktiv sind. Nicht diejenigen Weibchen geben also ihr genetisches Material bevorzugt weiter, die zäher sind und überleben, sondern jene, die viele Männchen anziehen. Dieser Mechanismus führte zur Entwicklung des üppigen Federschmucks des Pfaus, und es lassen sich viele weitere Beispiele finden. Warum sollte sich also nicht auch die hängende Frauenbrust durchgesetzt haben, weil Männer Gefallen daran finden? Es gibt sogar Forscher, die jeglichen äußeren Unterschied zwischen Jungen und Mädchen, der sich in der Pubertät herausbildet, für in dieser Weise sexuell motiviert halten. Allerdings bleibt auch hier ein Problem: Wenn es um sexuelle Auslese geht, stellt sich die Frage, aus welchem Grund das eine Geschlecht (in unserem Fall das männliche) überhaupt auf die Idee kam, ein bestimmtes Merkmal interessant oder attraktiv zu finden.

Eine Theorie besagt, die Brust dient einzig und allein als Lockmittel. Unterstützt wird diese Idee von der Tatsache, dass Mädchen Brüste wachsen, bevor sie fruchtbar werden, und dass es in vielen menschlichen Gesellschaften Brauch war und ist, die Brüste vor der Hochzeit zu bedecken, danach aber nicht mehr. Damit wissen wir aber immer noch nicht, was Männer an den Brüsten so begeistert. Vielleicht entwickelten die Männer erst eine Leidenschaft für weibliche Rundungen allgemein, und die Brust schwoll dann an, um dieser Vorliebe entgegenzukommen. Radikaler klingt der Vorschlag, die Brüste seien als Imitate der Pobacken in der heiklen Phase der Evolution entstanden, als die Männer allmählich zum Geschlechtsverkehr „von vorn" übergingen. Nur fehlen die Beweise dafür, dass die Brüste den armen, des Anblicks der Hinterbacken beraubten Mann trösten sollten – insbesondere wissen wir nicht, ob sich die hinteren oder die vorderen Rundungen zuerst herausgebildet haben.

Sinnvoller ist sicherlich der Gedanke, eine hängende Brust habe dem Mann eine reichliche Milchproduktion zur Ernährung seiner künftigen Nachkommen signalisiert. Aber selbst das hat einen Haken: Es gibt überhaupt keine eindeutige Korrelation zwischen Brustgröße und Milchproduktion; und abgesehen davon bleibt die Frage, warum Frauen so verschieden große Brüste haben. Viele junge und ältere Männer mögen gerade kleinere Brüste, vorausgesetzt, ihre Besitzerin sieht ansonsten deutlich weiblich aus.

Eine letzte Theorie der sexuellen Auslese klingt reizvoll, weil sie in beiden Richtungen funktioniert: Männer wählen Frauen aus, Frauen wählen Männer aus. Ihre Wurzeln liegen auch in anderen ungewöhnlichen Merkmalen des menschlichen Zusammenlebens (Paare bleiben lange beisammen, Väter sorgen für ihre Partnerinnen und Kinder). Diese Theorie besagt nun, dass die Männer ursprünglich aus den bereits genannten Gründen auf die Brust aufmerksam wurden (vielleicht außerdem, weil ein Anschwellen der Brüste auf fruchtbare Tage im Zyklus hinwies). Das nächste Stadium war dann, dass Frauen gezielt Männer auswählten, denen die Brust gefiel, weil sie bei ihnen Treue und Fürsorge während Schwangerschaft und Stillzeit (in denen die Brust je noch deutlicher anschwellen würde) vermuteten. Diese Wechselbeziehung verselbstständigte sich dann: Männer liebten die Brüste immer mehr, Frauen entwickelten immer größere Brüste, um zu gefallen, und suchten sich wieder Männer, die große Brüste liebten. Das Brustwachstum bei jungen Mädchen könnte also tatsächlich etwas mit der Erwartung zu tun haben, den richtigen Mann anzulocken (nicht etwa aus einer Art evolutionsbedingter

Großzügigkeit, sondern mit eigenen, ganz speziellen Hintergedanken).

Es sieht ganz so aus, als ob eine der wesentlichen Funktionen der Pubertät darin bestünde, das Aussehen des Teenagers zu verändern. Ein Aspekt, der sich dramatisch wandelt, ist die Haut; ein zweiter ist die Körperform. Vor der Pubertät sehen Jungen- und Mädchenkörper im Wesentlichen gleich aus; nach der Pubertät erkennt man den Mann oder die Frau sehr deutlich. Obwohl keines der neuen Merkmale unmittelbar mit der Zeugung von Nachkommen zusammenhängt, trägt die Verwandlung doch stark dazu bei, das eine Geschlecht für das andere attraktiv zu machen (und umgekehrt). Wie wir in Kapitel 5 sehen werden, verfügen Teenager über spezielle Regelkreise im Gehirn, die für die Würdigung der Körperform potenzieller Partner verantwortlich sind. Dies ist – wie alles, das mit der menschlichen Sexualität zusammenhängt – nicht so einfach, wie es klingt: Jungen müssen nicht als muskelbepackte Schwergewichte daherkommen, um zu gefallen, ebenso wenig wie Mädchen unbedingt breithüftige, kurvenreiche Erdgöttinnen sein müssen. Wir Menschen sind in der Lage, sehr feine Anreize wahrzunehmen, aber vorhanden müssen sie sein.

Außerdem sind viele der Unterschiede zwischen Männer- und Frauenkörper bereits vor der Pubertät angelegt, wenn auch noch nicht ausgeprägt. Ein passendes Beispiel sind Oberkörper und Arme: Androgene sorgen dafür, dass der männliche Brustkorb und damit das Lungenvolumen größer ist, um die Sauerstoffaufnahme und damit die Blutzirkulation (durch das Pumpen des großen Herzens) zu fördern. Daneben soll die breite Mannesbrust den Artgenossinnen Männlichkeit und den Artgenossen Bedrohlichkeit signalisieren. Jacketts betonen den weit oben liegenden Schwerpunkt zusätzlich. Durch den großen Brustkorb werden die Schultern breit, was seine logische Fortsetzung in den Schulterstücken der Militäruniformen findet. Ich gebe zu, mich dabei an die Mode der 80er-Jahre zu erinnern, als Frauen erst Schulterpolster trugen, um den Körperbau des „dominanten" Mannes nachzuahmen, und Teenager sich dann mühten, knabenhaft spindeldürr auszusehen. Heute wirkt dieser Anblick lächerlich altmodisch. Das weibliche Selbstbild hat sich seit dieser Zeit offenbar deutlich geändert. Inzwischen tragen junge Mädchen hauteng Tops aus leichten Stoffen, um ihre gerundeten Schultern und die zarte Nackenlinie zu präsentieren. Der schmale Brustkorb bedingt einen langen Unterleib – viel Platz für spätere Schwangerschaften. Bauchfreie Oberteile und tiefsitzende Jeans stellen den langen weiblichen Bauch sehr effektvoll zur Schau.

Ein weiterer Unterschied zwischen Männer- und Frauenkörper betrifft die Muskelmasse. Bei Männern ist sie größer, und Schuld daran haben wieder die Androgene. Die anabolen Steroide, die sich gewissenlose Athleten spritzen, sind im Großen und Ganzen künstliche Formen von Sexualsteroiden. Wie Sie wenig überraschen wird, sorgt der anabole Effekt der Androgene dafür, dass die Jungen, die schon vor der Pubertät stärker als die Mädchen waren, nach der Pubertät viel stärker sind. Ein Mann kann doppelt so kräftig zufassen wie eine Frau. Die Muskelmasse zieht eine Reihe äußerlicher Merkmale – wuchtige Schultern, flacher Bauch (habe ich jedenfalls gehört), muskulöse Oberschenkel und Gesäßbacken – nach sich, die mit am häufigsten genannt werden, wenn man Frauen fragt, was am Mann sie sexuell anziehend finden. Leider haben heranwachsende Jungen hier Pech: Der Wachstumsschub der Muskeln setzt erst sehr spät ein, manchmal sogar erst jenseits des 20. Geburtstages. Dadurch sehen männliche Teenager nicht nur schwächlich aus, sondern haben die wirkliche

Tragödie noch vor sich: Der männliche Stoffwechsel scheint sich just zu der Zeit umzustellen, in der das Muskelwachstum aufhört. Ich habe oft beobachtet, dass meine männlichen Studenten sich mühelos angewöhnen, große Mengen von Kalorien (in Form von Bier natürlich) zu konsumieren, weil sie einfach nicht zuzunehmen scheinen. Überschreiten sie aber das 22. Lebensjahr (ungefähr), ohne von diesen Gewohnheiten zu lassen, ist die schlanke Linie dahin. Aufgrund der großen Muskelmasse sind Jungen weniger biegsam als Mädchen, die mit fließenden Bewegungen dahinschweben, während sie nur daneben einherstolpern können. Dies ist auch die Ursache der vielbesungenen Tollpatschigkeit des schlaksigen jungen Kerls. Erklären lassen sich diese Unterschiede, wenn man davon ausgeht, dass die Rollenverteilung in einer Gesellschaft von Jägern und Sammlern stellvertretend für den größten Teil der Evolution des Menschen stehen kann. Es waren wohl die Frauen, die geschickt die Früchte von den Bäumen holten, während die Männer wilde Tiere zur Strecke brachten und Feinde verdroschen.

Das Gegenstück zur männlichen Muskelmasse ist, in gewisser Hinsicht, das weibliche Fett. In der Pubertät beginnen bei jungen Frauen die Östrogene, den Aufbau von Fettspeichern – vor allem im Unterhautgewebe, bevorzugt an Gesäß und Oberschenkeln – zu fördern. Mädchen schleppen aus diesem Grund im Vergleich zu Jungen etwa 50 Prozent mehr Fettmasse mit sich herum, die ihre Muskelkonturen glättet; ihre Silhouette wirkt deshalb weicher und kurvenreicher. Was auch immer der Feminismus dazu zu sagen haben mag – Fett gehört nicht nur zu den typisch weiblichen Körpermerkmalen, sondern außerdem, wie wir sehen werden, zu den Aspekten, die (jedenfalls in mancher Hinsicht) den Frauenkörper für Männer äußerst anziehend macht. Die Kehrseite dieser

Entwicklung sind Essstörungen, deren Auslöser nicht selten die Veränderungen der weiblichen Körperform während der Pubertät sind. Auf die Frage, wo die Fettpolster evolutionsgeschichtlich herkommen, lassen sich verschiedene Antworten geben. Zunächst mussten die Frauen im Laufe der letzten paar Millionen Jahre sicherlich nicht so viel herumrennen wie Männer. Manche Forscher behaupten, der deutliche Unterschied der athletischen Fähigkeiten von Mann und Frau sei weniger durch die geringere Muskelmasse oder das geringere Lungenvolumen, sondern vor allem durch die größeren Fettspeicher der Frauen bedingt. Ein zweites Argument ist das Anlegen einer Energiereserve für Schwangerschaft und Stillzeit, Umstände also, die die physische Leistungsfähigkeit unserer weiblichen Vorfahren weit mehr beansprucht haben dürften als die körperlichen Belastungen des Alltags. Diese Vorsorge beobachte ich oft bei meinen Studentinnen, die allzu leicht zunehmen, wenn sie mit dem Beginn des Studiums ihren Kalorienverbrauch (Bierkonsum, wie gesagt) hochschrauben. Reizvoll ist auch ein letzter Erklärungsversuch für die Polster und Pölsterchen: Sie verlegen den Schwerpunkt des weiblichen Körpers weiter nach unten, was die Stabilität beim Herumtragen von Kindern erhöht. Zugegebenermaßen habe ich noch nicht experimentell erforscht, welchen frischgebackenen Eltern sich am leichtesten ein Bein stellen lässt.

Auch die Gliedmaßen von Jungen und Mädchen unterscheiden sich zwar schon vor der Pubertät, aber die Teenagerzeit mit ihren Hormonströmen lässt die Differenzen erst richtig hervortreten. Jungen haben längere Füße und Hände; das könnte ein indirekter Effekt der Androgene sein, die die Ausschüttung von Wachstumshormon durch die Hypophyse anregen. Dieser Unterschied wirkt durchaus sinnvoll, wenn man davon ausgeht, dass Männer zum Rennen, Raufen und

Stechen gemacht sind. Andere Einzelheiten lassen sich damit aber nicht so einleuchtend erklären. Strecken Sie Ihren Arm nach vorn, Handfläche nach oben. Wenn Sie ein Mann sind, verläuft Ihr Arm ganz gerade; sind Sie eine Frau, erkennen Sie einen Knick in der Ellenbogengegend. Nehmen Sie sich eine Versuchsperson des jeweils anderen Geschlechts hinzu, und Sie werden überrascht sein, wie deutlich der Unterschied ausfällt, dessen Ursache wir nicht kennen. Aber wir können eine Wirkung beobachten: Männer tragen schwere Lasten in der Regel mit den Handflächen nach hinten, Frauen drehen die Handfläche eher nach vorn. Einen ähnlichen Knick finden Sie auch an den Knien. Er führt zum „typisch weiblichen" Gang, den schon meine neun Jahre alte Tochter entwickelt hat. Viel diskutiert werden die Differenzen in den Längen der Finger, die sich allerdings im Großen und Ganzen schon vor der Pubertät (durch die Wirkung von Androgenen vor der Geburt) ausprägen. Bei Jungen sind die Ringfinger häufig länger als die Zeigefinger; bei Mädchen ist es umgekehrt. Interessanterweise haben Jungen, die von ihren Eltern als besonders zerstörungswütig und aggressiv beschrieben werden, oft ungewöhnlich lange Ringfinger. Um die Diskussion noch anzuheizen, findet man offenbar bei homosexuellen Frauen überdurchschnittlich oft eine männertypische Handstruktur mit langem Ringfinger.

Wie Sie wohl nicht besonders überraschen wird, findet man die größten, ja dramatischen Geschlechtsunterschiede der Skelette bei Becken und Beinen. Schon mit 18 Monaten laufen Mädchen anders als Jungen, und wieder beobachtet man eine stärkere Ausprägung der Differenzen mit der Pubertät. Im Vergleich zu anderen Primaten braucht das menschliche Becken eine lange Reifungszeit. Während der Teenagerzeit bekommen Jungen große, belastbare Hüftgelenke, bei Mädchen weitet sich der Geburtskanal. Es wird viel darüber diskutiert, wie sich diese Unterschiede entwickeln konnten, wobei man bedenken muss, dass unser Becken in zweierlei Hinsicht außergewöhnlich ist: Wir gehen aufrecht, und die Frauen bekommen Babys mit großem Schädel. Dadurch ist das Unterleibsskelett verschiedenen und vielleicht widerstreitenden Belastungen ausgesetzt. Es scheint so, dass die Australopithecinen schon den größten Teil der Anpassungen an das zweibeinige Leben bewältigt hatten, aber die großen Gehirne und damit breiteren Becken kamen erst später, bei *Homo erectus* und schließlich *Homo sapiens*. Die Beckenmaße, die sich beim weiblichen modernen Teenager sicherlich am stärksten verändern, sind diejenigen, die über den erfolgreichen Ausgang von Geburten entscheiden. Dabei ist der Geburtskanal nicht nur weit, sondern führt auch noch um die Ecke, was die Austreibung des Neugeborenen zu einer im Tierreich ungewöhnlichen Quälerei macht.

Alle diese Aspekte beeinflussen den weiblichen Gang; jedenfalls vermutet man es. Die Erweiterung des Geburtskanals drückt die Hüftgelenke auseinander; sie verändert die Bewegungen des Beckens und verteilt die Kräfte zwischen Becken und Oberschenkeln um. Deshalb sind Mädchen und Frauen anfälliger für bestimmte Verletzungen. Dass sich junge Frauen und Männer im Gangbild unterscheiden, ist eigentlich jedem klar. Nicht so einfach scheint es überraschenderweise zu sein, die Differenzen exakt zu benennen. Frauen „wiegen sich in den Hüften" – inwieweit ist das aber messbar? Der einzige Punkt, in dem die Biomechaniker einig sind, ist Schrittlänge und -frequenz: Frauen machen kürzere Schritte und laufen langsamer. Nimmt man noch das ausgeprägtere weibliche Gesäß hinzu, hat man den Kern des Ganzen vielleicht schon erfasst. Strittig ist auch die Frage, ob und wie hochhackige

Schuhe das weibliche Gangbild verstärken. Sie kippen das
Becken noch stärker, kann man argumentieren, wodurch die
Trägerin den Rücken durchbiegt und das Hinterteil (noch weiter) herausstreckt. Nachzuweisen ist auch das schwer. Sicherlich reduzieren hohe Absätze die Bewegungen des Knöchels
beim Laufen, und außerdem verstärken sie die Belastung des
Kniegelenks enorm, aber beides gilt allgemein nicht als sexuell
anziehend. Wenn junge Mädchen in Stilettos herumstolpern,
dann verkürzen sie damit vielleicht einfach nur ihre Schritte,
zwingen sich, noch langsamer zu gehen, und lassen ihre Beine
länger wirken (was verwirrenderweise ein typisch männliches
Merkmal ist).

Der letzte Bereich des Skeletts, in dem sich Unterschiede
zwischen Jungen und Mädchen feststellen lassen, ist das Gesicht. Androgene (und wiederum von ihnen gesteuerte Hormone) machen das Männergesicht grobknochig und kräftig
mit grimmig vorstehenden Augenbrauen und hervorspringen-
dem Machokinn. Außerdem haben Männer größere Zähne,
allerdings nicht infolge einer dickeren Schicht widerstandsfä-
higen Schmelzes, sondern einfach eines größeren Dentinvolu-
mens. Durch die Wirkung der Androgene wird die Stimmhöh-
le größer, die Stimmbänder dicker und der ganze Kehlkopf
rutscht nach unten als gut sichtbarer, am ohnehin kurzen Hals
das Mannes hervortretender Adamsapfel. Weibliche Teenager dagegen behalten die meisten Gesichtsmerkmale aus der
Kinderzeit: gerundete, „offene" Gesichter, kleine Zähne und
einen langen, glatten Hals.

Diese Übernahme von Kindheitsaspekten ins Erwachsenenalter heißt in der Fachsprache „Pädomorphose" und verleitet manche Menschen zu ungerechtfertigten Werturteilen.
Zu den ungehobeltsten Versionen gehört, dass Frauen von

Natur aus nicht nur „kindlich", sondern „kindisch" sind. Allerdings nimmt man heute an, dass sich die ganze menschliche Rasse im Wesentlichen durch Pädomorphose entwickelt hat: Viele Merkmale, die wir für „typisch menschlich" halten, haben wir in Wahrheit von Affenkindern übernommen, wie den gewölbten Kopf, das wenig ausgeprägte Kinn, die vorspringenden Augenbrauen und die spärliche Behaarung. Aus dieser Perspektive könnte man heranwachsende Mädchen demnach als Vorreiter bei der Bewahrung möglichst vieler Kindheitsaspekte betrachten, während die Jungen sich eher auf ihre Affenverwandtschaft berufen. (Einen beunruhigenden Beiklang bekommt die Diskussion der Pädomorphose, wenn man an die Wirkung auf das sexuelle Verlangen des Mannes denkt. Wenn Männergehirne so verdrahtet sind, dass eine Vorliebe für zartgliedrige Menschen mit glatter Haut, hoher Stimme und rundlichem Gesicht besteht, erklärt das die Pädophilie? Fühlen sich pädophile Männer „einfach" mehr von den Merkmalen angezogen, die Frauen vom Kind übernehmen, als von jenen, die sie erst in der Pubertät entwickeln?)

Wie sich im letzten Abschnitt dieses ersten Kapitels zeigen wird, steht die Wahrnehmung der Reife der Frau mit im Mittelpunkt unserer ganzen Diskussion darüber, was Teenager eigentlich sind. Bis jetzt haben wir verfolgt, wie Teenager entstanden sind, welche hormonellen Kräfte sie durch die Pubertät hindurchtreiben und wie die dadurch bewirkten Veränderungen zu den Rollen des künftigen Mannes oder der künftigen Frau in Beziehung stehen. Pubertät und Reife sind nicht dasselbe, und selbst die Kombination aus Pubertät *und* Reife macht noch keinen Teenager aus. Da gibt es noch mehr. Wozu also braucht der Mensch diese lange Periode des Heranwachsens? Wozu sind Teenager entstanden?

Warum sind Mädchen reifer als Jungen?

Bis jetzt sind Ihnen wahrscheinlich zwei Aspekte des Erwachsenwerdens besonders aufgefallen: erstens, dass es überraschend lange dauert, und zweitens, dass es bei Jungen noch länger dauert als bei Mädchen. Nebennieren und Keimdrüsen von Jungen kommen später in Schwung; außerdem geht die weitere Entwicklung des männlichen Körpers deutlich langsamer vonstatten. Ich kann mich aus meiner eigenen Teenagerzeit erinnern, dass meine Altersgenossinnen sehr erwachsen wirkten und ich selbst so langsam wuchs, dass es mir schien, ich würde Jahre brauchen, um sie einzuholen. Wie ich inzwischen weiß, steckte dahinter nicht nur die Lebensangst des Jugendlichen, sondern ein sehr reales Phänomen. Mädchen sind einfach ein paar Jahre früher dran als Jungen, mit einer einzigen, aber wichtigen Ausnahme: der Fruchtbarkeit. Diese Diskrepanz zwischen körperlicher Reife und Fortpflanzungsfähigkeit bei jungen Männern hat gute Gründe, und damit liefert sie uns entscheidende Hinweise auf die Wurzeln des Teenagers in der Evolutionsgeschichte des Menschen.

Wollen Forscher eine der „Regeln" untersuchen, die in der Natur offenbar wirken, dann konzentrieren sie sich zunächst häufig auf die Ausnahmen. Zufälligerweise haben sie nun die Ursache dafür gefunden, dass Jungen oft vor Mädchen fruchtbar sind, obwohl ihr Hormonsystem in der Reife hinterherhinkt. Der entscheidende Punkt ist die Einfachheit des männlichen Fortpflanzungsprozesses im Gegensatz zur Komplexität des weiblichen Prozesses: Die männlichen Genitalien haben keine andere Aufgabe, als Spermien zu produzieren. Etwa auf halbem Wege zwischen zwölftem und 20. Geburtstag funktioniert dies problemlos und kontinuierlich. Tag für Tag entstehen zig Millionen Samenzellen. Wie Sie sicher schon vermuten, wird der gesamte Vorgang, der sich übrigens während des größten Teils des Erwachsenenlebens kaum ändert, von Androgenen gesteuert. Die Keimdrüsen sind da und tun, was von ihnen erwartet wird.

Ganz anders gestalten sich die Abläufe bei Frauen. Wie der Männerkörper für Spermien sorgt, muss der Frauenkörper für Eizellen sorgen, das ist klar. Darüber hinaus haben die weiblichen Fortpflanzungsorgane aber eine zweite Aufgabe: Sie müssen Hormone produzieren, die eine Schwangerschaft aufrechterhalten können. Die Keimdrüsen der Frau müssen dabei nicht nur an zwei Fronten kämpfen (Sex und Schwangerschaft), sondern sie müssen auch sehr effizient zwischen beidem hin- und herschalten. Diese Dualität ist in den Menstruationszyklus eingebaut. Zwei Wochen lang dominieren die Östrogene bis zum Eisprung, also der Fertigstellung der reifen Eizelle; die anderen beiden Wochen werden vom Progesteron beherrscht, weil der Körper vermutet, schwanger zu sein. Stellt er nach diesen etwa 14 Tagen keinen Embryo fest, dann wird die Regelblutung ausgelöst, und das Ganze beginnt von vorn. Dieses unablässige Hin- und Herwechseln zwischen Fruchtbarkeit und möglicher Schwangerschaft ist die Ursache des weiblichen Zyklus. Männer produzieren einfach nur kontinuierlich Spermien; Frauen dagegen befinden sich ständig in einem Zustand der Unentschiedenheit des Fortpflanzungssystems.

Diese Komplexität des Hormonzyklus ist die Ursache dafür, dass die Entwicklung der Fruchtbarkeit bei Mädchen länger dauert als bei Jungen. Mädchen müssen nicht nur die hormonellen Wechselwirkungen aufbauen, mit denen die Jungen ihren Status quo aufrechterhalten, sondern darüber hinaus einen zweiten Regelkreis zwischen Eierstöcken und Hypophyse etablieren, den Jungen gar nicht brauchen. Unmittelbar vor dem Eisprung treten Eierstöcke und Hypophyse in einen einzigartigen, instabilen Zustand ein, in dem sie sich gegenseitig stimulieren. Man nennt dies „positives Feedback". Dabei findet eine gewaltige, nahezu unkontrollierte Hormonausschüttung statt, die mit dem Eisprung ihren Höhepunkt erreicht und die vom Progesteron dominierte zweite Zyklushälfte einleitet. Das positive Feedback ist also ein sehr spezielles, frauentypisches und für die weibliche Fruchtbarkeit unabdingbares Phänomen, dessen Herausbildung seine Zeit braucht. Viele junge Mädchen wirken nach außen schon fruchtbar, machen in Wirklichkeit aber jahrelang unvollständige oder fehlerhafte Zyklen durch, in denen entweder gar kein Einsprung stattfindet oder die Hormonmaschinerie zur Aufrechterhaltung einer Schwangerschaft noch nicht funktioniert.

Jungen sind also die Schnelleren, was die Fruchtbarkeit angeht. Dafür sind Mädchen eindeutig beim Größenwachstum voraus. Wenn sich heranwachsende Jungen über irgendetwas furchtbar aufregen können, dann ist es die Tatsache, dass sie mehrere Jahre lang sichtbar kürzer sind als ihre Altersgenossinnen. Als ob nicht schon die anderen Anzeichen der Unreife schlecht genug zu verkraften wären, ist es der letzte Schlag, von unerreichbar langbeinigen Mädchen umgeben zu sein. Wie wir aber gleich sehen werden, haben letztlich die Wachstumskurven unser Wissen über die relative Unreife der Jungen gefestigt. Wir können nun sagen, warum Jungen, obwohl eher fruchtbar, später reif sind als Mädchen und inwiefern der relative Zeitpunkt der Reife erklärt, warum es Teenager überhaupt gibt.

Jungtiere können unglaublich schnell wachsen. Zu den Spitzenreitern im Tierreich zählen Riesenhunderassen, Greifvögel, Laufvögel und Wale. Die Wachstumsgeschwindigkeit ihrer Jungen liegt an der oberen Grenze des natürlich Möglichen, was bedeutet, dass schon geringfügige Schwankungen der Ernährung zu Fehlbildungen oder zum Tod führen. Der Mensch ist dagegen eine relativ langsam wachsende Art, auch wenn es einem manchmal so vorkommt, als ob Kinder „wie Unkraut" in die Höhe schießen. Wir müssen zwar ziemlich groß werden, aber wir nehmen uns beispiellose zwei Jahrzehnte Zeit dazu. Viele ähnlich große Säugetiere sind ausgewachsen und bekommen ihren ersten Nachwuchs, wenn sie gerade einmal drei Jahre alt sind. Die langsame Reifung des Menschen und ihre Ursachen werden Ihnen in diesem Buch noch mehrmals begegnen. Im Moment soll es genügen festzustellen, dass sich unsere Art nicht besonders beeilt.

Nach der Geburt eines kleinen Menschen sind für dessen Größenwachstum fast ausschließlich Strukturen im Skelett zuständig, die Wachstumsfugen genannt werden. Die meisten langen Knochen der Gliedmaßen haben Wachstumsfugen in der Nähe beider Enden, und auch die Rückenwirbel verfügen über solche Zonen. Bei einem langen Knochen, zum Beispiel dem Oberschenkelknochen, befinden sich die beiden Wachstumsfugen als Knorpelschichten jeweils zwischen dem Ende des Knochens (Gelenk) und dem röhrenförmigen Mittelstück. Diese strukturierten Schichten sorgen für den Aufbau von Knochensubstanz an den immer weiter auseinanderrückenden Endstücken der länger und länger werdenden Röhre. Der Teenager wächst. Gesteuert wird dieser Vorgang vom Wachstumshormon, das die Hypophyse ausschüttet. Androgene und Östrogene wirken unterstützend. Im Alter von etwa 18 (Mädchen) oder 21 Jahren (Junge) stellen die Wachstumsfugen plötzlich ihre Tätigkeit ein, verknöchern und schließen sich zu einer feinen Linie. Das Längenwachstum ist damit abgeschlossen. Vermutlich sind Östrogene dafür verantwortlich – sehr selten bewirkt eine fehlende Reaktion auf Östrogene, dass ein Mensch nicht aufhören kann zu wachsen –, und das könnte erklären, warum Mädchen eher ausgewachsen sind als Jungen.

Wir kennen also nun den Mechanismus der Knochenverlängerung. Damit sind aber noch längst nicht alle Fragen zum Wachstum beantwortet, insbesondere nicht die nach den altersabhängigen Differenzen der Wachstumsgeschwindigkeit. Betrachten wir dazu das folgende Diagramm. Es zeigt, wie viele Millimeter Jungen und Mädchen monatlich in den ersten beiden Lebensjahrzehnten wachsen.

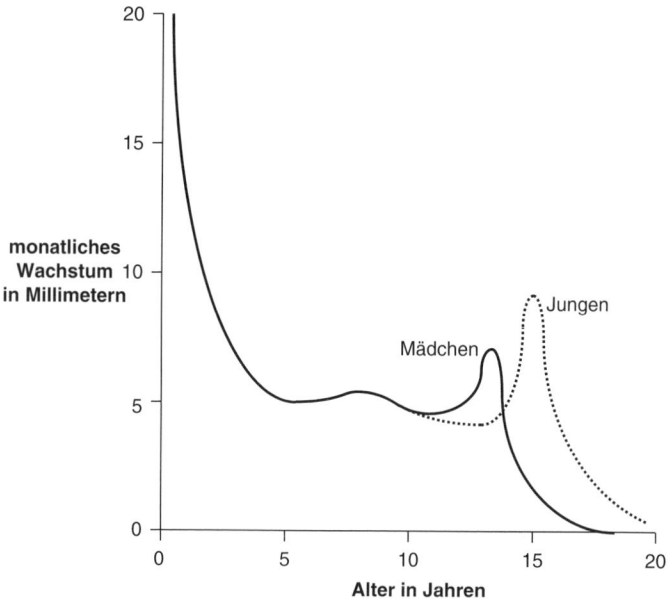

Die Mädchenkurve unterscheidet sich unübersehbar von der Jungenkurve, und beide sehen völlig anders aus als die Wachstumskurven quer durchs Tierreich. Die meisten Säugetiere werden nach der Geburt schnell größer, und je näher sie dem Erwachsenenstadium kommen, desto langsamer wachsen sie. Insgesamt finden sich beim Menschen gleich vier Merkwürdigkeiten. Erstens: Die Wachstumsgeschwindigkeit nimmt unmittelbar nach der Geburt dramatisch ab und bleibt die ganze Kindheit hindurch bescheiden – typisch menschliche Trägheit eben. Zweitens: Im Alter von etwa acht, neun Jahren findet ein erster, zögerlicher Wachstumsschub statt. Drittens: In der Teenagerzeit schießt die Wachstumsgeschwindigkeit urplötzlich buchstäblich in die Höhe zum spektakulären und viel diskutierten Wachstumsschub der Jugend. Viertens und letztens: Wie man in der Abbildung sieht, setzt dieser Schub bei Mädchen um mehrere Jahre früher ein als bei Jungen. Indem wir jetzt alle diese Seltsamkeiten auseinanderpflücken, werden wir eine ganze Menge über Teenager lernen.

Das Diagramm hebt den wichtigsten Unterschied zwischen dem Jungen- und dem Mädchenwachstum hervor: Mädchen starten eher, aber Jungen werden (natürlich) größer. Verglichen mit vielen anderen Primaten fällt dieser Größenunterschied aber nicht dramatisch aus. Immerhin erreichen Frauen im Mittel 93 Prozent der Durchschnittsgröße der Männer. Wir Menschen zeigen also keinen besonders ausgeprägten „Sexualdimorphismus", wie die äußerlichen Differenzen der Geschlechter von Fachleuten genannt werden. Geringe geschlechtsspezifische Größenunterschiede sind in der Tierwelt normalerweise ein Hinweis auf eine Gesellschaft, in der die Männchen nicht deutlich dominieren. Das mag einiges über uns aussagen. Natürlich ist eine halbwegs vernünftige Größe für das Menschenweibchen vorteilhaft, weil das Becken schließlich Babys mit großem Kopf durchlassen muss. Dafür, dass die beobachteten Unterschiede überhaupt bestehen, haben die Forscher vier Ursachen ausgemacht. Erstens sind Jungen bereits zum Ausgang der Kindheit ein bisschen (rund 1,5 Zentimeter, also so wenig, dass man es auf meinem Diagramm nicht sieht) größer als Mädchen. Zweitens haben sie vor dem Beginn des Wachstumsschubs schon ein paar Jahre Zeit gehabt, um allmählich größer zu werden (etwa sechs Zentimeter). Drittens ist der Wachstumsschub bei Jungen steiler und höher als bei Mädchen, wodurch wieder sechs Zentimeter gewonnen werden. Viertens wachsen Jungen länger als Mädchen weiter, *nachdem* der Wachstumsschub beendet ist, weil ihre Wachstumsfugen später verknöchern. So kommen noch einmal rund 1,5 Zentimeter hinzu.

Interessant ist aber nicht nur die schiere Höhe der „Wachstumsbuckel" auf dem Diagramm, sondern auch ihre geschlechtsspezifische zeitliche Anordnung (und eigentlich die Tatsache, dass es sie überhaupt gibt). Die Forscher streiten über dieses Thema ziemlich viel herum; weitgehend einig sind sie aber, dass das Wachstumsmuster des Menschen ungewöhnlich ist. Manche von ihnen sind der Meinung, dieser Wachstumsschub bei Teenagern sei nicht nur einzigartig für den Menschen, sondern sogar das entscheidende Merkmal unseres ganzen „Lebensplans". Und ich gestehe, mich dem anzuschließen.

Auch andere Primaten wachsen in der Jugendzeit vorübergehend schneller, aber der Anstieg der Geschwindigkeit beim Menschen, der noch dazu jeden langen Knochen betrifft, ist einfach spektakulär. Die Wachstumsgeschwindigkeit eines jungen Burschen kann sich innerhalb eines Jahres verdoppeln. Stellen Sie sich vor: Er kann einen Zentimeter im Monat wachsen! Der Wachstumsschub eines Teenagers, in geringerem Maße auch der kleine Wachstumshügel in der Kindheit, hat die Biologen zu dem Vorschlag geführt, der Mensch habe dem Lebensplan im Vergleich zu seinen tierischen Verwandten zwei Stadien hinzugefügt. Bei den meisten Tieren kann man kindliche Phase (gesäugt), Jungtierphase (entwöhnt, vor der Pubertät) und Erwachsenenphase (nach einer plötzlich einsetzenden Pubertät) unterscheiden. Beim Menschen kommen hinzu eine lange Kindheit (nicht mehr gestillt, aber noch stark abhängig) und das Stadium des Heranwachsens, dieser seltsame Zeitabschnitt mit aufeinanderfolgenden Wachstumsschüben und einer lächerlich verzögerten Pubertät.

Woher kommt aber dieses absonderliche Wachstumsmuster bei Teenagern? Was brachte den Menschen dazu, sich so zu entwickeln? Ein Gedanke lautet, der große Wachstumsschub habe den Sinn, unsere Fähigkeiten zur Bewegung auf zwei Beinen vor dem Eintritt ins Erwachsenenalter zu optimieren, aber das begreife ich nicht. Schließlich können Zwölfjährige sehr gut herumrennen, und das abrupte In-die-Länge-Schießen bringt bestenfalls ihre Koordination aus dem Gleichgewicht. Mit der Entwicklung des Gehens und Laufens lässt sich vielmehr der kindliche Wachstumsschub in Zusammenhang bringen, in dessen Verlauf sich vor allem die Beine deutlich strecken – ich kann das täglich hautnah bei meiner Tochter verfolgen. Sinnvoll ist sicherlich das Argument, Kinder seien in diesem Alter zu groß, um ständig getragen zu werden, und müssten nun selbst schnell genug laufen, um mit der Herde Schritt zu halten. So ließe sich auch erklären, warum das Kindheitswachstum fast gar nicht geschlechtsspezifisch abläuft.

Eine zweite Idee ist, der Teenager müsse das während der Kindheit versäumte Längenwachstum möglichst schnell aufholen. Um dies plausibel zu machen, müsste aber zuerst der Sinn der Kindheit erklärt werden. Die meisten einschlägigen Theorien zielen auf das Gehirn ab. Menschen überleben (in der Regel) nicht wegen ihrer Körperkraft oder Schnelligkeit, sondern wegen ihrer Schläue: Drei Orangen aus grauweißem Pudding entscheiden über das Schicksal. Wie Sie in Kapitel 2 erfahren werden, braucht dieser Pudding volle zwei Jahrzehnte, bis er wirklich fertig ist. Diese halbe Ewigkeit ist der Preis, den wir der Evolution für unsere Gerissenheit zahlen müssen. Kinder, so vermutet man heute, sind einzig und allein zum Ausbrüten des Gehirns von Nutzen – reizende, harmlose kleine Dinger mit unfertigem Gehirn, die uns nicht allzu viel von unserer kostbaren Nahrung wegessen. Es ist vernünftig, sie klein zu lassen, so lange es irgend geht; schließlich haben sie nichts weiter zu tun als ununterbrochen zu plappern, alles kaputtzumachen und die Erwachsenen nach ihrer Pfeife tanzen zu lassen. Irgendwann aber *müssen* sie groß werden, und hier kommt, so denkt man, der Wachstumsschub bei Teenagern ins Spiel. Kinder müssen klein sein; ist aber einmal entschieden, dass sie endlich wachsen sollen, dann muss das möglichst schnell gehen. Ist der Wachstumsschub demnach nur eine grobe, unelegante Methode, um Kinder zu Erwachsenen zu strecken?

Durchaus möglich, dass mehr als ein Körnchen Wahrheit in dieser „Aufhol"-Theorie steckt, aber es befriedigt mich nicht, das Heranwachsen mehr oder weniger als Nebeneffekt der Kindheit zu interpretieren. Neben diesem unbehaglichen Gefühl kann ich aber auch handfeste Einwände vorbringen. Erstens ist das Gehirn keineswegs fertig und ausgereift, wenn das Erwachsenenalter beginnt. Der Prozess der kindlichen Hirnreifung geht lediglich, ganz allmählich, in ein „erwachsenes" Weiterreifen über und hört nicht plötzlich auf. Es gibt also kein definiertes Endstadium, das möglichst schnell erreicht werden soll. Zweitens liefert diese Theorie keine Begründung dafür, warum Mädchen den Kindheitsrückstand schneller wettmachen als Jungen. Das dritte und vielleicht stichhaltigste

Gegenargument lautet, dass Menschen auch dann die Größe des Erwachsenen erreichen, wenn der Teenagerschub wegbleibt wie bei Kindern, denen die Keimdrüsen von Geburt an fehlen oder aus medizinischen Gründen entfernt werden mussten. Solche Kinder wachsen kontinuierlich bis zu einer völlig unauffälligen Größe heran. Paradoxerweise scheint uns der Schub also keineswegs beim Wachsen zu helfen. Aber wozu ist er dann da?

Vielleicht haben wir uns der Frage aus dem falschen Blickwinkel genähert. Vielleicht ist gar nicht der Endpunkt des Längenwachstums von Bedeutung, sondern nur der geschlechtsspezifische *Unterschied* des Zeitpunkts, zu dem sich das Wachstum derart beschleunigt? Eine Hypothese lautet, Mädchen beginnen früher zu wachsen, damit die Erwachsenen ihr „Potenzial" möglichst bald einschätzen können. Die Körperlänge eines Mädchens steht in einem recht direkten Verhältnis zum Innendurchmesser des Beckens, also zur Fähigkeit, erfolgreich Kinder in die Welt zu setzen. Verfechter dieser Hypothese führen an, in der Urgesellschaft seien junge Mädchen zwischen den Clans gehandelt worden, aber ein fairer Tausch sei erst möglich gewesen, nachdem die „Handelsware" ihre volle Größe erreicht habe, sodass man auf den Beckendurchmesser schließen konnte. Dieser Zeitpunkt sei durch das frühere Einsetzen des Wachstumsschubs nach vorne verlegt worden. Meiner Meinung nach hat diese Hypothese zwar keine gravierenden Schwächen, aber ich halte sie für umständlich, und sie stützt sich auf allzu viele Spekulationen. Ganz abgesehen davon erklärt sie nicht, warum männliche Teenager überhaupt wachsen – wer interessiert sich denn für *deren* Beckendurchmesser?

Eine Hypothese klingt meiner Ansicht nach ziemlich stimmig – eine kühne Idee, die nicht nur den Wachstumsschub beider Geschlechter an sich, sondern auch den Vorsprung der Mädchen begründen kann. Sie besagt: Der wahre Grund für den Wachstumsschub ist die Betonung des Geschlechtsunterschiedes. Anders gesagt: Der Sinn besteht ausdrücklich darin, junge Mädchen reif und junge Burschen unreif aussehen zu lassen. In diesem Fall wäre die verlängerte Pubertät und der Reifeunterschied zwischen den Geschlechtern als überhaupt wesentlicher Aspekt des Heranwachsens anzusehen.

Nehmen wir also an, die Mädchen beeilen sich mit dem Wachstum aus einem guten Grund, nämlich, um reif zu wirken. Auf halbem Weg zwischen dem zwölften und 20. Geburtstag sind Mädchen hochgewachsen, haben eine Brust und beginnen, Kurven auszuprägen. Sie sehen erwachsen aus und finden früh Zutritt zur sozialen Umgebung der Erwachsenen, wo sie alsbald ihre zukünftige Rolle einzuüben beginnen. In Kapitel 2 werden wir sehen, dass das weibliche Gehirn die Reife vielleicht sogar früher vortäuscht, als sie erreicht ist – ob das aber stimmt oder nicht, alle kennen wir die schwierigen Jahre, in denen Mädchen gesellschaftsfähiger sind als Jungen. Und wir wissen, dass Mädchen sich häufig mit älteren Jungen verabreden (oh, wenn ich an die Qualen denke!). Die Ironie liegt aber darin, dass diese Mädchen trotz allem normalerweise unfruchtbar sind. Die Komplexität des weiblichen Fortpflanzungssystems ist Schuld daran, dass sie noch nicht schwanger werden können, mögen sie auch noch so erwachsen tun.

Bei den Jungen läuft alles andersherum ab. Ein typischer Bursche in der Mitte der Teenagerjahre ist kurz, schmächtig und mit einem Hauch von wenig beeindruckender Körperbehaarung ausgestattet (man entschuldige meine Direktheit). Wahrscheinlich ist er sozial noch nicht besonders gewandt. Aber fruchtbar ist er – wobei seine reizlose äußere Erscheinung es unwahrscheinlich macht, dass er in die Lage kommt, diese Fähigkeit beweisen zu können. Er ist zum Warten verurteilt. Eines Tages wird er ein Mann sein, ausgerüstet mit allen sexuellen Waffen, die die Frauen reihenweise in Ohnmacht fallen lassen, doch noch ist es nicht so weit. Wenigstens eins lässt sich zugunsten der männlichen Teenager sagen: Sie wirken nicht bedrohlich (jedenfalls nicht aufeinander). Vielleicht erklärt das die langsame Entwicklung. Harmlos zu wirken, ist keine schlechte Idee in einer Welt, die von Alphamännchen nur so wimmelt. Diese Theorie lässt also schließen, dass die Entwicklung männlicher Teenager darauf abzielt, Konflikte zu vermeiden und bis zum Erwachsenenalter zu überleben, in Erwartung all der Kämpfe, die dann kommen werden.

Wie haben eine ganze Weile gebraucht, um bis hierhin zu kommen, aber wenigstens sind wir bei einer (wenn auch vagen) Definition des Heranwachsens angelangt. Die Teenagerzeit ist länger als ein plötzliches Ereignis und komplexer als eine kontinuierliche, allmähliche Veränderung. Sie ist ein Lebensabschnitt entscheidender, hübsch nacheinander aufgereihter Prozesse. Die Pubertät erstreckt sich über mindestens ein Jahrzehnt; ihr überlagert ist das einzigartig menschliche Wachstumsmuster. Im Teenageralter verschwören sich weibliche und männliche Wachstumsprozesse, um die Geschlechtsunterschiede so deutlich wie möglich zu machen, just zu der Zeit, in der die Sexualität schleppend und unbeholfen in Gang kommt. Wundert Sie noch, dass das nicht ohne Schmerzen abgeht?

Eines ist gewiss: Ein Teenager ist ein kompliziertes Wesen. Wenn er sich überhaupt definieren lässt, dann nur in Relation zu vielen verschiedenen, gleichzeitig ablaufenden Prozessen. Andererseits scheint er aber ein Bindeglied all der scheinbar unvereinbaren menschentypischen Seltsamkeiten zu liefern. Allerdings haben wir uns vorerst nur mit den körperlichen

Aspekten befasst. Wie steht es mit den sozialen Beziehungen außerhalb der Familie, mit Waghalsigkeit, Selbstanalyse und Konflikten? Im folgenden Kapitel dieses Buches werden wir von der physischen zur mentalen Welt übergehen und erleben, dass wir noch längst nicht alle Umstellungen kennen, die vor dem Eintritt ins Erwachsenenleben stattfinden und sich möglichst nahtlos ineinander und in die körperlichen Veränderungen einfügen sollen. Wann immer dieses Ineinandergreifen schief geht, kann das Teenagerleben wirklich schwierig werden.

2

Denken, Wagen, Rock'n'Roll

Warum Teenagerhirne anders sind

> *Die alte Liebe stirbt in ihm dahin,*
> *Und junge Zuneigung beerbt sie da …*
> (William Shakespeare, *Romeo und Julia*)

Zwei Zeitungsbeiträge aus jüngster Zeit. – Meine erste Geschichte handelt von einer Gruppe junger Männer aus Suffolk, alle in den Zwanzigern, die wegen eines schweren tätlichen Angriffs auf zwei andere Männer beim Verlassen eines Nachtclubs am späten Abend verurteilt wurden. Leider passiert so etwas nicht gerade selten, aber dieser Fall war doch ungewöhnlich. Der gesamte Hergang wurde von Kameras aufgezeichnet und direkt übertragen. Der Anblick der Angeklagten, die die zusammengekrümmt am Boden liegenden Opfer mit den Füßen traten, füllte einige Sekunden der Lokalnachrichten und verlieh dem Plädoyer des Staatsanwalts große Überzeugungskraft. Meine persönliche Aufmerksamkeit fesselte aber ein anderer Aspekt, wohl, weil ich gerade das Konzept dieses Buches entwarf: Der Vorsitzende Richter rechtfertigte sein Urteil mit der Bemerkung, die Männer hätten „nicht wie Menschen, sondern wie gedankenlose Teenager" gehandelt.

In der zweiten Story geht es um die missliche Lage eines jungen Mannes aus Surrey, dessen Leben mit 17 Jahren aus der Bahn geriet. Eines Tages sah er in den Abendnachrichten einen Bericht über einen gemeinen Überfall auf eine alte Frau. Sein Entsetzen war so groß, dass ihm unablässig im Kopf herumging, wie schrecklich sich ein Täter nach einem solchen Gewaltverbrechen fühlen musste. Er selbst war noch niemals gewalttätig gewesen, aber allein der Gedanke, er könnte auch zu so etwas fähig sein, brachte ihn schier um den Verstand. Er gewöhnte sich an, alten Frauen aus dem Weg zu gehen, besonders solchen, die klein und schwach aussahen. Er hatte gar nicht vor, sie anzugreifen, aber er fürchtete sich ungemein, dass es doch einmal passieren könnte. Es dauerte nicht lange, bis er schon beim Anblick alter Frauen Panikattacken bekam; manchmal wurde er sogar bewusstlos. Schließlich wies er sich selbst in eine psychiatrische Klinik ein, die zu seinem Schrecken überwiegend mit alten Frauen belegt war. Mehrfach hielt er sich seitdem im Gefängnis auf, weil er sich dort vor seinen betagten Quälgeistern geschützt fühlte. Inzwischen hat er Kinder, aber er ist nicht fähig, mit ihnen zum Spielen in den Park zu gehen, weil er fürchtet, älteren Passantinnen etwas anzutun.

Wie geriet das jugendliche Gehirn in diesen Schlamassel? Wie kann es sein, das ein Teenager von Erwachsenen als vollkommen abgestumpft beschrieben, ein anderer dagegen von seiner Übervorsicht am sozialen Leben gehindert wird? Der äußere Betrachter empfindet das Teenagergehirn als einen Hort von Widersprüchen: stur und inkonsequent; gedankenlos und selbstgrüblerisch; überschwänglich und niedergeschlagen. Teenager selbst formulieren ihr Problem oft einfacher: Sie sind nicht in der Lage, ihr Gehirn das tun zu lassen, was sie wollen, das es tut. Kinder- und Erwachsenengehirne scheinen gut geeignet zu sein, ihre Besitzer durch die Fährnisse ihrer jeweiligen Welt zu steuern, aber Teenagergehirne sind unergründlich, nicht zu begreifen, frustrierend. In diesem Kapitel werde ich Ihnen erklären, warum das so ist.

Erwachsene treffen ihre eigenen Entscheidungen. Über Kinder wird entschieden. Teenager stecken irgendwo zwischendrin: Schritt für Schritt erkämpfen sie sich größere Freiheit, aber sie müssen lernen zu überlegen, was sie damit anfangen sollen. Währenddessen befindet sich ihr Gehirn in der Schwebe am aufregendsten Punkt seiner Entwicklung: Zwar formt es sich ein Leben lang, aber die kompliziertesten Veränderungen finden im zweiten Lebensjahrzehnt statt. Neueste Forschungsergebnisse deuten stark darauf hin, dass unser Gehirn in der Teenagerzeit seinen Höhepunkt erreicht (sind Sie überrascht?): Es ist am größten, am flexibelsten und besonders wandelbar. In der Teenagerzeit wird unser wichtigster Aktivposten, das Denkorgan, geschmiedet. Der körperliche Wandel mag wichtig sein, für uns Menschen entscheidend ist jedoch die Veränderung des Gehirns.

Obwohl in den vergangenen Jahren ziemlich viel über die Gehirne Halbwüchsiger geredet und geschrieben wurde, fehlt einem Großteil der Behauptungen das sichere Fundament von Studien. In Originalarbeiten sind die Neurowissenschaftler sehr sorgfältig darauf bedacht, zwischen Anekdoten, statistischen Ähnlichkeiten und kausalen Zusammenhängen zu unterscheiden. In Büchern und Zeitungsartikeln werden diese Grenzen verwischt, und spekulative Vorschläge, vom Publikum für bewiesen gehalten, werden von der Öffentlichkeit übernommen. Im Laufe des letzten Jahrzehnts wurde recht gut erforscht, wie sich das Teenagergehirn entwickelt. Nur ganz langsam jedoch zieht man auch Parallelen zum Verhalten, und dabei ist es dieses Endprodukt – das „erwachsene" menschliche Verhalten –, was uns eigentlich interessiert. Die meisten merkwürdigen, verantwortungslosen Taten unserer

Jugendzeit sind danach vergessen. Manche aber verfolgen uns das ganze Leben lang. Im Rest dieses Buches werde ich belegen, dass die Verhaltensweisen und Reaktionsmuster, die wir als anpassungsfähige, formbare Teenager erlernen, oft unseren weiteren Lebensweg vorzeichnen.

Denken Sie aber immer daran: Die Teenagerzeit ist nicht einfach eine Übergangsphase zwischen der geschützten Kindheit und dem unabhängigen Erwachsenenalter. Teenager sind aktive, empfindsame Leute, deren Geist eben ganz anders arbeitet. Sie haben eine andere Einstellung als Erwachsene zu Gefahren, Sitten und Spaß, und inzwischen wissen wir wahrscheinlich auch, warum. Woran ich mich aus meiner Jugend erinnere, ist auf dem Mittelstreifen der Straße zu liegen, zum ersten Mal *Led Zeppelin III* zu hören, in Unterwäsche auf einem Feld der Julisonne beim Aufgehen zuzuschauen. Das Teenagerleben kann einmalig lebendig und unmittelbar sein. Alle Erwachsenen pflegen ähnliche Erinnerungen an die eigenen Jugendjahre, verzerrt, in sichere Entfernung gerückt und vernunftmäßig erfasst durch die Brille des Alters. Es ist aber weder Nostalgie noch Gedächtnisschwäche, die die Retrospektive derart verklärt. Unser Gehirn hat sich in der Zeit, die seitdem vergangen ist, grundlegend verändert. Die Erinnerungen stammen aus einer Zeit, in der wir ein anderes Gehirn hatten.

Warum haben Teenager mehr „im Kopf"?

Wenn wir die entscheidende Rolle verstehen wollen, die das Heranwachsen im Kampf des menschlichen Gehirns um die Vormachtstellung gespielt hat, müssen wir zunächst untersuchen, was an unserem Denkorgan so außergewöhnlich ist. Manchmal wirken wir Menschen einzigartig, auserwählt und mit Geisteskräften ausgestattet, die allen anderen Tieren verwehrt sind. Dann wieder verhalten sich Tiere so – sie werfen uns einen wissenden Blick zu oder planen die Lösung eines Problems –, dass wir uns fragen müssen, ob sich unser Intellekt wirklich qualitativ oder doch nur quantitativ von ihrem unterscheidet. Gibt es also eine physische Basis unserer geistigen Überlegenheit?

Als Allererstes ist festzustellen, dass unser Gehirn kein einziges Strukturmerkmal besitzt, das sich nicht auch bei anderen Primaten fände. Das Primatengehirn enthält durchaus einige spezielle Zelltypen, aber das sind nur geringfügige Abwandlungen von Zellen, über die auch sonstige Säugetiergehirne verfügen. Tatsächlich haben die Gehirne aller Wirbeltiere (Fische, Amphibien, Reptilien, Vögel, Säugetiere) ihren Bauplan gemeinsam. Die Evolutionsgeschichte dieses allgemeinen Schemas habe ich in einem meiner Bücher, *Beyond the Zonules of Zinn*, erzählt. Für unsere Zwecke genügt eine Kurzfassung. Das Gehirn bildet den oberen Teil des Zentralnervensystems (der untere Teil ist das Rückenmark) und gliedert sich in Abschnitte, die von unten nach oben größer werden: das Hinterhirn, das Mittelhirn, das Zwischenhirn und die Hirnhälften, zwei gefurchte Halbkugeln, die das äußere Erscheinungsbild des Organs dominieren.

Bei manchen Tierarten sind bestimmte Hirnteile besonders stark ausgeprägt (der Bereich für das Riechen bei Hunden, der für das Sehen bei Falken, der für das Schmecken bei Welsen), aber bei jedem Wirbeltier findet man grundsätzlich alle Teile. Vielleicht sind Sie überrascht, wie wenig sich Ihr Gehirn im Grunde von jenem eines Karpfens, einer Kröte, einer Schlange, eines Straußes oder eines Wals unterscheidet. Damit sind

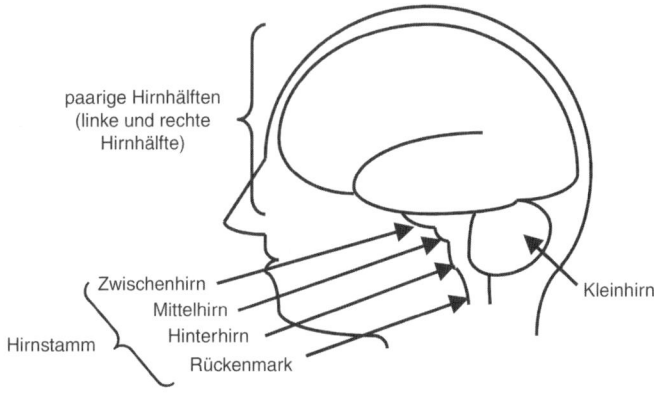

Sie in guter Gesellschaft, denn auch die frühen, anthropo-
zentrisch denkenden Anatomen wollten dies kaum glauben.
Sie gaben sich viel Mühe, charakteristische Eigenschaften des
Menschengehirns zu beweisen, die sich später als Irrtümer
herausstellten. Trotz allem bleibt die Tatsache, dass unser Gehirn strukturell nichts Besonders ist, faszinierend.

Natürlich ist Struktur nicht alles. Man könnte auch anneh-
men, die besondere Intelligenz des Menschen sei durch die
schiere Größe des Denkapparats bedingt. Sicherlich erinnern
Sie sich an meine Beschreibung des Orangengehirns des *Australopithecus*, das die Evolution zum Zwei-Orangen-Gehirn des
Homo erectus und schließlich zum Drei-Orangen-Gehirn des
Homo sapiens anschwellen ließ. Aber es gibt auch noch größere
Gehirne als das des Menschen: Ein Großer Tümmler präsen-
tiert stolz ein Vier-Orangen-Gehirn, und ein Pottwal kommt
gar mit einer ganzen Einkaufstüte von 20 Orangen daher. Nun
ja, Delfine und Wale gelten als intelligent und schwatzhaft, aber
doch nicht *so* intelligent! Vielleicht sind die Gehirne der Delfine
und Wale einfach deshalb so groß, weil die Tiere selbst riesig

sind. Allgemein hängt die Hirngröße eines Säugetiers durchaus mit der Körpergröße zusammen. Kennt man das Gewicht eines Individuums, dann gibt es eine Formel, mit der man die Hirnmasse mit vernünftiger Genauigkeit abschätzen kann. Niemand weiß, wozu große Tiere große Gehirne brauchen. Man sollte meinen, Funktionen wie Sehen, Hören und Denken hätte stets denselben Bedarf an Rechenleistung, wie die Ausmaße des Benutzers auch immer sein mögen. Aber es ist eben so. Es gibt einen Zusammenhang, und der ist eindeutig.

Wie kaum anders zu erwarten, gibt es Tierarten, die nicht in dieses Schema passen. Primaten haben relativ zu ihrer Körpermasse unerwartet große Gehirne; hier versagt unsere praktische Formel. Schon lange nimmt man an, dass diese Unproportionalität mit der komplexen Umwelt zu tun hat, in der die Primaten zurechtkommen müssen – ein dreidimensionaler, visuell differenzierter, vielfältiger, großteils in Baumkronen befindlicher, sozial komplexer Lebensraum, in dem die Affen ihre mannigfaltige Nahrung suchen und ihren sozialen Status sichern müssen, ohne dabei von einer Schlange gebissen zu werden oder vom Ast zu fallen. Dramatischer wird der Trend zum großen Gehirn bei den Menschenaffen wie Orang-Utan, Schimpanse und Gorilla. Fernab von jeder Skala schließlich finden wir das Menschengehirn, weit, weit größer, als es ein Säugetier unserer Maße haben sollte. Wir sind die Überprimaten.

Mit der Größe kommt die Faltung. Seit den ersten überlieferten, 5000 Jahre alten Aufzeichnungen über das menschliche Gehirn wundern sich die Gelehrten über dessen gefurchte Struktur. Die Oberfläche unserer Hirnhälften ist durchzogen von einem Gewirr kurvenreich gewundener Höhenzüge, getrennt durch tiefe Furchen. Diese Oberflächengestalt ist bei uns weit ausgeprägter als bei allen Nutz- und Kleintieren

(Kühe, Pferde, Hunde, Katzen usw.), die im Laufe der Jahrtausende seziert wurden; Mäusen fehlt sie fast ganz. Sehr lange hielt man die Hirnwindungen für ein Zeichen von Intelligenz. Heute wissen wir, dass die Faltung eine natürliche Folge der Größe des Gehirns ist, weil das Organ aus zwei Gewebearten besteht, grauer und weißer Substanz. Die „grauen Zellen" sind die Nervenzellen selbst; weiß sind die Faserbündel, die diese Zellen wie Drähte miteinander verbinden. Warum sich Zellhaufen und Fasern in der grauen bzw. weißen Substanz zusammenfinden, weiß man nicht. Das Säugetiergehirn hat sich eben so entwickelt. Bedeutsam wird der Unterschied zwischen grauer und weißer Substanz, wenn wir Teenagergehirne betrachten.

Bei Säugetieren ist der überwiegende Teil der grauen Zellen in einer dünnen Schicht in der Außenseite der Hirnhälften – der Hirnrinde (Cortex) – versammelt. Direkt darunter befindet sich ein kompliziertes Gewirr weißer Fasern. Als die Hirnmasse des Menschen zunahm, vergrößerte sich auch die Hirnrinde. Das bedeutet, die Oberfläche musste zunehmen. Wie sich mit ein bisschen Mathematik schnell zeigen lässt, nimmt die Oberfläche aber nicht genauso schnell zu wie das Volumen. (Stellen Sie sich vor, das Gehirn verdoppelt sind in Länge, Höhe und Breite. Dann wächst das Volumen um das Achtfache, die Oberfläche aber nur um das Vierfache!) Der Hirnrinde blieb also nichts anderes übrig, als sich zusammenzufalten. Heute sind zwei Drittel der grauen Substanz in den Furchen versteckt, nur ein Drittel sieht man von außen. Dieser Prozess hat aber nichts mit der Intelligenz zu tun. Er ist lediglich eine strukturelle Folge der Massenzunahme. Wie Sie sicher schon vermuten, sind die Gehirne von Walen und Delfinen oft noch stärker gefurcht als das des Menschen.

Das Menschengehirn ist also überproportional groß, sieht ansonsten aber nicht anders aus als viele Säugetiergehirne.

Oben habe ich angedeutet, dass bei manchen Tierarten bestimmte Bereiche deutlicher ausgeprägt sind. Gibt es das auch beim Menschen? Dazu ist zunächst zu sagen, dass der Mensch im Laufe seiner Entwicklungsgeschichte versucht hat, möglichst viele seiner inneren Funktionen so weit wie möglich nach oben zu schieben. Diesen Trend beobachtet man quer durch alle Wirbeltierarten, man nennt ihn „Cephalisierung" (Kopfbildung). Was die meisten Säugetiere noch im Hirnstamm erledigen, hat der Mensch in die Hirnhälften verlagert. Haustiere zum Beispiel regeln die Fortbewegung mit dem Hirnstamm, der Mensch geht mit den Hirnhälften (bis auf Babys, die in einem putzigen Rückschritt der Evolution die alten Hirnstammregionen zum Krabbeln nutzen). Durch diese zunehmende Betonung der Hirnhälften ist unser ganzes Bewegungssystem deutlich von dem der meisten Säugetiere verschieden. Nester grauer Zellen (Basalganglien) tief in den Hälften steuern den zweibeinigen Gang und die Feinmotorik.

Die menschliche Hirnrinde hat sich auch aus Gründen ausgedehnt, die nichts mit der Bewegung zu tun haben, sondern – wie wir gleich sehen werden – mit der Sprachverarbeitung und der Deutung von Kommunikationssignalen. Noch spektakulärer ist die Betonung der kognitiven Fähigkeiten wie der komplexen Wahrnehmung, der Interpretation, Emotion, Planung und Aktion. Die kognitiven Fähigkeiten sind über das ganze Gehirn verteilt und beginnen sogar, manch neue Region zu erobern. Bestimmte Abschnitte der Hirnrinde scheinen für höhere Denkprozesse jedoch von besonderer Bedeutung zu sein. Einer davon, an der Vorderseite der Hirnhälften gelegen, ist der präfrontale Cortex, der beim Menschen besonders stark ausgeprägt ist. Dieser „Frontalisierung" genannte evolutionäre Trend führte zu den stirnlastigen Proportionen unseres Gehirns. Wir werden feststellen, dass sich das Teenagerleben zum nicht geringen Teil im präfrontalen Cortex abspielt; dort sitzen viele der Aspekte, die für diesen Lebensabschnitt bedeutend sind.

Offenbar wurde das menschliche Gehirn von der Evolution zum Äußersten getrieben. Jetzt haben wir da eine übergroße, cephalisierte, frontalisierte, kognitionsfähige Maschinenhalle. Wie wir aus Kapitel 1 wissen, ging der letzten Phase ihrer Entwicklungsgeschichte, sehr spannend, das Auftauchen des ersten Teenagers unmittelbar voraus. Wir fühlten uns versucht zu spekulieren, dass es gerade der Teenager war, der diese krönende Entwicklungsphase erst möglich machte. Aber stimmt das auch? Um dies herauszufinden, müssen wir nicht nur untersuchen, wie sich das Menschengehirn im Laufe der Jahrmillionen veränderte, sondern auch beobachten, welche Entwicklung sich im Laufe des Lebens jedes einzelnen Menschen vollzieht.

Tiere und Menschen durchlaufen verschiedene Entwicklungsstufen. Zuerst kommt das Embryonalstadium: Ein einzelnes befruchtetes Ei vollführt eine Reihe kunstvoller Verdopplungen, Wanderungen und Verdrehungen und wird zu einem Gebilde, das einem kleinen Tier bemerkenswert ähnlich sieht. Beim Menschen dauert dieses Stadium etwa neun Wochen. Am Ende ist der Embryo knapp vier Zentimeter lang, trägt alle Organe am rechten Fleck und ist bereit zu wachsen. Den Rest der Schwangerschaft verbringt das Menschlein als Fötus. Im Wesentlichen werden dabei die schon angelegten Organe so groß, dass das Baby selbstständig lebensfähig ist.

Die vorgeburtliche Entwicklung in allen Einzelheiten zu beschreiben, würde den Rahmen dieses Buches sprengen. Einen interessanten Punkt hinsichtlich der Bildung des Gehirns und des restlichen Körpers möchte ich aber hervorheben. Für den größten Teil des Körpers ist die Trennung der beiden intrauterinen Lebensphasen (einer kurzen Embryonalphase der Bildung und Organisation und einer längeren Fötalphase des

Wachstums) sehr deutlich: Das Baby muss seinen Körperbau organisieren, solange es noch sehr klein ist, weil die Substanzen, die diesen Prozess koordinieren, nur wenige Millimeter durch das Gewebe diffundieren können. Das Gehirn jedoch hält sich ganz und gar nicht an dieses Embryo-Fötus-Schema. Nach den ersten neun Schwangerschaftswochen ist es noch sehr unfertig; seine innere Architektur muss sich während der gesamten Schwangerschaft weiterentwickeln. Man könnte sagen, das Gehirn trödelt noch in der Embryonalphase herum, während der Rest des Körpers schon die Fötalphase erreicht hat. Diese lange Periode filigraner Konstruktionsarbeit macht das Denkorgan besonders empfindlich für Gifte und Mangel an Nährstoffen, weshalb es überproportional oft von angeborenen Schädigungen betroffen ist.

Diese Säumigkeit des Gehirns ist allen Säugetieren gemeinsam. Beim Menschen wird die Sache nach der Geburt aber noch viel seltsamer. Während die Wachstumsgeschwindigkeit des Gehirns bei unseren nahen und fernen Verwandten dann rasch abnimmt, entwickelt sich das menschliche Gehirn noch zwei lange Lebensjahre unvermindert stürmisch weiter. Das ist der eigentliche Grund dafür, dass unser fertiges Gehirn so groß ist. Seine Ausmaße bei der Geburt, wenn sich der Kopf durch den engen Geburtskanal quetschen muss, sind nämlich gar nicht so gewaltig. Die auffallend lange postnatale Periode des Hirnwachstums hat manche Forscher zu der Behauptung verleitet, der menschliche Säugling sei eigentlich ein Fötus, in die Außenwelt gestoßen einzig zum Zweck der weiteren, von den beschränkten Maßen des mütterlichen Beckens ungehinderten Ausdehnung des Gehirns. Dabei ist ein Säuglingsgehirn sehr gierig: Wenn sein Besitzer ruht, konsumiert es atemberaubende 87 Prozent der gesamten umgesetzten Energie. Beim Erwachsenen sind es magere 20 Prozent. Viele statistische Daten sind ähnlich eindrucksvoll. Die Stoffwechselaktivität des wachsenden Menschengehirns ist fünfmal so groß wie die des Schimpansengehirns; das orangengroße Neugeborengehirn legt *pro Sekunde* um 20 000 neue Nervenzellen zu, und die Anzahl der neu geschaffenen Verbindungen zwischen Nervenzellen muss noch weit größer sein.

Weil sich das Säuglings- und Kleinkindgehirn im Sauseschritt entwickelt, hat es seine volle Größe schon fast erreicht, bevor die Kindheit vorüber ist (im Alter von sechs Jahren sind es etwa 95 Prozent). Deshalb sind Kinder kleine Leute mit großem Kopf. Oberflächlich betrachtet ist klar, dass Kinder klein sind. In Kapitel 1 haben wir allerdings gesehen, dass die Evolutionsbiologen den Sinn der Kindheitsphase eben gerade darin sehen, dem langsam wachsenden Gehirn eine kleine, energieeffiziente Vorratskammer zur Verfügung zu stellen.

Das bringt den Teenager in eine merkwürdige Lage. Wir wissen, dass der Teenager unmittelbar vor der Evolution des großen *sapiens*-Gehirns auftauchte, aber dieses große Gehirn scheint ausgerechnet dann nahezu ausgewachsen zu sein, wenn die Teenagerzeit beginnt! Demzufolge kann das Teenagerstadium nicht *direkt* die Ursache der Zunahme des Gehirnvolumens gewesen sein, die unsere Art letztlich so erfolgreich machte. Kurz gesagt: Das große Gehirn kommt ohne Teenager aus. Dann muss die Phase des Heranwachsens wohl eine subtilere Rolle in der Hirnentwicklung spielen. Teenager gibt es nicht, damit das Gehirn groß genug werden kann, sondern damit Zeit bleibt, das riesige, in der Kindheit entwickelte Gehirn zu konfigurieren und zu optimieren, ihm also einen Feinschliff zu verpassen. Diese Überlegung wirkt sinnvoll, wenn Sie bedenken, dass im Kontext des Lebensplans nicht die Größe des Gehirns allein entscheidend ist. Oder kommt Ihnen ein Sechsjähriger etwa zu 95 Prozent erwachsen vor?

Die Herausbildung des menschlichen Gehirns geht also außergewöhnlich langsam vonstatten und steckt voller Widersprüche: Das Embryogehirn hinkt den anderen Organen hinterher, der Fötus verfügt noch immer über ein Embryogehirn, das Gehirn des Kleinkinds befindet sich eigentlich noch im Fötalstadium, das Gehirn des Sechsjährigen ist zwar voll ausgewachsen, lässt aber die Funktionalität des Erwachsenengehirns vermissen. Und dann kommt die späte Kindheit und die Jugend, in der das wild wachsende Gehirn zurechtgestutzt werden muss, ohne noch wesentlich größer werden zu dürfen. Wenn man nur die Ausmaße des Gehirns betrachtet, sind die Jahre zwischen zwölf und 20 eine relativ statische Phase. Das überrascht völlig angesichts der geistigen Veränderungen, die in dieser Periode vonstatten gehen. Die Teenagerzeit unseres Gehirns ist eine Zeit des Wandels ohne Wachstum.

Eine Tatsache springt jedoch ins Auge, wenn man die Wachstumskurve des Gehirns betrachtet: Teenager haben das größte Gehirn. Jenseits des sechsten Geburtstags wächst das Denkorgan langsam weiter, denn ihm fehlen ja noch fünf Prozent bis zur maximalen Ausdehnung. Dieser Gipfel ist bei Mädchen um den zwölften, bei Jungen um den 14. Geburtstag herum erreicht (wie Sie sehen, hinkt das männliche Geschlecht auch hier hinterher). Dann beginnt ein allmähliches Schrumpfen, das sich das ganze Erwachsenenalter hindurch fortsetzt. Wenn Sie erwachsen sind, finden Sie es vielleicht merkwürdig, dass Sie ein kleineres Gehirn haben sollen als ein Teenager; sind Sie selbst zwischen zwölf und 20 Jahre alt, werden Sie jetzt bestimmt lächeln und sich bestätigt fühlen.

Die Ursachen dieses im Tierreich beispiellosen Entwicklungsmusters werden leidenschaftlich diskutiert. Wie ich bereits erwähnt habe, nimmt man an, Primaten brauchten ihr großes Gehirn, um mit der komplexen Umwelt und dem sozialen Beziehungsgeflecht zurechtzukommen. Warum der Mensch ein noch größeres Gehirn brauchte, ist nicht minder umstritten. Eine populäre Theorie betrachtet die Verbindung zwischen Körperentwicklung und Lebensplan einerseits und dem Nahrungsangebot andererseits. An irgendeinem Punkt in der Geschichte beschlossen wir Menschen, auf hochwertige, aber schwierig zu erlangende Nahrungsmittel umzusteigen, die sehr vielfältig gewesen sein können. So wurden wir Generalisten, statt uns zu spezialisieren. Der menschliche Körper war weder besonders stark noch besonders schnell oder furchterregend, aber er ließ sich variabel einsetzen. Um ihn zu steuern, entwickelten wir ein großes, anpassungsfähiges Gehirn, das in der Lage ist, Neues zu lernen und im Verlauf von Wochen, Monaten oder Jahren einzuüben. Die Kehrseite dieses Prozesses ist, dass wir nichts besonders gut können; dafür sind wir lernfähig genug, um *fast alles ein bisschen* zu beherrschen. Studien an modernen Gesellschaften von Jägern und Sammlern lassen vermuten, dass Männer im Verlauf von Jahrzehnten jagen und Frauen im gleichen Zeitraum Nahrung sammeln und Kinder großziehen lernen. Mit ein bisschen sinnvoller Kooperation sind wir auf diese Weise bis zum Mond gekommen.

Die biologischen Mechanismen, die zur Herausbildung des anpassungsbereiten, erfolgreichen menschlichen Gehirns geführt haben, treten immer besser zutage, seitdem ihre genetische Basis aufgeklärt wird. Jede Menschenzelle enthält etwa 25 000 Gene – 25 000 digitale Anweisungen, codiert in einem langen Molekül namens DNA. Man muss sich vorstellen, dass manche Autos aus mehr Teilen bestehen, aber viel weniger können! Fast alle 25 000 Gene haben wir mit den Schimpansen gemeinsam; auch unser Gehirn wurde vermutlich durch Gene geformt, die nicht etwa neu geschaffen, sondern im

Zuge der Evolution modifiziert wurden. Betrachten wir die genetischen Veränderungen seit der Zeit, als die gemeinsamen Vorfahren von Schimpanse und Mensch auf der Erde wandelten, im Detail, dann erkennen wir einen besonderen Veränderungsdruck bei gehirnspezifischen Codes. Leider wissen wir von den meisten dieser oft veränderten gehirnspezifischen Gene noch nicht, wozu sie gut sind, aber diese Lücke wird die Forschung zweifellos früher oder später schließen. Sowie es uns gelingt, den Code zu knacken, wird sich die in der DNA verewigte Chronik der Hirnentwicklung öffnen.

Als Beispiel für gehirnspezifische Gene sehen wir uns die an, die mit einer seltenen angeborenen Krankheit namens „Mikrocephalie" in Zusammenhang stehen. Sie spielen vor allem für die Entwicklung der Hirnrinde eine Rolle und haben sich in der Abstammungslinie, die zum Menschen führt, viel mehr verändert als in der Linie, die beim Schimpansen endet. Ein Kind, das beschädigte Formen dieser Gene erbt, wird mit kleinem, langsam wachsendem Gehirn geboren und leidet unter Lernbehinderungen. Faszinierenderweise ist das ausgewachsene Gehirn eines Mikrocephaliepatienten etwa genau so groß wie das eines *Australopithecus* (also so groß wie eine Orange). Die Auswirkungen dieser wenigen Gene, die sich während der Evolution dramatisch verändert haben, die an der Herausbildung der Hirnrinde beteiligt sind und deren Dysfunktion zu einem Gehirn mit vormenschlicher Größe führt, liefern zu schlagkräftige Hinweise, um sie ignorieren zu können. Es wäre wahrhaftig ein Kraftakt der Evolution, wenn diese eindrucksvolle, für die ganze Art Mensch charakteristische Zunahme des Hirnvolumens tatsächlich das Werk einer Hand voll Gene wäre, über die schon die Primaten verfügen.

Was aber nützt das große Gehirn. wenn es nicht organisiert ist? Hier kommt der Teenager ins Spiel. Wie wir inzwischen wissen, ist unser Gehirn strukturell unspektakulär; es ist, relativ zur Körpergröße, nur viel voluminöser als jenes anderer Tiere. Allmählich nähern wir uns der philosophischen Erkenntnis, dass der Unterschied zwischen Mensch und Tier ein durchaus unbefriedigendes Gemisch aus Qualität und Quantität ist. Unsere Hirnrinde scheint eine „kritische Masse" erreicht zu haben, die sie zu fortgeschrittenen intellektuellen Leistungen befähigt. Diese Masse ist jedoch schon beim Sechsjährigen vorhanden, obwohl dessen Gehirn ganz und gar noch nicht „erwachsen" funktioniert. Die unhandliche Menge chaotischer Hirnwindungen muss zurechtgestutzt, beschnitten, geordnet und geglättet werden, bis sich ein Newton, Picasso oder Presley erhebt. Unser Gehirn ist zu groß, aber biegsam und formbar, und genau diese Eigenschaften machen uns Menschen so anpassungsfähig, dass wir unsere unsagbar traumatische Frühgeschichte in der unsteten afrikanischen Weite überleben konnten. Nur unsere geistige Flexibilität ließ uns das durchhalten.

Und dazu gibt es Teenager…

Sind Teenager hormongesteuert?

Bevor wir in der dünnen Luft der Kognition zu schweben beginnen, wollen wir uns zurück auf den festen Boden der Tatsachen (sexuelle Lust und Flirten) begeben. Viele Bücher befassen sich mit den Unterschieden zwischen männlichem und weiblichem Gehirn. Einige spekulieren über die Rolle des Sexuallebens in seelischen Nöten, andere postulieren die Dominanz der Gene über die Erziehung (oder umgekehrt), wieder andere behaupten sogar, Mann und Frau stammten von verschiedenen Planeten. Ich möchte nicht wiederholen, was meine Vorredner alles gesagt haben, sondern lieber einen frischen Blick auf das wandelbare heranwachsende Gehirn werfen. Dazu möchte ich Ihnen drei Ideen unterbreiten:

Erstens – und selbst für beiläufige Beobachter offensichtlich – funktioniert das Mädchengehirn oft anders als das Jungengehirn. Vorsichtigerweise setzte ich das „oft" hinzu, weil es natürlich immer Fälle gibt, in denen die Unterschiede verschwimmen. Dass diese aber überhaupt bestehen, kann nicht verwundern, im Gegenteil – es wäre einfach verrückt, wenn ausgerechnet dieses komplexeste Organ keine geschlechtsspezifischen Merkmale aufwiese.

Zweitens erwachsen die Differenzen zwischen den Geschlechtern aus einem Gemisch mehrerer Faktoren: intrinsischer, fest verdrahteter, definierter Strukturunterschiede des Gehirns einerseits und Modifikationen der Funktion als Antwort auf die Art und Weise, in der die Gesellschaft mit Jungen und Mädchen (Männern und Frauen) umgeht, andererseits. Das ist der Kern der „Gene-oder-Umwelt"-Debatte; wenn man fragt, welcher Aspekt das Gehirn formt, kann die Antwort nur lauten: „Ein bisschen von beiden." Ein unveränderlich verdrahtetes Gehirn wäre unflexibel und unfähig, sich anzupassen; ein ausschließlich von Umwelteinflüssen definiertes Gehirn wäre verletzlich, unbeständig und richtungslos. Die Macht der Umwelt (Erziehung) wurde mir gerade heute Morgen vor Augen geführt, als ich meine Kinder zum Schulbus brachte, wo ein Fünfjähriger von seiner Mutter ausgeschimpft wurde: „Hör auf, wie ein *Mädchen* herumzuheulen!"

Drittens (Sie werden schon darauf gewartet haben!) sind die Teenagerjahre hinsichtlich der Geschlechterunterschiede die interessanteste Zeit, die man sich vorstellen kann, denn dann treten alle Differenzen in ihrer reinsten Form zutage.

In der Diskussion, die in diesem zweiten Kapitel folgen wird, werde ich davon ausgehen, dass alle drei Annahmen zutreffen.

Teenagerzeit – das bedeutet, die Unterschiede zwischen Männlein und Weiblein werden bloßgelegt. Schon als Kinder amüsieren wir uns mitunter darüber, dass Jungen anders denken als Mädchen, aber in der Jugend erschreckt uns die plötzliche Unmittelbarkeit dieser Differenzen. Man sagt oft, die Hormone haben die Jugendlichen voll im Griff; wie wir aber noch sehen werden, sind die Stimmungen jener Jahre nicht einfach nur eine Äußerung des hormonellen Auf und Ab. Es gibt mehr Faktoren, die darüber entscheiden, wie sich ein Teenager verhält. So kann man sich nicht vorstellen, dass dem Geist die neu erworbene Sexualität seiner körperlichen Behausung gleichgültig ist. Sicher entwickelt sich das Gehirn in einer jungen Frau anders als in einem jungen Mann, oder? Dieses Auseinanderdriften wird noch verstärkt, weil sich der heranwachsende Mensch in diesem Alter zum ersten Mal von Artgenossen (bzw. -genossinnen) sexuell angezogen fühlt. Ich erinnere mich noch gut an eine Zeit in meiner eigenen frühen Jugend, als ich Mädchen *schmerzlich* attraktiv fand – und ich bin sicher, nicht der Einzige zu sein, der so empfindet. Während aber ein Teenager durchaus von den mentalen Differenzen zum anderen Geschlecht überwältigt sein kann, werden wir einen kühlen Kopf bewahren. Selbstverständlich werden wir uns den charakteristischen Merkmalen von Jungen- und Mädchengehirnen widmen, aber wir werden nicht vergessen, dass das Teenagerstadium unseres Gehirns weit mehr zum beispiellosen Erfolg der Gattung Mensch beitrug als nur den Sex. Die allermeisten Tiere paaren sich; überlegen sind nur wir Menschen.

In welchem Alter stellt das Gehirn sein eigenes Geschlecht fest? Die Antwort lautet: Die Hirnzellen männlicher und weiblicher Embryonen verhalten sich schon in einem sehr frühen Schwangerschaftsstadium verschieden. Viele Jahre lang dachte man, es sei nur ein einfacher genetischer Schalter auf einem Geschlechtschromosom, der dem werdenden Menschen sein Geschlecht zuweist. Dieser Schalter lässt die Keimdrüsen männlicher Embryonen zu Hoden werden, die dann Hormone ausschütten, die wiederum den ganzen Körper vermännlichen (oder eben nicht, wenn der Embryo ein Mädchen wird). Abgesehen von einem geringfügigen Unterschied der Wachstumsgeschwindigkeiten männlicher und weiblicher Zellhaufen (vielleicht infolge eine kleinen Umordnung der Geschlechtschromosomen) betrachtete man die An- oder Abwesenheit dieser genetischen Schaltung als erstes Zeichen dafür, dass der Embryo sein Geschlecht kennt. Moderne Studien haben jedoch ergeben, dass die Nervenzellen im Gehirn schon vor diesem frühen Stadium unterschiedlich auf Sexualsteroide reagieren, je nachdem, ob sie von einem weiblichen oder einem männlichen Keim ausgeschüttet werden. Diese bemerkenswerte Entdeckung legt nahe, dass das Geschlecht dem Gehirn bereits durch einen besonderen Prozess aufgeprägt wird, bevor sich der Körper geschlechtstypisch auszubilden beginnt. Noch ein Beweis dafür, dass das Denkorgan als primäres Geschlechtsorgan zu gelten hat!

Hat der Embryo diese Frühphase hinter sich gelassen, dann sind für einen Großteil der biologischen Abweichungen des männlichen vom weiblichen Baby Androgene und andere Hormone aus den Hoden verantwortlich; darüber sind die Fachleute weitgehend einig. Eine Hormonflut, die den männlichen Fötus durchströmt, lässt die noch nicht festgelegten embryonalen Genitalien zu Penis, Prostata und so weiter werden; bleibt die Flut aus, dann nehmen die Organe den vorschriftsmäßigen Weg zu Klitoris und Gebärmutter.

Viele Forscher glauben, dass die Androgene auch daran mitwirken, die Jungengehirne von den Mädchengehirnen abzuheben. Wie das im Einzelnen geschieht, ist aber noch nicht klar, und zwar aus mehreren Gründen. Erstens beziehen wir einen Großteil unseres Wissens über den „Gehirnsex" aus Experimenten an anderen Arten, insbesondere Primaten und Nagetieren. Es ist nicht anzunehmen, dass sich diese Tiere exakt genauso entwickeln wie der Mensch. Wie wir noch sehen werden, haben diese Studien unter anderem zu Verwirrung darüber geführt, wann das Gehirn auf vermännlichende Hormone reagiert – vor der Geburt, um den Geburtszeitpunkt herum, in den ersten Lebensmonaten oder in mehr als einem Stadium? Außerdem sind die strukturellen Unterschiede der Gehirne männlicher und weiblicher Tiere nicht unbedingt auf den Menschen zu übertragen. In Regionen, wo etwa Nagetierhirne deutlich voneinander abweichen, sind die Differenzen zwischen Mann und Frau gar nicht so dramatisch. Dass sich das menschliche Verhalten generell nicht leicht untersuchen lässt, insbesondere nicht bei von Natur aus geheimnistuerischen Teenagern, die sofort registrieren, wenn sie beobachtet werden, vereinfacht die Dinge auch nicht gerade. Eine Reihe der besten Informationen über das Sexualleben, die wir vorweisen können, stammen deshalb aus der Untersuchung des Kopulationsverhaltens von Tieren – eine sehr magere Quelle, wenn man bedenkt, dass hier mit einer Spezies (der unsrigen) verglichen werden soll, für die der Paarungsvorgang nur einen kleinen Teil der Sexualität bildet. Hinzu kommt das Problem, dass es kein Sexualverhalten „des Mannes" oder „der Frau" gibt, denn wir lieben es, die Rollen zu tauschen. Nur so zum Spaß. Ein letzter kritischer Punkt: Junge Leute lassen sich, wie schon angesprochen, leicht von Artgenossen, Kultur und Umwelt beeinflussen. Kontrollierte Studien des Teenagerverhaltens sind damit so gut wie unmöglich.

Mag sie auch schwer zu untersuchen sein – wichtig ist die „Verdrahtung" des sexuellen Verhaltens jedenfalls, wenn man Teenager verstehen will. Es ist zu einfach, sie nur als Sklaven ihrer Hormonschwankungen zu betrachten, wenn die Verhaltensweisen, die ihrem Gehirn vor Vollendung des ersten halben Lebensjahrs aufgeprägt wurden, doch viel bedeutsamer sein können. Experimente mit anderen Tierarten stützen diese Vermutung. Bei Nagetieren zum Beispiel ist das Vorhandensein von Androgenen in den ersten Lebenstagen kritisch, weil diese das spätere Kopulationsverhalten des erwachsenen Individuums dramatisch vermännlichen („entweiblichen") können. Bei Affen haben Androgene eine ähnliche, aber nicht so klar abgrenzbare Bedeutung: Androgene vor der Geburt beeinflussen das Paarungsverhalten zwar in derselben Weise, aber sie verhindern nicht, dass erwachsene weibliche Affen Sexualzyklen haben. Das zeigt, dass hier ein komplexes System wirkt, das verschiedene Aspekte der Sexualität durch verschiedene Hormondosen, Hormontypen oder Zeitpunkte der Ausschüttung verdrahtet.

Solche Experimente kann man mit Menschen natürlich nicht unternehmen – und selbst wenn man es könnte, ließen sich Effekte der „Vermännlichung" oder „Entweiblichung" bei kokett-verschämten jungen Menschen längst nicht so gut nachweisen. Immerhin haben wir deutliche Hinweise darauf, dass die großen Androgenmengen, die männliche Säuglinge in den ersten Lebensmonaten produzieren (siehe Kapitel 1), aktiv zur Vermännlichung beitragen. Außerdem verdanken wir Ärzten einige aufschlussreiche Experimente (wenn sie zum Beispiel bestimmte Schwangerschaftsprobleme mit Sexualhormonen behandeln), die uns zeigen, dass auch die oft als „weiblich" bezeichneten Sexualsteroide eine Rolle spielen könnten: Die Einwirkung von Östrogenen und Progesteron in der Schwangerschaft scheint das Sexualverhalten des Fötus zu verweiblichen. Ungeachtet der Schwierigkeiten, verlässliche Aussagen über das Verhalten von Menschen zu gewinnen, lässt sich eines wohl mit Sicherheit sagen: Die Sexualität des Teenagers entwickelt sich im Wechselspiel mit einem Gehirn, dessen Geschlecht schon zum Zeitpunkt der Geburt bestimmt war.

Diese perinatale Sexualisierung hinterlässt kaum sichtbare Spuren in Form von Strukturveränderungen der Hirnanatomie. Es gibt aber einige greifbare Differenzen zwischen männlichem und weiblichem Gehirn, die sämtlich schon vorhanden sind, wenn die Teenagerzeit beginnt, vor allem die viel besungenen neun Prozent Größenunterschied. Dass das Männergehirn ein größeres Volumen hat, ist wahrscheinlich eine Folge des „Waleffekts", den ich vorhin erklärt habe: Je größer das Tier, umso größer des Gehirn. Eine natürliche mathematische Konsequenz ist die stärkere Faltung der Hirnwindungen. Zum Ausgleich ist aber die Hirnrinde von Frauen dicker.

Vielleicht noch wichtiger sind die spezifischen Unterschiede im relativen Ausmaß einzelner Hirnregionen, wobei wir nur in den seltensten Fällen die Ursache kennen. Einen augenfälligen „Sexualdimorphismus" finden wir zum Beispiel bei zwei Basalganglien (Haufen aus grauer Substanz, die für Bewegung und Wahrnehmung von Bedeutung sind): Der Nucleus caudatus ist bei Mädchen größer, das Pallidum bei Jungen. Oft hört man auch, das Corpus callosum, der aus weißer Substanz bestehende Balken, der die linke und mit der rechten Hirnhälfte verbindet und der Kommunikation dient, sei bei Mädchen stärker ausgeprägt. Verantwortlich dafür sind offenbar Hormone: Das deutlich sichtbar stärkere Wachstum des Corpus callosum der weiblichen Ratte wird, wie sich experimentell zeigen ließ, durch Östrogene im frühen Erwachsenenalter ausgelöst. Unsere Idee, das Muster für das spätere Sexualverhalten werde um den Geburtszeitpunkt herum festgelegt, wird aber dadurch unterstützt, dass das weibliche Rattengehirn nur dann in dieser Weise auf das Östrogen reagieren kann, wenn es durch eine perinatale Östrogeneinwirkung „vorgewarnt" wurde.

Am besten erklären können wir uns die Geschlechterunterschiede im Hypothalamus, dieser uralten Region an der Unterseite des Gehirns, die die zentralen biologischen Funktionen koordiniert. Geschlechtsspezifisch ausgeprägt ist zum Beispiel der Nucleus paraventricularis, der das Hormon Oxytocin ausschüttet. Oxytocin ist an Geburtswehen, Milchbildung, Orgasmen, Zuneigung und Vertrauen beteiligt. Zumindest einige dieser Phänomene sind für Teenager ziemlich interessant. Was die Strukturabweichungen wirklich bedeuten, ist aber noch nicht geklärt. Sexualdimorphismus dieser Art finden wir auch beim Nucleus suprachiasmaticus, dem wahrscheinlichen Sitz der 24-Stunden-Uhr des Gehirns (mehr dazu später). Am faszinierendsten (und am ausgeprägtesten überhaupt, soweit es das Gehirn betrifft) sind wohl die Differenzen in den Nuclei preoptici, Nestern grauer Zellen im Hypothalamus, die bekanntermaßen (unter anderem) am Sexualverhalten vieler Tiere beteiligt sind. Ein Abschnitt der Nuclei preoptici ist bei männlichen Ratten fünfmal so groß wie bei weiblichen; dieser deutliche Unterschied wird durch Abweichungen der Steroidhormonspiegel um die Geburt herum verursacht. Beim Menschen ist dieser Effekt nicht ganz so deutlich (wahrscheinlich ist unsere Sexualität nicht so fest verdrahtet wie die von Ratten), aber durchaus gut sichtbar. Ebenso strittig wie interessant ist die Behauptung, bestimmte Teile der Nuclei preoptici sähen bei homosexuellen Männern eher aus wie bei Frauen als wie bei heterosexuellen Geschlechtsgenossen. Offenbar ist

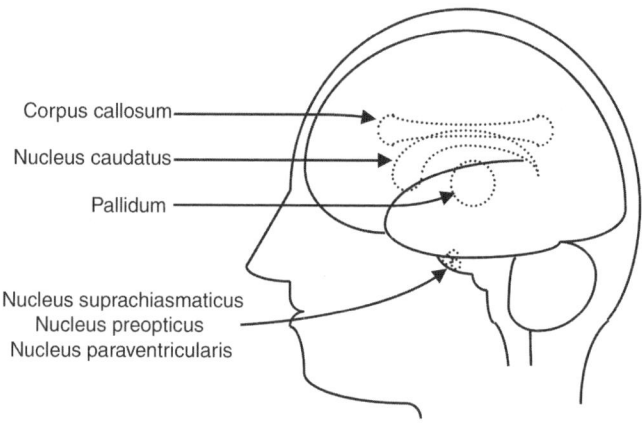

die Geschichte dieser Hirnregion noch lange nicht zu Ende geschrieben.

Wir halten also fest: Dem Gehirn wird schon ganz zu Beginn des Lebens sein Geschlecht zugewiesen, und die Art des Geschlechts wirkt sich auf viele verschiedene Hirnbereiche aus. Teenager übernehmen ein Gehirn, das schon weiß, was Sex ist, und das (aller Vermutung nach) auch seine sexuellen Vorlieben kennt. Während der Kindheit war diese Sexualität natürlich gut versteckt, aber jetzt kommt sie zum Vorschein. Da liegt die Frage nahe, welcher Teil des sexuellen Verhaltens eines Teenagers schon „eingebaut" ist, wenn das zwölfte Lebensjahr beginnt, wie viel die Hormone beisteuern und wie viel sozial gelernt wird oder werden kann.

Die üblichen Verdächtigen sind natürlich die Hormone. Es ist aber verblüffend schwierig, Auswirkungen der Hormone auf das Verhalten von Halbwüchsigen hieb- und stichfest nachzuweisen. Der Androgenspiegel hängt häufig mit dem

Alter zusammen, in dem Jungen den ersten Geschlechtsverkehr haben. Genauer gesagt: In einer Kohorte junger Männer paaren sich die mit dem höchsten Androgenspiegel zuerst. Dies ist aber nicht gleichbedeutend mit einem kausalen Zusammenhang. Vielleicht ermutigt das viele Androgen die Burschen zum Sex, vielleicht sind bei ihnen aber auch Prozesse im Gehirn besonders aktiv, die den Androgenspiegel anheben und gleichzeitig, unabhängig davon, auch die Paarungsbereitschaft fördern. Überhaupt keinen Zusammenhang konnte man finden, wenn nicht nur die „Sache an sich", sondern sexuelles Interesse allgemein betrachtet wurde. Männliche Teenager berichten häufiger von sexuellen Enttäuschungen als weibliche, und sie beklagen sich, ihre Konzentration leide darunter. Der Grund dafür könnte aber sein, dass die ansonsten relativ unreifen Jungen schon früh in der Lage sind, einen Orgasmus zu bekommen. Sie wissen also nur zu gut, was ihnen entgeht – entsprechend groß ist der Frust.

Man kann also nicht von einer unmittelbaren Verknüpfung des Sexualverhaltens junger Männer mit dem Hormonspiegel sprechen, obwohl die Androgene wohl indirekt am Sex beteiligt sind: Sie lassen den Körper reifen und befähigen ihn zur sexuellen Anregung und Erregung. Übrigens wissen wir auch nicht genauer, ob der Androgenspiegel einen Einfluss auf das sexuelle Verlangen erwachsener Männer hat. Paradoxerweise könnte die Ursache sein, dass das männliche Verhalten äußerst empfindlich auf Androgenkonzentrationen in bestimmten Bereichen reagiert: Sehr niedrige Androgenspiegel können die sexuelle Aktivität dämpfen, aber die meisten Männer befinden sich weit oberhalb des Niveaus, auf dem die kleinen Abweichungen eine Rolle spielen. Anders gesagt: Männergehirne sind in aller Regel mit Androgenen gesättigt. Wie wir später noch sehen werden, liegen sexuelle Dysfunktionen bei erwachsenen Männern oft an psychischen Problemen, und für Teenager gilt wahrscheinlich dasselbe. Sicherlich kann man sich vorstellen, dass heranwachsende Jungen ein paar Monate durchleben, in denen sich ihr Androgenspiegel im kritischen Bereich bewegt, aber die Studien sind noch nicht so weit fortgeschritten, dass man diesen Zeitraum näher eingrenzen könnte. Ganz schnell könnten wir das erledigen, indem wir ein paar junge Burschen kastrieren und ihnen dann kontrolliert Testosteron verabreichen. Leider gibt es nicht genügend Freiwillige für dieses Projekt.

Mädchen sind noch rätselhaftere Wesen. Auch bei ihnen korreliert der Androgenspiegel irgendwie mit dem Zeitpunkt des ersten Geschlechtsverkehrs; warum, wissen wir aber nicht genauer als bei Jungen. Es wurden mehrere Studien zum Sexualverhalten weiblicher Affen veröffentlicht; wenn man aber die Auswirkungen des Hormonspiegels auf die Paarungshäufigkeit misst, weiß man immer noch nicht, ob diese Hormone das Interesse der Weibchen am Sex steigern oder ob sie sie einfach für Männchen attraktiver machen. Und wieder ist das menschliche Geschlechtsleben zu kompliziert, als dass wir direkte Parallelen zu anderen Primaten ziehen dürften. Mit Fragebögen hat man in einigen Studien versucht festzustellen, zu welchem Zeitpunkt im Monatszyklus Frauen am liebsten Sex haben; diese Vorlieben müssen aber nicht durch direkte Wirkung der Hormone auf das Gehirn zustande kommen, sondern ihre Ursache kann auch sein, dass die veränderlichen Hormonspiegel die sexuelle Empfänglichkeit des Körpers beeinflussen. Manche Forscher haben allerdings versucht, Aspekte zu betrachten, die nicht unmittelbar mit körperlichen Reaktionen zu tun haben. So wurde festgestellt, dass einzelne Hirnregionen im Laufe des Monatszyklus verschieden stark auf das Betrachten erotischer Bilder ansprechen. Natürlich kann man hier einwenden, die sexuelle

Reaktion des Gehirns lasse sich schlecht von der körperlichen Erregung trennen. Ohne Zweifel hängt es auch vom Körpergefühl ab, wie sexy man gerade „drauf ist".

Dieses Fehlen der direkten Verbindung zwischen Hormonspiegel und Sexualverhalten der Frau hat zu ähnlichen Erklärungsversuchen geführt, wie wir sie oben beim Mann erlebt haben. Vielleicht reagieren Frauen nur auf Androgene, wenn sie in einem höheren als dem üblichen Spiegel vorhanden sind. Aus diesem Argument folgt, dass das Sexualverhalten von Frauen normalerweise überhaupt nicht von Androgenen abhängt. Noch viel mehr trifft das auf weibliche Teenager mit ihren ohnehin niedrigeren Hormonspiegeln zu.

Einige Primatenforscher haben den Gedanken geäußert, es gebe einen guten Grund dafür, dass wir keinen Zusammenhang zwischen Hormonen und Geschlechtsleben von Teenagern finden: Diese Verbindung sei einst dagewesen, aber von der Evolution ausgelöscht worden. Demnach gehört die Abkopplung des Sexualverhaltens von den Hormonen zu den charakteristisch menschlichen Merkmalen. Kurz gesagt: Sex und Hormone haben sich immer weiter voneinander entfernt. Wie wir bereits gesehen haben, sind die Hormone für den Aufbau eines Körpers zuständig, der zu sexuellen Reaktionen überhaupt in der Lage ist – das ist eine unabdingbare Voraussetzung für das Sexualleben –, aber über unser alltägliches Verhalten bestimmen sie nicht mehr. Diese Befreiung der Sexualität von der Kontrolle der Hormone schuf wahrscheinlich die Voraussetzung dafür, dass das menschliche Geschlechtsleben derart komplex, subtil und sozial werden konnte. Dem fertig verdrahteten Teenagergehirn genügt vielleicht ein winziger hormoneller Schubs, um es über das Vergnügen eines Kontakts zu einem Vertreter des anderen Geschlechts nachdenken zu lassen. (Falls Sie jetzt etwas über Homosexualität erfahren wollten, bitte ich um Geduld bis zum Kapitel 5; allerdings will ich schon sagen, dass wir auch wenig Hinweise auf eine hormonelle Steuerung dieser Art des Geschlechtslebens haben.) Ist dieser Kontakt zum Objekt der Begierde einmal hergestellt, übernimmt das Gehirn das Ruder. Der Rest vom Sex ist eine hirnlastige Angelegenheit: Wir reden, spielen mit sozialen Beziehungen, erproben die sexuellen Interessen des Partners. Nicht einmal beim Geschlechtsakt selbst hören wir auf zu denken. Wir üben, experimentieren, necken einander und … reden.

Diese Theorie der Abkopplung des menschlichen Sexuallebens vom Hormonhaushalt erklärt eine ganze Menge. Sie erklärt die subjektive geistige Intensität der Liebe; sie erklärt, warum die meisten sexuellen Probleme eigentlich psychische Probleme sind; und sie erklärt, warum wir keinen Zusammenhang zwischen Hormonspiegeln und dem Sexualverhalten von Teenagern finden. Vielleicht gibt es eben gar keinen. Das widerspricht natürlich der öffentlichen Wahrnehmung: Jeder hält Teenager für „hormongesteuert". Wir sind also in der Pflicht, andere Gründe für die Merkwürdigkeiten des Verhaltens Jugendlicher vorzulegen. Die Theorie verschafft uns aber wiederum die Freiheit, die Geschlechtsunterschiede als das wahrzunehmen, was sie sind: Blaupausen einer „geistigen Sexualität", aufgeprägt um den Geburtszeitpunkt herum und überlagert von den sozialen Turbulenzen des Erwachsenwerdens.

Auf dieser Grundlage können wir beginnen, die „fest verdrahteten" und die sozial bedingten Aspekte des romantischen und sexuellen Verhaltens Jugendlicher auseinanderzupflücken. Sich zu verlieben zum Beispiel scheint so gut wie nichts mit Hormonen zu tun zu haben. Schon vor der Pubertät können Kinder für andere schwärmen, und eine vorzeitige Pubertät scheint den Zeitpunkt der ersten großen Liebe nicht nach vorn zu verlagern. Bis zu welchem Grad junge Mädchen „männlichen" Interessen nachgehen oder sich „männlich" verhalten, scheint in wesentlichem Maße davon abzuhängen, inwieweit ihre Eltern dies für akzeptabel halten. Hier sind also soziale Mechanismen am Werk. Die sexuelle Hardware des Gehirns macht sich auch deutlich bemerkbar: Erotische Bilder aktivieren bei Jungen und Mädchen verschiedene Hirnregionen, wobei Jungengehirne stärker angeregt werden. Manche Leute behaupten sogar, es sei durch die Struktur des Gehirns bedingt, dass Männer und Frauen auf viele Situationen unterschiedlich reagieren – Frauen fühlen sich in ihr Gegenüber ein, Männer systematisieren und abstrahieren. Wie bedeutsam diese Unterschiede tatsächlich sind, wissen wir noch nicht. Allerdings werden wir später sehen, dass solche Theorien sich als nützlich erweisen, wenn wir erklären wollen, warum heranwachsende Jungen und Mädchen an verschiedenen psychischen Störungen leiden.

Das Modell des „hormongesteuerten" Teenagers müssen wir also verwerfen. Jedes Individuum spielt seine persönliche sexuelle Rolle, die unmittelbar nach der Geburt festgelegt wird. Das bringt natürlich die althergebrachte Sicht der Jugendzeit ins Wanken. Irgendwie war es beruhigend, die Turbulenzen des Teenagerlebens auf den Hormonstrudel schieben zu können. Unsere neue Auffassung ist viel erschreckender: Das junge Gehirn ist ein Geschlechtsorgan, plötzlich geweckt aus dem Schlummer der Kindheit und einem Haufen sozialer und sexueller (Ver)wirrungen ausgesetzt. In diesem Licht wirkt der heranwachsende Geist hartnäckig unabhängig, aber furchtbar zerbrechlich. Aber das war noch nicht alles. Während all dies passiert, muss sich das Gehirn selbst komplett neu entwerfen.

Warum sind Teenagerhirne anders?

Wir wissen alle, dass Teenager anders ticken. Sie werden von Gefühlen überrollt, von starken, plötzlichen Emotionen und dramatischen, unvorhersagbaren Stimmungsschwankungen heimgesucht. Ihr Gehirn schaltet hin und her zwischen intensivem Geselligkeitsbedürfnis, kompletter Verschlossenheit und scheinbarer Untätigkeit. Auf der Suche nach seinem Platz in der Welt und unablässig seinen Intellekt schärfend, schwingt sich dieses ungebundene, ungehemmte Organ in Höhen der Kreativität auf, die im Erwachsenenalter niemals wieder erreicht werden. Manchmal kommt es einem so vor, als wäre da einfach zu viel Geist im Kopf des Teenagers.

Das heranwachsende unterscheidet sich vom erwachsenen Gehirn in nahezu jeder denkbaren Hinsicht. Es ist nicht einfach nur ein Gehirn, das vor nicht allzu langer Zeit Sex und Hormone entdeckt hat – und ganz sicher mehr als der simple Übergang vom Kind zum Erwachsenen. Weder die frustrierendsten noch die im positiven Sinne lohnendsten Aspekte des Teenagergeistes haben in offensichtlicher Weise mit Sex zu tun, und einige von ihnen stehen sogar Freundschaft und Geselligkeit diametral entgegen. Das Teenagergehirn ist so markant, dass wir, um es zu durchschauen, bis zu den biologischen Grundlagen zurückgehen müssen. Und die Erklärungsversuche sind mühsam, denn dieses Gehirn verhält sich außergewöhnlich kompliziert, ist größer als in jedem anderen Lebensstadium und erscheint in unserer Evolutionsgeschichte unmittelbar vor einem unglaublichen intellektuellen Leistungssprung. Ich halte das Teenagergehirn für das wichtigste Phänomen der menschlichen Rasse überhaupt.

Das ist alles schön und gut. Haben wir aber handfeste Belege dafür, was in dem jugendlichen Schädel vorgeht? Noch vor zehn Jahren war die Beweisdecke dünn, gestützt höchstens auf die Sektion des einen oder anderen Teenagergehirns, das seinen Weg auf den Tisch von Neuroanatomen gefunden hatte – wenig Vergleichsmöglichkeiten also, und nichts als Schnappschüsse von Gehirnen in einem einzigen, tödlichen Augenblick. Nötig war aber eine Methode, der Entwicklung des Gehirns vieler gesunder Leute in den ersten Lebensjahrzehnten folgen zu können, ohne ihre Besitzer gleich töten zu müssen. Die Lösung brachte ein riesiger Magnet zusammen mit ein paar Radioantennen.

Die Kernspintomografie (auch Magnetresonanztomografie, MRT, genannt) ist ein Verfahren, das sich so unvorstellbar anhört, dass ich immer noch kaum glauben kann, dass es wirklich funktioniert. Ich habe mich einst freiwillig zwei Stunden lang in die „Röhre" begeben, um an einem Experiment mitzuwirken, das von einem meiner Freunde geleitet wurde – und ich habe nicht im geringsten gemerkt, dass mein Gehirn abgetastet wurde! Man schob mich in die Mitte eines imposanten, ringförmigen Magneten, der dann eingeschaltet wurde. Dadurch wurden die Protonen in meinem Kopf orientiert – Wasser und Fett stecken voller Protonen, vor allem im Zentrum von Wasserstoffatomen, und diese Protonen drehen sich (vereinfacht gesagt) um eine Achse, die man an einem Magnetfeld ausrichten kann. Eine Antenne sendete dann ein kurzes Radiowellensignal in meinen Kopf, das die Drehachsen der Protonen vorübergehend durcheinander brachte. Innerhalb eines Bruchteils einer Sekunde richteten sie sich alle wieder nach dem Magnetfeld aus. Gleichzeitig gaben sie ihrerseits ein Radiosignal ab, das mit einer zweiten Antenne empfangen wurde. Dieser Prozess wurde viele Male wiederholt, in jedem Punkt einer dreidimensionalen Gitters, das der Computer über meinen Kopf gelegt hatte. Die aufgefangenen Signale wurden zu einem Bild zusammengesetzt – eigentlich zu vielen Bildern, jedes ein Querschnitt meines Gehirns.

Als diese Technologie noch neu war, erhielt man mit ihrer Hilfe nur bescheiden aufgelöste Bilder. Seitdem wurde das Verfahren schrittweise verfeinert. Eine ganze Computermaschinerie wurde auf die Radiosignale, die der magnetisierte Schädel aussendet, losgelassen, und die Auflösung hat sich deutlich gesteigert. So ließ sich über Jahre hinweg das Wachstum und die Formung der Hirnwindungen verfolgen, Dicke und Volumen der lebenden Rinde wurden aufgezeichnet und die Ausbildung feinster anatomischer Differenzen zwischen einzelnen Individuen in Echtzeit beobachtet. Eine noch modernere Technik, die funktionelle MRT, lässt die Forscher Blutfluss und zelluläre Prozesse in verschiedenen Hirnregionen gezielt beobachten. Das habe ich erlebt. Plötzlich sind wir in der Lage, Einzelheiten der Hirnfunktionen bei lebendigem Leib zu untersuchen. Im Laufe der letzten zehn Jahre ist es gelungen, die Entwicklung des Gehirns von der Kindheit über die Jungend bis ins Erwachsenenalter zu verfolgen – das ist fast schon Zauberei! Und im Teenagerstadium passiert offenbar etwas ganz Aufregendes mit der gewellten grauen Decke und dem dichten Gewirr darunterliegender weißer Drähte.

Eine Zeitlang vermutete man, die graue Substanz in der Hirnrinde erreiche ihre maximale Ausdehnung irgendwann in der Kindheit oder beim Erwachsenen. Dabei hatte man weniger die schiere Zahl der Nervenzellen, sondern die Zahl der Verbindungen („Synapsen") zwischen ihnen im Blick. Das Gehirn eines Zweijährigen enthält wahrscheinlich schon mehr Synapsen als ein Erwachsenengehirn, und die Vermehrung der Verbindungsstücke scheint sich die gesamte Kindheit hindurch fortzusetzen, wie jüngste MRT-Studien gezeigt haben: Die graue Hirnrinde wird immer dicker. Faszinierenderweise deuten noch neuere Untersuchungen darauf hin, dass dieser Überfluss der grauen Substanz im Jugendalter einen Höhepunkt erreicht. Dann wird die Schicht wieder dünner und schwindet langsam dahin.

Dieses Schwellen und Schrumpfen des Cortex ist aber nicht etwa ein einfacher, einheitlicher Prozess – das Maximum der Schichtdicke wird bei verschiedenen Individuen und in verschiedenen Hirnregionen zu verschiedenen Zeitpunkten beobachtet. Obwohl diese Abweichungen bedeuten, dass man bei der Interpretation der MRT-Befunde Vorsicht walten lassen muss, herrscht über einige Erkenntnisse weitgehend Einigkeit. Erstens: Mädchengehirne erreichen das Maximum der grauen Substanz im Schnitt zwei Jahre früher als die der Jungen (wieder ein Beispiel für den Vorsprung des weiblichen Geschlechts). Zweitens: Verschiedene Rindenbereiche entwickeln sich unterschiedlich.

Seit Jahrhunderten teilen die Anatomen das Gehirn in vier Bezirke ein: Frontal- oder Stirnlappen, Parietal- oder Scheitellappen, Temporal- oder Schläfenlappen und Okzipital- oder Hinterhauptslappen. Rein zufällig erwiesen sich diese Lappen als die Orte, an denen sich vier gut voneinander abgrenzbare Hirnfunktionen befinden.

Die Okzipitallappen (am Hinterkopf gelegen) sind am Sehvorgang beteiligt. Sie entwickeln sich zeitlich anders als die restlichen Lappen: Ihre graue Substanz nimmt während des Heranwachsens bis etwa Mitte 20 kontinuierlich zu. Die seitlich unten angeordneten Temporallappen haben mit dem Gedächtnis und der Hörverarbeitung zu tun, unter anderem auch mit der typisch menschlichen Fähigkeit des Sprachverständnisses (dafür ist das sogenannte Wernicke-Areal zuständig). Eine Rolle scheinen die Temporallappen auch bei einigen merkwürdigen Phänomenen zu spielen, zum Beispiel

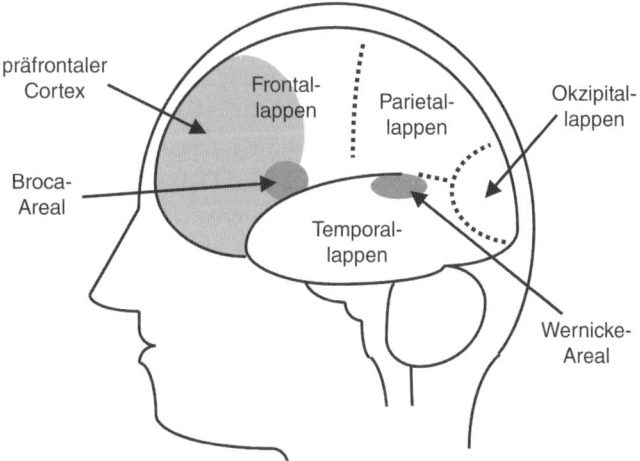

bei religiösen Erfahrungen. Die graue Substanz der Temporal-
rinde erreicht ihre maximale Dicke mit etwa 16 Jahren, dann
schrumpft sie wieder. Seitlich oben finden sich die Parietal-
lappen, verantwortlich für Tast- und Geschmackssinn, aber
auch für die Integration aller verfügbaren Sinneseindrücke.
Ihre Dicke erreicht mit elf Jahren ihren Höhepunkt, manchen
Studien zufolge sogar noch früher.

Die meiste Aufmerksamkeit wurde der vierten Region des
Teenagergehirns gewidmet, den Frontallappen als oberen Ab-
schnitten beider Hirnhälften. Sie sind besonders interessant,
weil sie beim Menschen ungewöhnlich gut ausgeprägt sind;
wahrscheinlich beherbergen sie eine ganze Reihe der Fähigkeiten, in denen wir anderen Tieren überlegen sind. Es wird
auch behauptet, hier gebe es die meisten Unterschiede zwischen Teenager und Erwachsenem. Die hinteren Bereiche der
Frontallappen sind für die Motorik zuständig; dort befindet

sich auch das zum Sprachzentrum gehörende, die Artikulation steuernde Broca-Areal. Die Vorderseite der Frontallappen ist noch spannender, denn hier werden die kognitiven Prozesse reguliert – Konzentration, Aufmerksamkeit und das flüchtige Abspeichern verschiedener Konzepte in einem „Arbeitsbereich", in dem sie analysiert und verglichen werden können. Mit dem präfrontalen Cortex denken wir auch darüber nach, was wir eigentlich wollen: Wir organisieren Abfolgen von Handlungen oder Kommunikationen, mit denen wir bestimmte Ziele erreichen wollen. Wir Menschen sind von Natur aus soziale Wesen; deshalb klingt es nur logisch, dass der präfrontale Cortex auch an der Steuerung von Impulsen und Instinkten beteiligt ist und dafür sorgt, dass wir vorausdenken und die Gedanken der Mitmenschen einkalkulieren. In Anbetracht dessen (und der bekannten Umwälzungen nach Beendigung der Kindheit) ist es nicht verwunderlich, dass der präfrontale Cortex auch als „Teenagergehirn" an sich bezeichnet wird. Seine graue Substanz erreicht ihre maximale Ausdehnung mit etwa zwölf Jahren, aber innerhalb des Lappens gibt es noch feinere Abstufungen. Der Teil, der das instinktive, impulsive Verhalten kontrolliert, beginnt einige Jahre früher wieder zu schrumpfen als der Teil, mit dem wir methodisch planen, um unsere Ziele zu erreichen.

Die bereits erwähnten neuen MRT-Studien haben auch gezeigt, dass die Entwicklung der grauen Substanz bei Eintritt ins Erwachsenenalter keineswegs abgeschlossen ist, im Gegenteil: Manche Bereiche haben noch nicht einmal die erste Phase, die Vernetzung durch die stürmische Vermehrung der Synapsen, beendet. Dies führt uns erneut vor Augen, wie schmerzlich lange es dauert, bis ein Menschengehirn „fertig" ist. Nun erhebt sich natürlich die Frage, warum die mühselig aufgebaute graue Substanz schon im Teenageralter zu schwinden beginnt. Sollte das ein simpler Degenerationsprozess sein? Kaum vorstellbar; schließlich können Erwachsene viele geistige Aufgaben deutlich besser erledigen als Jugendliche. Nein, wir nehmen heute an, dass dieser Schrumpfungsprozess Teil einer sehr spezifischen, genauestens organisierten Umstrukturierung der wuchernden kindlichen Hirnmasse ist.

Wenn die graue Rindensubstanz ihr maximales Volumen erreicht, wird sie von einem schier undurchdringlichen Gewirr von Nervenverbindungen durchzogen – auch die Anzahl der Synapsen ist niemals größer als zu diesem Zeitpunkt. Es sind, so nimmt man an, einfach viel zu viele Drähte, als dass das Gehirn noch effizient funktionieren könnte. Der Rückgang der grauen Substanz wäre dann auf das gezielte Aussortieren wenig benötigter Synapsen zurückzuführen, einen Vorgang, der dem Beschneiden eines Obstbaums vergleichbar ist. Offenbar erfolgt diese Selektion nach Regeln, die vorschreiben, welche Synapsen bevorzugt gekappt werden: solche, die selten benutzt werden; eher solche, die Neuronen stimulieren als solche, die blockieren; eher solche mit kurzer Reichweite als die mit langer Reichweite; solche in bestimmten Hirnregionen. Während der Teenagerzeit wird das Gestrüpp des kindlichen Cortex rigoros beschnitten und bearbeitet. Zurück bleibt eine wundervoll minimalistische Struktur aus den relativ wenigen Zweigen, die die wichtigsten Botschaften am effizientesten weiterleiten.

Natürlich ist es wieder der Teenager, der dies alles überstehen muss – und das kann, wie wir wissen, schwierig werden. Wozu also all das ganze Wachsen und Zurechtschneiden? Wie sich bei näherer Betrachtung herausstellt, entwickelt sich keineswegs nur unsere Hirnrinde nach diesem Muster, sondern auch andere Bereiche des menschlichen Gehirns und allgemein von Wirbeltieren. Man könnte es für Verschwendung halten, all diese Verbindungen erst aufzubauen, um sie dann wieder zu entfernen, aber diese Methode ist äußerst leistungs-fähig: Sie verleiht dem Gehirn eine unglaubliche Flexibilität. In der ersten Phase, während der Kindheit, bilden sich die Synapsen fast unkontrolliert, während sie in der zweiten Phase, der Teenagerzeit, so selektiert werden können, dass das Gehirn den äußeren Anforderungen gerecht werden kann. Wenige Jahre lang verfügt ein junger Mensch folglich über ein formbares Denkorgan, das bei seiner Verdrahtung nicht etwa einer vorgegebenen genetischen Bauanleitung folgt, sondern auf Erfahrungen reagiert. Teenager können Verhaltensweisen und Kommunikationsstrategien lernen, die sich als erfolgreich erwiesen haben. Die dazu notwenigen Synapsen bleiben er-halten. Einen Großteil seiner Verhaltensmuster bringt der Er-wachsene wahrscheinlich deshalb aus der Jugend mit, wie wir in Kapitel 4 noch genauer besprechen werden. Das jugendli-che Gehirn ist sozusagen ein Apparat, der das spätere Verhal-ten „herstellt". Im Erwachsenenalter passiert nichts weiter, als dass wir (langsam) geistig und emotional unflexibler werden.

Die Regionen des Cortex, die am energischsten beschnit-ten werden, bringen wir auch am stärksten mit dem typischen Benehmen von Teenagern in Zusammenhang. So wird im zweiten Lebensjahrzehnt der Parietalcortex sehr rigoros ge-stutzt; zu dieser Zeit beginnen wir, unsere Wahrnehmung der Umwelt äußerst subtil und komplex zu interpretieren. Des-halb ist ein zehnjähriges Kind nicht in der Lage, ein Sonett zu verfassen. Noch größer sind die Verluste im präfrontalen Cortex; man nimmt an, dass die Beschneidung hier einer-seits die analytischen Fähigkeiten stärkt, andererseits aber für unruhestiftende Eigenschaften wie Mangel an Voraussicht, emotionale Verletzlichkeit, Impulsivität und Gleichgültigkeit gegenüber den Mitmenschen verantwortlich ist. Diese Gleich-zeitigkeit der Umstrukturierung der grauen Substanz und der

psychischen Veränderung des Teenagers springt zu deutlich
ins Auge, als dass man sie ignorieren könnte.

Damit haben wir aber noch nicht alles besprochen, was
im Gehirn eines Heranwachsenden passiert. Im zweiten Lebensjahrzehnt entwickelt sich nicht nur die graue Substanz,
sondern auch das weiße Fasergeflecht, das Informationen im
Gehirn über große Entfernungen weiterleitet. Weiß sind diese „Leitungen", weil sie von Myelin umschlossen sind, einer
fettähnlichen Substanz, die sie elektrisch isoliert. Und das Myelin kann noch mehr: Es beeinflusst den Mechanismus der
Signalweiterleitung so, dass einzelne Impulse wie Laubfrösche
die Fasern entlangspringen können. Die Myelinisierung ist die
neuronale Entsprechung des Austauschs berittener Boten gegen Glasfaserkabel, und dieses Upgrade wird (natürlich) während der Teenagerzeit installiert. Bis vor kurzem dachten die
Forscher, dieser Prozess sei mit dem Ende der Kindheit mehr
oder weniger abgeschlossen. Die MRT hat sie jedoch eines
Besseren belehrt.

Während die graue Substanz also dahinschwindet, setzt
die weiße buchstäblich Fett an. Wahrscheinlich schrumpft die
graue Rinde nicht nur durch das Eliminieren von Synapsen,
sondern auch, weil sie von der darunter wachsenden weißen
Substanz immer mehr zusammengedrückt wird. MRT-Daten
zeigen tatsächlich, dass viele scheinbar dünner werdende graue
Bereiche gleichzeitig nach außen geschoben werden. Paradoxerweise wird die Rinde also gerade dort dünner, wo das Gehirn wächst. Allerdings folgt die Myelinisierung einem anderen Muster als die Beschneidung: Sie konzentriert sich weniger
auf die präfrontalen und parietalen Abschnitte und verläuft
nach ihrem eigenen Zeitplan. Grob gesagt myelinisiert sich die
weiße Substanz von hinten nach vorn. Eine Welle der Reifung
läuft während des zweiten (und dritten) Lebensjahrzehnts vom

Hinterkopf zur Stirn, säuberlich der evolutionären Neigung zur „Frontalisierung" folgend: Im Laufe der Jahrmillionen sammelte sich neue Funktionalität in den Frontallappen.

Bestimmte Hauptstraßen des menschlichen Gehirns scheinen bevorzugt myelinisiert zu werden, vielleicht, weil sie für unsere Lebensweise besonders wichtig sind. Während der Teenagerzeit betrifft das beispielsweise die Verbindung zwischen Wernicke- und Broca-Areal, den beiden schon vorgestellten Sprachzentren. Ein weiteres Beispiel ist der Corticospinaltrakt, ausgedehnte Faserbündel, die Bewegungsanweisungen zu den Muskeln leiten und damit Grob- und Feinmotorik steuern. Diese Vorzugsbehandlung genießen auch Verbindungen zwischen Gedächtnis- und Emotionsbereichen, die dafür sorgen könnten, dass emotionale Reaktionen im Feuer der Erfahrung geschmiedet werden. Einen großen Schritt in Richtung des Erwachsenendaseins bedeutet schließlich die Myelinisierung eines dicken Faserbündels, das die Bereiche für Interpretation im parietalen Cortex mit den Regionen für Konzentration und Langzeitplanung des frontalen Cortex verbindet. Das ist unsere (natürliche) „Datenautobahn".

Im heranwachsenden Gehirn ist also eine Menge los – und dieser Übergang vom wuchernden Wachstum des Kindergehirns zur Stabilität des Erwachsenengehirns kann gar nicht still und leise vonstatten gehen, denn es handelt sich offenbar um die kritischste Phase der Perfektion unseres spektakulärsten Organs. Die Umstrukturierung des Teenagergehirns ist tiefgreifend, ob es sich nun um die Beschneidung der überreichlichen Synapsen oder um die Beschleunigung der lahmen Leitungsbahnen handelt.

Ich will nun aber nicht überstürzt beginnen, diese und jene Veränderung des Gehirns für diese und jene unsoziale

Verhaltensweise Jugendlicher verantwortlich zu machen, sondern ich muss zunächst zur Vorsicht mahnen: Wir wissen längst nicht alles über die Entwicklungsprozesse im Gehirn. Zwar wissen wir eine Menge über die strukturelle Reorganisation im Jugendalter, und wir sehen, wie sich Teenager benehmen. Kausalzusammenhänge aber sind, und das muss ich extra betonen, so gut wie gar nicht nachgewiesen. Natürlich reizt es, die deutlich zunehmende Artikulationsfähigkeit Heranwachsender mit der Reifung der Wernicke-Broca-Verdrahtung zu verbinden; natürlich reizt es, die unvorhersagbaren emotionalen und sozialen Reaktionen auf das rasende Zurechtstutzen des präfrontalen Cortex zu schieben. Fakt ist: Man kann so etwas vermuten, bewiesen ist nichts davon. Die Umstände sprechen für die Existenz dieser Zusammenhänge, aber die Experimente, die nötig wären, um sie zu beweisen, stehen nicht in unserer Macht. Wir können nicht Jugendlichen Chemikalien ins Gehirn spritzen, die das Beschneiden und die Myelinisierung fördern oder hemmen. Deswegen sollten wir stets darauf achten, Korrelation und Anekdote nicht unzulässig zu vermischen.

Vorsicht geboten ist auch angesichts dessen, dass menschliche Teenager in ihrer Eigenschaft als Kraftwerke der Hirnentwicklung im Tierreich keine Ausnahmestellung einnehmen. Wie bereits angedeutet, beobachtet man das Wuchern und Stutzen der Synapsen auch bei vielen anderen Spezies; für die Myelinisierung trifft das genauso zu. Ungewöhnlich ist nur wieder das extrem verzögerte Einsetzen dieser Strukturveränderungen beim Menschen; charakteristisch menschlich könnte auch der Orts- und Zeitplan sein, nach dem das Gehirn umorganisiert wird. Übrigens setzt sich der im Jugendalter so stürmisch gestartete Vorgang mit allmählich abnehmender Geschwindigkeit bis ins Erwachsenenalter fort. Manche Hirnregionen schrumpfen kontinuierlich bis um den 70. Geburtstag herum.

Ein letzter beachtenswerter Punkt: Wir kennen die Triebkräfte der verschiedenen Hirnreifungsphasen Heranwachsender noch nicht. Eine Idee lautet, das Wuchern der Synapsen werde durch die Adrenarche (das Einsetzen der Ausschüttung von Sexualhormonen durch die Nebennieren in der späten Kindheit) angestoßen; eine zweite Hypothese macht die in der Pubertät von Eierstöcken oder Hoden produzierten Hormone für die Beschneidung verantwortlich. Für beide Hypothesen wurden bisher nur indirekte Beweise vorgelegt, die sich auf den Einfluss von Sexualsteroiden auf Stimmung und Gedächtnis des Erwachsenen berufen. Außerdem wird das Gehirn auch dann neu organisiert, wenn Adrenarche und Pubertät ausfallen. Und schließlich sagt schon der gesunde Menschenverstand, dass Adrenarche und Pubertät sehr unzuverlässige Impulsgeber für einen so komplexen Zeitplan wie die Entwicklung des Gehirns wären. Denken Sie nur daran, dass auch ganz normale Teenager acht Jahre später in die Pubertät kommen können als ihre Altersgenossen.

Jenseits aller dieser Vorbehalte ist eines klar: Das heranwachsende Gehirn macht etwas sehr Großes und Großartiges durch, und ebenso groß ist die Versuchung, dieses unberechenbare, unverwechselbare, unsoziale Verhalten Jugendlicher eben diesen stürmischen Veränderungen zuzuschreiben. Vielleicht erinnern Sie sich an diesen Zusammenhang, wenn Sie sich das nächste Mal mit Ihrem Sprössling (oder Ihren Eltern) streiten. Könnte das Türenknallen und Herumbrüllen etwa ebenso gut an der „unflexiblen Gesetztheit" des Erwachsenen liegen wie an der „überschießenden Flexibilität" des Teenagers?

Unsere Einordnung des Erwachsenwerdens als Zeit der peniblen Beseitigung geistigen Wildwuchses eröffnet uns eine neue Sicht auf die Rolle des Teenagers im menschlichen Lebensplan. Möglicherweise trödelte das Zwei-Orangen-Gehirn von *Homo erectus* zwei Millionen Jahre lang an der Obergrenze des Volumens herum, das ein Null-acht-fünfzehn-Primatengehirn erreichen kann. Musste der Teenager erfunden werden, damit das Denkorgan darüber hinauswachsen konnte? Welch ein toller Einfall der Evolution, der uns zehn Jahre mehr Zeit verschaffte, um das *sapiens*-Gehirn unter sorgfältiger Kontrolle zu seiner beispiellosen Größe heranwachsen zu lassen, ohne dass es aus dem Ruder läuft! Ist das der Grund dafür, dass der Teenager direkt vor dem modernen Gehirn erschien? Wären sonst großhirnige, konfuse Dummköpfe aus uns geworden?

Warum so müde, so leichtsinnig, so reizbar?

Ist doch alles ganz normal: am Samstagnachmittag aus dem Bett wälzen, ein bisschen die Eltern vollmeckern und dann gleich abhauen, um sich (schon wieder) mit den „falschen Leuten" zu treffen. Was jedem Erwachsenen wenigstens einen Anflug von Gewissensbissen entlocken würde, ist für Teenager nicht der Rede wert. Dieses Verhalten ist es, das der „heutigen Jugend" landauf, landab ihren schlechten Ruf und so viel Ärger eingebracht hat – nicht etwa Pickel, Haare und Gerüche, für die man die Ärmsten eher bemitleidet.

Wie wir eben gesehen haben, ist das heranwachsende Gehirn eine wahre Baustelle mit all dem Beschneiden und Myelinisieren, Wachsen und Schrumpfen. Das Verhalten von Teenagern wirkt aber nicht etwa so wie auf halbem Wege zwischen Kindheit und Erwachsensein, auch nicht wie eine Art „unterentwickeltes" Erwachsensein. Jugendliche zeigen eine Reihe charakteristischer Verhaltensmuster, die sich individuell so wenig unterscheiden, dass Eltern über ihre faulen, übellaunigen, pflichtvergessenen Sprösslinge in der festen Überzeugung herziehen können, dass andere Eltern sie haargenau verstehen. Die Existenz solcher Stereotype deutet darauf hin, dass in jeder Hirnbaustelle ungefähr die gleichen Arbeiten stattfinden – und dass dieses ganze Verhalten – Gott bewahre! – am Ende tatsächlich irgendeinen Grund hat.

Untersuchen wir also Ton für Ton diesen Schreckensdreiklang aller Samstagnachmittage: Trägheit, Risikobereitschaft (Leichtsinn?) und schlechte Laune.

Trägheit

Für alle Eltern eine unerschöpfliche Quelle der Belustigung und des Ärgers, dabei eine absolute Ausnahme von der Regel: Das ist das typische Schlafmuster des Halbwüchsigen. Allgemein brauchen wir immer weniger Schlaf, je älter wir werden. Das Baby im Bauch schläft fast den ganzen Tag, hin und wieder unterbrochen von ein bisschen Gezappel. Neugeborene schlafen bekanntermaßen auch noch sehr viel, Kinder mit zunehmendem Alter immer weniger. Erwachsene kommen mit einigen Stunden weniger Schlaf aus als Kinder, und bis zum höheren Alter nimmt das Schlafbedürfnis nochmals deutlich ab. Diesem Trend völlig zuwider läuft das Schlafverhalten von Teenagern: Zunächst werden sie immer fauler und kommen morgens nicht aus den Federn, ein paar Jahre später scheinen sie überhaupt keinen Schlaf mehr zu brauchen (oder zumindest besser mit Schlafentzug zurechtzukommen).

Die Unfähigkeit, sich zu erheben, ist aber nicht nur für die Eltern von Bedeutung, die sich darüber aufregen. Man konnte zeigen, dass Teenager, die besonders ungern früh aufstehen,

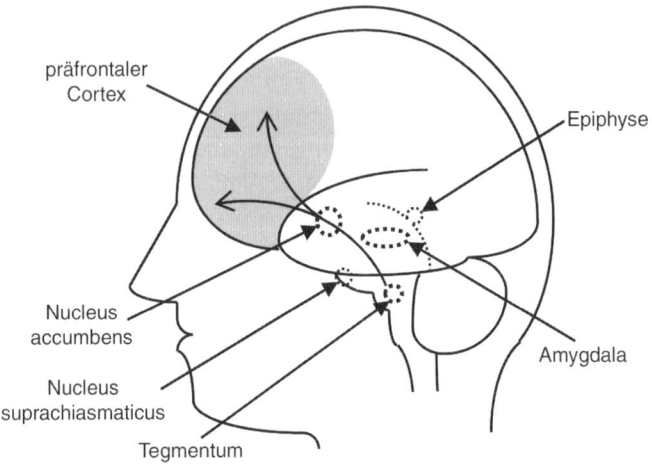

überdurchschnittlich häufig mit Schlafmangel zu kämpfen haben, tagsüber öfter einschlafen, häufiger in der Schule versagen und schlechtere Studienleistungen zeigen. Außerdem sind sie weniger glücklich, eher bereit, sich auf riskante Unternehmungen einzulassen, und sie sind häufiger Opfer von Unfällen und Verletzungen. An dieser Stelle ist es wichtig, Ursache und Wirkung klar zu trennen: All diese Symptome werden nicht vom späten Aufstehen verursacht, sie werden nur besonders oft von Teenagern berichtet, die mit dem rechzeitigen Aufstehen Probleme haben. Dieser Punkt deutet gemeinsam mit der Vielfalt der Symptome darauf hin, dass Teenager nicht einfach faul sind, sondern andere Schlafbedürfnisse haben, die zudem individuell variieren.

Von allen geistigen Vorgängen, die mit den großartigen Werkzeugen der modernen Neurowissenschaften untersucht wurden, ist der Schlaf einer derjenigen, die ihre Geheimnisse nur äußerst widerwillig preisgeben. Noch immer wissen wir nicht einmal, warum wir schlafen; und wir wissen nicht, was im schlafenden Gehirn abläuft. Teilerfolge bei der Erforschung der Schlafmuster von Jugendlichen können wir verzeichnen, weil bekannt ist, welche beiden Teile des Gehirns unseren 24-Stunden-Tag-Nacht-Rhythmus, den „Circadianrhythmus", regeln. Erstens ist das der Nucleus suprachiasmaticus im uralten Hypothalamus, der einen winzigen Schaltkreis enthält, unsere „innere Uhr". Wenn Sie ab morgen in einer finsteren Höhle Urlaub machen, fühlen Sie trotzdem weiterhin einen Tag-Nacht-Rhythmus und werden ungefähr im 24-Stunden-Rhythmus müde – und wenn Sie dann des Höhlenmenschen-daseins überdrüssig sind und wieder ans Tageslicht empor-steigen, stellen Licht und Dunkel Ihre innere Uhr wieder neu ein, falls sie zwischenzeitlich vor- oder nachzugehen begann. Als ich am Londoner Institut für Zoologie meine Doktor-arbeit schrieb, gab es nebenan einen Raum, in dem Hamster gehalten wurden. Dort war es immer dunkel; Hamster lieben das offenbar. Computer, die an die Laufräder angeschlossen waren, zeichneten auf, dass der Durchschnittshamster alle 24 Stunden aufwachte und zu einem Lauf antrat. Einige Hams-ter aber, die einen Defekt in einem einzigen Gen hatten, das für den Nucleus suprachiasmaticus gebraucht wird, erwachten alle 22 Stunden, und solche mit zwei beschädigten Kopien des Gens schon alle 20 Stunden. Dass der Nucleus suprachiasma-ticus der zentrale Zeitgeber des Gehirns ist, steht fast außer Zweifel, aber er ist nicht zugänglich. An menschlichen Teen-agern können wir ihn nicht untersuchen – wir müssen uns an einen Stellvertreter halten.

Auf einem Umweg steuert Tageslicht, das in die Augen fällt, die Aktivität eines anderen Areals direkt über dem Hirnstamm: Die Epiphyse (oder Zirbeldrüse) schüttet nachts ein ungewöhnliches Hormon namens Melatonin aus. Deshalb kann man ihre Tätigkeit relativ leicht verfolgen (indem man nämlich den Melatoninspiegel in Blut oder Speichel misst), und sie hat es auch schon zu einer gewissen Berühmtheit gebracht, weil man Melatonintabletten zur Bekämpfung des Jetlag einnehmen kann. Außerdem ist die Melatoninsekretion etwas Greifbares: Tieren mit jahreszeittypischen Verhaltensweisen wie Schafen oder Rehen signalisiert der durch die länger werdenden Herbstnächte steigende Melatoninspiegel, dass es Zeit zur Paarung wird. Bei alldem dürfen wir aber nicht vergessen, dass der geheimnisvolle Nucleus suprachiasmaticus für die innere Uhr wohl wichtiger ist als die aussagewillige Epiphyse.

Was passiert also beim Heranwachsen mit dem Circadianrhythmus? Etwas Seltsames, das wissen Sie schon aus Kapitel 1 – dort hatte ich Ihnen erzählt, dass die Ausschüttung der Fortpflanzungshormone durch die Epiphyse bei Jugendlichen einem ungewöhnlichen Zeitmuster folgt. Zudem schrumpft die Epiphyse während der Teenagerzeit. Am interessantesten aber ist wohl folgende Entdeckung: Die Berge (nachts) und Täler (tagsüber) des Melatoninspiegels sind bei Teenagern im Vergleich zu Erwachsenen um rund zwei Stunden nach hinten verschoben. Deshalb mag es sich für einen jungen Menschen früh um acht anfühlen, als ob es erst sechs wäre – kein Wunder, dass die Lust aufzustehen begrenzt ist. Allerdings ist die Korrelation weit weniger deutlich, als manche Zeitschriftenartikel und Bücher behaupten. Melatonin ist nur ein sehr indirekter Indikator für die Aktivität des Nucleus suprachiasmaticus. Die Resultate könnten durchaus auch bedeuten, dass die Verbindung zwischen Nucleus suprachiasmaticus und Epiphyse im Jugendalter durcheinandergerät. Um Genaueres herauszufinden, müssten wir reihenweise Elektroden in Hypothalami von Teenagern pieksen, und das können wir nicht. Ich gebe aber zu, es würde mich reizen, ein paar Jugendliche in eine Höhle zu stecken, um zu sehen, ob die „Tage" für sie dann 26 Stunden lang wären.

Andere Erklärungen könnten sich als nicht weniger stichhaltig erweisen. Der Schlaf zum Beispiel wird nicht ausschließlich von der inneren Uhr gesteuert. Sonst müssten wir tagtäglich gehorsam zur gleichen Zeit ins Bett gehen. Stattdessen schlafen wir, wenn wir wollen (oder es für nötig halten). Jeder weiß, wer arbeitet, wird schneller müde, und wer gut schläft, erholt sich besser. Stellen Sie sich die Müdigkeit als Sägezahnkurve vor: Am Tag baut sie sich auf und beim Schlafen wird sie gelöscht, um am nächsten Tag erneut zuzunehmen. Dieses Sägezahnmodell überlagert, wie man heute annimmt, die innere circadiane Uhr. Beide zusammen steuern den Schlafrhythmus, und beide zusammen erklären sicher auch die jugendtypische Morgenmüdigkeit. Vielleicht ist der Schlaf von Teenagern weniger erholsam (die Müdigkeit wird nicht so schnell „abgebaut"), deshalb ist der Schlafbedarf größer. Vielleicht sammeln die jungen Leute auch tagsüber mehr Müdigkeit an, ohne es zu merken (höhere „Berge"); auch das wäre ein Grund für ein erhöhtes Schlafbedürfnis und das Widerstreben gegen das morgendliche Aufstehen. Hinzu kommt noch, dass für einen Teenager der Tag erst abends spannend wird, so aufregend, dass man einfach nicht schlafen gehen kann, sondern noch viel zu tun hat, sich zum Beispiel mit anderen treffen muss. Auch nicht vergessen werden darf ein letzter Faktor, der das Schlafmuster bei jungen Mädchen stört: Die Qualität des Schlafs schwankt im Menstruationszyklus, und zwar das ganze Leben lang bis zur Menopause.

Wie Sie sehen, kann man sich eine Menge Gründe für die Schläfrigkeit des Teenagers überlegen, wobei nur einige davon auch durch handfeste Beweise gestützt werden. Welcher Aspekt auch immer die Schuld haben mag – fest steht, es handelt sich nicht schlicht um Faulheit, wie oft behauptet wird. Wenn Sie selbst Teenagereltern sind, denken Sie daran, sobald Sie wieder in Versuchung kommen, ihrem Sprössling wütend die Bettdecke wegzuziehen: Er oder sie kann (wahrscheinlich) nichts dafür.

Risikobereitschaft

Zu den größten Triumphen der Neurowissenschaft gehört die Zuordnung bestimmter Hirnfunktionen zu entsprechenden Leitungsbahnen. Im Laufe der vergangenen Jahrzehnte haben die Forscher eine Art Straßenkarte fast aller geistigen Funktionen erstellt. Hier und da bleibt das Ganze Spekulation (auf einigen Straßen konnte man den Verkehr noch nicht beobachten), aber alles in allem vermittelt uns dieser Erfolg die Gewissheit, das Gehirn im Prinzip verstehen zu können.

Zu den wichtigsten Routen auf dieser Karte gehören die vier Bündel von Nervenfasern, deren Funktion von der Freisetzung der Substanz Dopamin regiert wird. Sie sind für alles Mögliche zuständig, von der Motorik bis zur Milchbildung. Entsprechend verschreiben die Ärzte Wirkstoffe, die den Dopaminspiegel beeinflussen, zur Therapie verschiedenster Krankheiten wie Parkinson oder überschießende Milchproduktion. Dopaminabhängigen Systemen werden wir in diesem Buch immer wieder begegnen; sie steuern unter anderem den Umgang mit Leistungsanreizen, Motivation und Risiken, die Suche nach Belohnung, Genuss und Launen. Es ist wirklich verblüffend, ein wie großer Teil der mentalen Alltagsprozesse mit Dopamin zu tun hat – ganz besonders bei Teenagern.

Anreize, Motivation, Risiken, Belohnung, Genuss, Launen: Alle diese Phänomene hängen irgendwie miteinander zusammen. Um zu ergründen, warum das so ist, betrachten wir die Dopaminbahnen als Vehikel, die uns immer wieder zu den Dingen zurückführen, an denen wir einmal Vergnügen hatten. Der Genuss ist ein wichtiger Prozess; er macht glücklich und lässt uns seine Auslöser gezielt suchen. Wenn Sie daran denken, dass unter anderem Essen, Sex oder Sozialkontakte Genuss bereiten können, dann verstehen Sie, warum die Dopaminbahnen eine entscheidende Rolle für das Überleben der menschlichen Rasse im Laufe der Jahrtausende spielten. Zwar sehen wir uns gern selbst als hochkomplexe Wesen, aber trotzdem verbringen wir den größten Teil unserer Zeit damit, mehr oder weniger offensichtlich Ausschau nach Dingen zu halten, die wir mögen. Die Risikobereitschaft ist dabei eine wichtige Komponente des Strebens reifer Menschen nach Belohnung. Wenn wir allmählich erwachsen werden, liegen die Objekte unserer Begierde nicht mehr einfach so herum, und es steht auch nicht mehr in der Macht unserer Eltern, sie uns zu verschaffen. Stattdessen müssen wir Fehlschläge, Verletzungen, Peinlichkeiten oder sogar das eigene Leben riskieren, um unsere Wünsche zu erfüllen. Risikobereitschaft ist das Spielen eines Tiers mit dem Verlust in der Hoffnung auf einen größeren Gewinn; Heranwachsen bedeutet für einen Menschen zu lernen, mit Risiken zum eigenen Vorteil umzugehen.

Die am Belohnungssystem beteiligten dopaminfreisetzenden Bahnen verbinden drei Hirnregionen: ein Areal im Hirnstamm namens Tegmentum, eine weiter oben gelegene Ansammlung von Nervenzellen namens Nucleus accumbens und den riesigen, brodelnden und heranreifenden präfrontalen Cortex. Die Bahn zwischen Tegmentum und Nucleus accumbens ist, so vermutet man, evolutionsgeschichtlich älter und hat sich vielleicht aus einem alten System zur Nahrungssuche entwickelt. Die Bahn hingegen, die Tegmentum,

Nucleus accumbens und Cortex verbindet, dürfte jünger sein. Sie ermöglicht unserem Intellekt, sich in die Herausforderung der Suche nach dem Erwünschten einzuschalten. Dabei sind die Dopaminbahnen nicht direkt beteiligt, wenn der Besitzer sich Dinge aus seiner Umwelt aneignet. Sie fungieren eher wie ein Regler, der dieses Verhalten verstärkt oder abschwächt.

In der Teenagerzeit machen auch die Dopaminbahnen große Veränderungen durch. Beweise dafür stammen zum Teil aus Tierversuchen im Labor, aber die Beobachtung junger Menschen deutet in dieselbe Richtung. Die Daten sind verteufelt kompliziert, besagen aber kurz gefasst Folgendes: Die „alte" Tegmentum-Nucleus-accumbens-Bahn wird in den frühen Teenagerjahren reduziert, das „junge" Tegmentum-Nucleus-accumbens-Cortex-System dagegen wird aktiviert. Diese Verschiebung ist dramatisch und wird für einen Großteil der geistigen Veränderungen verantwortlich gemacht, die zwischen Kindheit, Jugend und Erwachsensein stattfinden. Betrachtet man nur Kinder und Erwachsene, ist der Wandel gut nachvollziehbar: weg vom Verlangen, das nur vom „Bauchgefühl" bestimmt ist, hin zu einer intellektuellen, wohlüberlegten, planvollen Herangehensweise. Teenager jedoch müssen irgendwie mit dem Übergangszustand zurechtkommen.

Bei jungen Ratten – neugierigen, intelligenten, kontaktfreudigen Geschöpfen, dem menschlichen Teenager eigentlich gut vergleichbar – verläuft die Dopaminbahnverschiebung nicht viel anders als beim Menschen, und sie bewirkt Effekte, die uns bekannt vorkommen: Interesse an der Einnahme bewusstseinsverändernder Substanzen, größere Bereitschaft, sich ins Unbekannte zu stürzen, und Verlangen nach der Begegnung mit anderen interessanten Ratten. So ähnlich dürften Teenager empfinden. Die charakteristischen Verhaltensweisen der Heranwachsenden könnten dadurch zustande kommen, dass sich das alte Nucleus-accumbens-System abschaltet, bevor das neue Cortex-System richtig funktionsfähig ist. Vorübergehend fehlt dem jungen Menschen dann jede Möglichkeit der Selbstkontrolle. Hinzu nehme man noch die ungeheure, ungeordnete Masse des präfrontalen Cortex, und fertig ist eine gefährliche Kombination aus Neugier und Leichtsinn. Eine denkbare Variante wäre auch, dass Teenager infolge der Dopaminbahnverschiebung relativ unfähig sind, Vergnügen zu empfinden; so suchen sie immer mehr Risiko und Aufregung, um ihre innere Leere und Übellaunigkeit zu überwinden. Dann ist es wohl kein Wunder, dass sich traurige Jugendliche oft in ihr Zimmer einschließen, laute Musik hören und sich so einen Stimulus verschaffen, der bekanntermaßen das Tegmentum-Nucleus-accumbens-Cortex-Dopamin-System aktiviert.

Wenn man die jugendliche Risikobereitschaft aber nun für einen unglückseligen Nebeneffekt der Hirnreifung hält, ignoriert man, dass Risiken zum ganzen Leben gehören und der Umgang damit trainiert werden muss. Viel logischer klingt der Gedanke, die Periode jugendlichen Leichtsinns sei „absichtlich" in die Teenagerzeit eingebaut worden, damit wir üben können, Risiken zu beherrschen, ohne gleich wirklich bleibenden Schaden anzurichten. Unterstützt wird diese Idee von Studien, die zeigen, dass Teenager, die sich eher riskant verhalten, mehr Selbstachtung haben und sozial kompetenter sind. Zudem ist die Sehnsucht nach dem Risiko offenbar tief im menschlichen Geist verankert. Warum sollten sonst derart viele Menschen gefährliche Sportarten betreiben mit der Begründung, dies gebe ihnen etwas, was ihrem Leben fehle? Andere spielen, obwohl sie wissen, dass die Buchmacher und Spielhöllen enorme Profite einstreichen. Natürlich sind die Menschen verschieden, und einige treiben es zu weit. Unter experimentellen Bedingungen waren zum Beispiel Teenager, die zuvor durch dissoziales Verhalten aufgefallen waren, eher bereit, unangemessene Risiken einzugehen, wenn auch nur die geringste Chance eines großen Gewinns bestand. (Sind Lotterien also eine Institution zur Ausbeutung der Unsozialen?)

Wenn das Risiko an sich aber etwas Gutes ist, warum werden so viele Teenager getötet, verletzt oder auf Dauer in Teufelskreise zerstörerischen Verhaltens gezwungen? Wie kann die Risikobereitschaft ein normaler Teil des Erwachsenwerdens sein, wenn sie solchen Schaden anrichtet? Meiner Meinung nach gibt es zwei Antworten auf diese Frage. Erstens: Es ist, wie es in der Evolution immer ist. Die Vorteile (die man hat, wenn man Risiken einzugehen bereit ist) müssen die Nachteile überwiegen. Ein fahrlässiger Teenager lernt vielleicht so viel darüber, sich seine Umwelt zunutze zu machen und mit Artgenossen zu interagieren, dass es die Sache wert ist. Zweitens: Die hier beschriebene Entwicklung geht auf eine Zeit zurück, in der die Teenager eine andere Welt bewohnten. In den Gesellschaften von Jägern und Sammlern, die vor Jahrmillionen existierten, waren die Risiken vermutlich leichter zu überblicken. Man konnte von einem Löwen gefressen werden, von einem Baum fallen oder vom Angebeteten eine Abfuhr erhalten. Unser Steinzeithirn muss sich heute mit Gefahren (Heroinspritzen, ungeschütztem Sex, Fahren auf nasser Straße) herumschlagen, für die es eigentlich nicht gemacht ist.

Der sprichwörtliche „jugendliche Leichtsinn" ist also nicht nur unvermeidbar, sondern auch erwünscht – aber er lässt uns spüren, dass sich das *Homo sapiens*-Gehirn schwer tut, mit der modernen Welt zurechtzukommen, die es selbst erschaffen hat. Wie wir im Verlauf dieses Buches noch sehen werden, sind manche berüchtigte Betätigungen von Teenagern eher harmlos, während andere, scheinbar unschuldige Aktionen Langzeitschäden nach sich ziehen können. Wie ungemütlich es sich aber auch anfühlen mag, wir müssen es akzeptieren: Teenager sind schnell bereit, etwas zu riskieren. Alles, was wir tun können, ist, die Folgen nach Kräften zu begrenzen. Dieses Hinnehmen (Kapitulieren?) mag Ihnen trostlos vorkommen, aber schauen Sie nur die wissenschaftlichen Studien an: Alle besagen, dass man damit rechnen muss, dass Teenager Dinge tun, die man als Erwachsener unvernünftig findet. Manche Leute haben sogar vorgeschlagen, dies in der Rechtsprechung zu berücksichtigen. Teenager seien aus „biologischen" Gründen nur vermindert schuldfähig.

Die Dopamindiskussion hat erst begonnen.

Schlechte Laune

Der dritte Punkt auf unserer Samstag-Nachmittag-Liste: Ärger und „Stress". Ein kompliziertes Thema, denn Teenager können aus etlichen Gründen ärgerlich oder gar aggressiv werden, die wir sorgfältig unterscheiden müssen, um das Verhalten zu verstehen. Zunächst dürfen Sie eines nicht vergessen: Aggression bringt eindeutig Evolutionsvorteile. Sie schützt uns vor möglichen Feinden, sie treibt uns an, Beute zu machen und hilft, dass wir uns selbst behaupten und gegen soziale Ungerechtigkeit wehren. Zum Zeichen dieser Bedeutsamkeit enthält der alte Hypothalamus mehrere Areale für Aggression, Ärger, Hunger und Sex, alle in enger Nachbarschaft gelegen.

Eine der wichtigsten Ursachen für Aggressivität ist Angst. Für viele Tiere ist der Angriff die letzte Möglichkeit, dem Feind zu entkommen. Die Signifikanz von Angst und Furcht lässt sich daran ablesen, dass eine Hirnstruktur speziell dafür zuständig ist: zwei Nester grauer Substanz von der Form und Größe einer Mandel und deshalb „Amygdalae" (Mandelkerne) genannt. Sie haben noch ein paar andere, weniger wichtige Funktionen, aber vor allem werden sie aktiv, wenn ihr Besitzer unmittelbar körperlich bedroht wird. Ihre Zerstörung lässt wilde Tiere zahm werden. MRT-Studien haben gezeigt, dass die Amygdalae schon als Reaktion auf den Anblick furchterregender Bilder oder gar eines ängstlichen Gesichtsausdrucks bei einem Mitmenschen angeregt werden – in Letzterem erkennt man, dass die Amygdalae auch für die sozialen Interaktionen interessant sind. Sie bestimmen, wie bedrohlich wir eine Situation empfinden; das ist unter anderem ausschlaggebend für die emotionale Bedeutung, die wir Artgenossen oder Ereignissen beimessen. Beim Menschen sind die Mandelkerne nicht völlig auf sich allein gestellt, denn der präfrontale Cortex hat ihnen im Laufe der Evolution einige Aufgaben abgenommen.

Auch in dieser Frage machen sich Geschlechtsunterschiede schon in jungem Alter bemerkbar. In den Amygdalae finden sich Rezeptoren für Androgene. Deshalb wachsen die Areale bei Jungen schneller als bei Mädchen. Zum Ausgleich verfügen andere verhaltensbestimmende Regionen über Östrogenrezeptoren und wachsen bei Mädchen bevorzugt. Sind es diese Differenzen, die dafür sorgen, dass Jungen und Mädchen verschiedenartig auf wahrgenommene Bedrohungen durch Autoritäten reagieren? Es klingt natürlich nicht unlogisch, dass Männer größere Amygdalae besitzen und deshalb sensibler für Gefahren sind. Schließlich verbrachten sie in Gemeinschaften von Jägern und Sammlern einen Großteil ihrer Zeit im Kampf mit wilden Tieren oder mit Konkurrenten bezüglich der Stammeshierarchie.

Jüngere MRT-Untersuchungen befassten sich mit der Entwicklung der Mandelkerne bei Teenagern. Dabei fand man charakteristische Aspekte, die aber nicht so einfach zu erklären sind, wie gern behauptet wird. Zeigt man zum Beispiel Erwachsenen und Kindern furchteinflößende Bilder, dann reagieren linker und rechter Mandelkern ungefähr gleich stark. Bei Teenagern hingegen wird der rechte Mandelkern stärker aktiviert, was für heranwachsende Jungen auch auf die nahegelegenen Regionen des präfrontalen Cortex zutrifft; bei Mädchen aller Altersstufen hingegen antworten die beiden Seiten des präfrontalen Cortex gleich. Warum das so ist, ist schwer zu sagen, wobei – wie wir noch sehen werden – die rechte Seite des Cortex als die unartikulierte gilt. Die Ergebnisse sind faszinierend, lassen aber längst keinen spezifisch neurologischen Grund für die Reizbarkeit des Teenagers erkennen. Was sie belegen, ist: Die Anatomie der Angst eines Teenagers unterscheidet sich deutlich von jener bei Kindern und Erwachsenen. Die Versuchung ist groß, hier eine Verschiebung von der „bauchgesteuerten" Amygdala zum „planvollen" Cortex hineinzulesen (erinnern Sie sich an eine ähnliche Argumentation im Zusammenhang mit der Risikobereitschaft), aber die Beweislage ist unklar. Komplizierter noch wird die Situation dadurch, dass eine Amygdala keine homogene Struktur aufweist. Sie besteht aus vielen einzelnen Teilen mit jeweils speziellen Rollen bei der Bewertung und Gewichtung von Gefahr. Unsere bildgebenden Verfahren sind noch nicht ausgereift genug, um die Reaktionen aller dieser verschiedenen Regionen einzeln verfolgen zu können – im lebenden Menschen, wohlgemerkt.

Ein weiterer Faktor, der zu Aggressivität bei Teenagern führt, ist Eifersucht. Hier ist der Unterschied zwischen Mädchen- und Jungenamygdalae klar erkennbar. Menschen sind in gewisser Hinsicht dankbare Untersuchungsobjekte, denn sie verstehen Geschichten. Man kann ihnen Filme zeigen in der Erwartung, dass sie mit den handelnden Personen mitfiebern;

dann kann man die Reaktion des Gehirns auf die konstruierten Situationen messen. Geht es dabei um einen Seitensprung, leuchten bestimmte Hirnabschnitte auf, und zwar beim Mann vor allem die Amygdala (Angst) und der Hypothalamus (unter anderem Aggression), bei der Frau die Temporallappen. Das bedeutet: Beim Mann besteht eine direkte Verbindung von sexueller Eifersucht über Angst zu aggressivem Verhalten. Ließe sich damit vielleicht erklären, warum Männer ihre Geschlechtspartner häufiger angreifen und zu pathologischer Eifersucht oder gar zur Belästigung (Stalking) neigen?

Wie auch immer die Ursache sein mag: „Richtig" zu ärgern beginnt man sich, da werden Sie vermutlich zustimmen, wenn die Summe von Angst, Frustration und Eifersucht eine bestimmte Schwelle überschreitet. Wie hoch die Schwelle ist, scheint sich mit der Zeit zu ändern und ist auch individuell verschieden. Müdigkeit macht empfindlicher, und manche Leute schnappen leichter ein als andere. Nicht einheitlich ist auch die Art, seinem Ärger Ausdruck zu verleihen. Mädchen schimpfen wohl eher, Jungen werden schneller gewalttätig. Die biologische Basis der Reizbarkeit wird allmählich aufgeklärt. Wenigstens in diesem Zusammenhang finden wir klarere Hinweise auf eine Hormonabhängigkeit des Teenagerverhaltens.

Einige der relevanten Ergebnisse stammen aus Studien an Jugendlichen mit einer Keimdrüsenunterfunktion (einem dauerhaft zu niedrigen Spiegel der Sexualsteroide). Diese Jungen und Mädchen geben an, eine Behandlung mit Androgenen bzw. Östrogenen lasse sie physisch (aber nicht verbal) aggressiver werden. Mädchen wiederum, die vor der Geburt durch eine Überfunktion der Nebennieren erhöhten Androgenkonzentrationen ausgesetzt waren, sind später konkurrenzbewusster und streitsüchtiger. Zusammengenommen deuten die Resultate auf eine zweifache Wirkung der Hormone hin:

Erstens beeinflussen sie das Verhalten direkt, zweitens verändern sie die Verdrahtung des Gehirns schon im Frühstadium des Lebens. Gut dazu passen Daten, die bei Sportlern erhoben wurden: Der Androgenspiegel zeigt nicht nur eine generelle Korrelation mit dem Grad des Konkurrenzdenkens, sondern er fällt auch nach einer Niederlage und steigt nach einem Sieg – insbesondere, wenn dieser Sieg mit Hochstimmung gefeiert wird.

Die offenbare Verbindung zwischen Androgenen und Wettbewerbsdenken führt zu besorgniserregenden Schlüssen. Wenn Androgene den Konkurrenzwillen steigern und der Erfolg den Hormonspiegel noch weiter nach oben treibt, wie sieht es dann mit riskantem, anspruchsvollem Verhalten der anderen Art aus – mit Kriminalität? Kann ein erfolgreich verübtes Verbrechen in einen androgenbeheizten Teufelskreis der immer weiter steigenden kriminellen Motivation führen? Teenager sind, wie bereits gesagt, risikobereit und missachten Autorität. Nun haben wir auch den möglichen Mechanismus, der Unvorsichtigkeit und Groll geradenwegs zu Kriminalität aufschaukelt. Es kommt noch schlimmer: Einige kontrovers diskutierte Studien deuten bei Gewaltverbrechern auf eine Unteraktivität des präfrontalen Cortex gemeinsam mit ungewöhnlichen Spiegeln bestimmter Substanzen im Gehirn hin. Das ist natürlich alles Spekulation, aber eines ist nicht zu bezweifeln: Kriminalität, insbesondere Gewaltkriminalität, wurzelt meist im Entwicklungsprozess junger Männer.

Das sind noch lange nicht die einzigen Probleme, mit denen sich männliche Teenager herumschlagen müssen. Sie sind sexuell frustrierter als Mädchen und frustriert von ihrer langsamen körperlichen Entwicklung; sie neigen zur Überschätzung der eigenen Fähigkeiten und verfügen über einen eingebauten Drang, diese Fähigkeiten öffentlich vorzuführen. Deshalb kamen die Forscher auf den Gedanken, das Bindeglied zwischen Hormonen und Gehirn habe gar nicht so sehr mit Ärger, Aggression oder Gewalt zu tun, sondern vielmehr mit Dominanz. Alle Menschen streben danach, sich einen Platz in der sozialen Rangordnung zu sichern. Viele versuchen das in erster Linie mit Intelligenz, Humor, Beschwichtigung oder Anbiederung und sehen Ärger und Wut als Zeichen des gesellschaftlichen Versagens. Manche Teenager halten sich aber für nicht besonders intelligent oder humorvoll, und ihnen fehlt die Fähigkeit (oder die Lust), andere zu besänftigen oder ihnen zu schmeicheln. Vielleicht entscheiden sie sich dann für Aggressivität.

Allmählich werden die hormonellen und anatomischen Ursachen des typischen Teenagerverhaltens klar. Viele Forscher meinen heute auch, die Verhaltensmuster seien im Kontext von Evolution und Fortpflanzung interpretierbar. Die sexuellen Rollen von Männlein und Weiblein sind nun einmal grundsätzlich verschieden, und dieser Unterschied erklärt vielleicht, warum junge Männer das Leben so schwierig finden. Die meisten Theorien der menschlichen Fortpflanzungsökologie stimmen darin überein, dass Männer miteinander konkurrieren und die Initiative bei Werbung und Paarung übernehmen, was sie andererseits sehr verletzlich macht: Sie können zurückgewiesen werden. Außerdem sind Männer körperlich weit weniger am Fortpflanzungsprozess beteiligt als Frauen, weshalb sie Gelegenheit haben, ihre Partnerinnen häufig zu wechseln; gleichzeitig verhalten sie sich aber beschützend, ja besitzergreifend – eine wenig nette Ungereimtheit, die junge Mädchen oft besonders übel nehmen. Vielleicht liegt es an dieser Konstellation, dass Männer im Durchschnitt mehr Gefallen an Pornografie, Prostituierten und ungewöhnlichen sexuellen Praktiken finden oder – nicht ganz so bierernst – einfach unbescheidener sind, wenn es um die Präsentation des eigenen wertvollen Körpers geht. Einer Horde junger Männer zuzusehen, die nackt in einen See springt, ist lustiger, als eine Gruppe Mädchen anzuschauen, die dasselbe tut, und trägt zudem weitaus weniger sexuellen Beigeschmack.

Wie Sie sehen, kommen eine Menge Faktoren zusammen, die Teenager verärgern oder reizen können: der ungewöhnliche Umgang mit Angst, eine Neigung zu Eifersucht und mögliche Einflüsse der Sexualhormone. Geben Sie noch jugendliches Ungestüm, unfertig entwickelte Mechanismen zur Steuerung von Emotionen und möglicherweise (wir kommen darauf zurück) beginnende psychische Erkrankungen hinzu, und fertig ist eine brisante Mischung. Die ganze Welt merkt auf, wenn wieder ein bewaffneter Teenager in einer Schule Amok läuft, und die Zeitungen sind voll von Jugendkriminalität, Auseinandersetzungen zwischen Gangs und Selbstmorden. Wenn Sie selbst Eltern sind, müssen Sie zumindest von Zeit zu Zeit mit willkürlichen Wutausbrüchen rechnen. Dass wir die Launen Heranwachsender als unkalkulierbar und unerklärlich empfinden, hat aber wohl einen guten Grund – die geistige Komplexität des erwachsenen Menschen, in die der Teenager mühsam hineinwachsen muss.

Begonnen haben wir mit Ärger, und angekommen sind wir nun bei Aggression, Konkurrenzdenken, Gewalt, Dominanz und Sex. Im menschlichen Gehirn sind alle diese Aspekte miteinander verflochten, ob uns das nun gefällt oder nicht; und in der Teenagerzeit werden wir mit diesem besorgniserregenden Geflecht zum ersten Mal konfrontiert. In einem späteren Abschnitt werde ich Ihnen zeigen, dass eine der größten Herausforderungen des Teenagerlebens darin besteht, die eigenen inneren Konflikte anzuerkennen und trotzdem ein akzeptables Selbstbild zu entwickeln.

Warum beginnen Teenager, anders zu denken?

Wenn die Gesellschaft von Jugendlichen eines erwartet, dann ist es, dass sie ihre geistigen Fähigkeiten entwickeln. Wir Menschen haben allen Grund, unsere fortgeschrittenen Denkprozesse zu schätzen, weil wir uns eine Welt erschaffen haben, in der Erfolg selten von roher körperlicher Anstrengung bestimmt wird, dafür aber oft von der Fähigkeit, intellektuelle, praktische und soziale Probleme zu lösen. Schon vor vielen Jahrhunderten haben wir uns Bildungssysteme ausgedacht mit dem Auftrag, die Entwicklung der kognitiven Fähigkeiten von Kindern und Jugendlichen voranzutreiben – und seit dieser Zeit diskutieren wir darüber, was eine gute Bildung ausmacht.

Angesichts dessen wundert man sich, wie wenig von dem, was in Schulen passiert, wissenschaftlich begründet ist. Vieles beruht auf Überlieferung und weitergereichten Erfahrungen. Das „moderne" Bildungssystem stammt eigentlich aus dem 18. und 19. Jahrhundert, einer Zeit also, in der man noch längst nicht wusste, welche biologischen Merkmale die „Intelligenz" festlegen. Ehrlich gesagt: Unser Verständnis von Kognition und Verständnis ist noch immer lückenhaft und umstritten. Es ist kaum zu glauben, wie unzureichend die biologische Grundlage dieser Funktionen erforscht ist, wenn man bedenkt, wie viel Bedeutung wir der geistigen Entwicklung Heranwachsender beimessen – und wenn überhaupt etwas untersucht wurde, dann vor allem Lernstörungen anstatt der durchschnittlichen Mischung von Lernerfolgen und -misserfolgen im Jugendalter. Nehmen Sie noch zwei besorgniserregende Tatsachen hinzu – wir haben erstens keine Ahnung, warum Teenager anders denken als Kinder, und zweitens den Verdacht, dass heutzutage zum ersten Mal in der Geschichte der jugendliche Körper schneller reift als der Geist –, und Sie werden begreifen, warum es so dringend geboten ist, die geistige Entwicklung junger Menschen eingehend zu untersuchen.

Intelligenz zu definieren, ist nahezu unmöglich. Betrachtet man die Schar von Kindern, die Jahr für Jahr durch die Mühlen des modernen Schulsystems gedreht wird, dann liegt es nahe, Intelligenz mit akademischer Leistungsfähigkeit gleichzusetzen. Die ist im modernen Leben natürlich wichtig und bequemerweise leicht zu messen, aber ist damit tatsächlich alles gesagt? Die Welt ist voller Leute, die im Geschäftsleben erfolgreich sind oder eine ganz ungewöhnliche Karriere gemacht haben, obwohl sie längst als intellektuelle Minderleister abgeschrieben waren. Intelligenz kann sich auch darin äußern, die eigene Persönlichkeit zu analysieren, auf Stärken zu bauen, Schwächen zu bekämpfen und Kontakte zu knüpfen. Aus diesem Grund wurden allgemeinere Definitionen von Intelligenz formuliert, in denen etwa die Fähigkeit, im eigenen sozialen Kontext (und zur eigenen Zufriedenheit) erfolgreich zu sein, eine Rolle spielt. Auch wir tun wahrscheinlich gut daran, einen möglichst flexiblen Ansatz zu wählen, wenn es um die Intelligenz von Teenagern geht – etwa diesen, um besser argumentieren zu können: Intelligenz ist das Endprodukt unserer kognitiven Fähigkeiten, mit denen wir Probleme in Angriff nehmen und lösen.

Pädagogische Psychologen haben, einfach durch Beobachtung junger Leute, eine Menge Theorien des Lernens und Denkens Heranwachsender aufgestellt. Wie wir im Verlauf dieses Buches sehen werden, haben sich einige der einfachsten Gedanken als die leistungsfähigsten erwiesen. So wurde beispielsweise schon vor langer Zeit vorgeschlagen, junge Tiere seien so „verdrahtet", dass sie das Verhalten Erwachsener kopieren. Das klingt so simpel, dass man die Bedeutung eben dieser Tatsache für den Menschen leicht unterschätzen kann. In die gleiche Richtung geht die Entdeckung, dass einfachste Lernstrategien, die auf Belohnung und Strafe abzielen, bei Menschen nicht weniger wirksam sind als bei Welpen. Eine andere Form des Lernens, die gern als allzu simpel lächerlich gemacht wird, ist die Pawlow'sche Konditionierung: Eine Antwort (Sabbern) auf einen Stimulus (Futter) lässt sich auf einen anderen, nicht zur Sache gehörenden Stimulus (das Klingeln einer Glocke) übertragen. Kurz gesagt: Wir mögen uns für hochkomplizierte Wesen halten, aber unserem Benehmen liegen höchst einfache Mechanismen zugrunde, wie unsere Besessenheit von Rollenmodellen, unsere zwanghafte Suche nach Belohnung oder die weite Verbreitung unnormaler, selbstzerstörerischer Pawlow'scher Verhaltensweisen eindrucksvoll zeigen.

Auch wenn die Triebkräfte eher roh sein sollten, können die geistigen Fähigkeiten, die wir im zweiten Lebensjahrzehnt erwerben, eine spektakuläre Feinheit erreichen. Jahrzehntelang waren die pädagogischen Psychologen überzeugt, dass die Entwicklung der kognitiven Fähigkeiten schrittweise erfolgt. Das Stadium, in dem sich ein Teenager am wahrscheinlichsten befindet, nannten sie „Phase der formalen Operationen". (Man könnte wahrhaftig denken, manche Leute erreichen diese Phase nie.) Der wohldefinierte Name suggeriert, es handle sich um einen abgrenzbaren Zustand, der weniger komplex wirkt, als er tatsächlich ist. Teenager beginnen aber, sich geistigen Herausforderungen zu stellen, die ein Kind einfach nicht bewältigen könnte. Sie erdenken abstrakte Konzepte, bearbeiten und verändern sie, kommen mit Zwischentönen in Argumenten zurecht, leiten neue Argumente aus Annahmen ab, nehmen Aufgaben methodisch in Angriff und setzen sich Ziele, die weit in der Zukunft liegen können. Außerdem sind sie zu der gewaltigen Leistung in der Lage, das eigene Denken zu analysieren – eigene Ideale festzulegen, ihre Gedanken kritisch zu betrachten und zu optimieren und ihren eigenen Wert einzuschätzen. Der Höhepunkt all dessen ist: Sie entwickeln die soziale Dimension ihrer Gedankenwelt, indem sie Beziehungen untersuchen, neue Gedanken anderen verbal mitteilen und „mentalisieren", also im Geiste nachvollziehen, was ihre Mitmenschen denken.

Kinder mögen bezaubernde kleine Geschöpfe sein, die ein bisschen plappern und denken können. Geistig zum Menschen werden wir aber erst als Teenager. Da sich die Fähigkeit zur Selbstanalyse und Mentalisierung erst in diesem Alter entwickelt, liegt die Vermutung nahe, die Evolution hätte den Teenager eben zu diesem Zweck vor einigen 100 000 Jahren erfunden. Aus diesem Grund halte ich die lange Zeit des Heranwachsens für das Geheimnis des Erfolges der Spezies Mensch. Wie wir in Kapitel 4 noch sehen werden, hat unsere überragende Qualifikation aber auch ihre Kehrseite. Selbstanalyse und Mentalisierung können von einem Teenager dermaßen Besitz ergreifen, dass dieser unfähig ist, ein gesellschaftliches Leben zu führen.

Wenn nun die Jugendzeit als Startrampe des erwachsenen Denkens betrachtet werden kann, wo finden die entscheidenden Veränderungen dann statt? Einige Aspekte des Teenagerintellekts sind sicherlich subtil oder tief verborgen, aber die Psychologen haben sehr erfolgreich Methoden entwickelt, um sie trotzdem unter Laborbedingungen untersuchen zu können. So kann man objektiv messen, was mit den geistigen Fähigkeiten geschieht, wenn das menschliche Gehirn verletzt wurde, oder man kann mit dem MRT beobachten, welche

Hirnareale bei bestimmten Aufgaben angesprochen werden. Überraschenderweise taugen für viele dieser Untersuchungen Affen oder Ratten gut als Stellvertreter menschlicher Probanden. Alle so gesammelten Resultate lassen sich auf eine Aussage reduzieren: Ein großer Teil der kognitiven Fähigkeiten wird im Teenageralter entwickelt, indem der präfrontale Cortex durch Dopaminbahnen aktiviert wird, die aus tieferen Bereichen des Gehirns aufsteigen. Es ist gut möglich, dass noch weitere Prozesse beteiligt sind, aber die Dominanz von präfrontalem Cortex und Dopamin steht außer Zweifel. So benutzen Teenager diese Hirnregion bei manchen kognitiven Tests intensiver sowohl als Kinder als auch als Erwachsene.

Diese Reifung verläuft natürlich nicht hübsch Schritt für Schritt, sondern verschiedene kognitive Fähigkeiten bilden sich unterschiedlich schnell heraus. Schon jüngere Teenager können irrelevante Informationen ignorieren und vorrangige Daten verarbeiten wie Erwachsene, aber erst mit etwa 19 Jahren sind wir in der Lage, mehrere konkurrierende, einander beeinflussende Konzepte gleichzeitig zu überdenken. Junge Teenager sind wesentlich langsamer als Kinder oder Erwachsene, wenn es um die Deutung von Gefühlen in Gesichtausdrücken geht; Schuld daran hat möglicherweise das Durcheinander wild wachsender Synapsen, das zu dieser Zeit im Gehirn herrscht. Besonders interessant für meine eigene Aufgabe, die Auswahl von Studenten für die Universität, ist die Behauptung, Teenager seien früher zu „formalen Operationen" physikalischer Größen fähig als zur Analyse sozialer Beziehungen. Das ließe, wenn es denn stimmt, den faszinierenden Schluss zu, dass Naturwissenschaftler intellektuell früher reif sind als Künstler.

Was macht die Wirkung des Dopamins auf den präfrontalen Cortex so wichtig? Vielleicht finden wir die Antwort, wenn wir die kognitiven Fähigkeiten eines Teenagers geduldig entwirren.

Will ein junger Mensch eine brillante kognitive Leistung vollbringen, muss er zuallererst aufmerksam sein und sich konzentrieren. Das klingt trivial? Das Gehirn dazu zu bringen, den Wust unerheblicher eintreffender Informationen zu ignorieren und alle Aufmerksamkeit auf die aktuelle Aufgabe zu lenken, ist aber eine Rechenleistung, die an ein Wunder grenzt. Das Gehirn muss sortieren: Was hat Vorrang, was ist unwichtig? Denken Sie daran, wie leicht sich Kinder von einer Arbeit ablenken lassen. Studien mit bildgebenden Verfahren und Experimente mit dopaminhemmenden Wirkstoffen deuten darauf hin, dass der präfrontale Cortex der Ort ist, an dem die Aufmerksamkeit sitzt, und Dopamin ist der wichtigste Regler. Wird Dopamin blockiert, können wir uns schlecht konzentrieren. Allerdings sind die wirklichen Zusammenhänge nicht ganz so einfach, denn auch die Randgebiete der Parietal- und Temporallappen könnten beteiligt sein, was nicht besonders überrascht – lauert dort doch die Hauptmasse irrelevanter Sinneseindrücke und Erinnerungen, die nur darauf warten, uns abzulenken.

Zu den zentralen Kognitionsleistungen gehört das Formulieren von Zielen und das Empfinden von Befriedigung, wenn diese Ziele erreicht sind. Der Mensch hat sich über die simplen Bedürfnisse des Tiers (Nahrung, Paarung, Schutz) erhoben und bewegt seine Ziele oft lange Zeit im Geist hin und her, wobei er ausgefeilte intellektuelle, technologische und soziale Strategien entwickelt, um seine Absichten umzusetzen. Damit wir unsere menschentypisch verwickelten Wege zur Bedürfnisbefriedigung gehen können, trat an die Stelle des alten Tegmentum-Nucleus-accumbens-Belohnungssystems ein neueres System, das, wie bereits beschrieben, Tegmentum, Nucleus

accumbens und den präfrontalen Cortex umfasst. Die Beobachtung der Aktivität einzelner Nervenzellen im präfrontalen
Cortex von Primaten hat gezeigt, dass es dort in der Tat spezifische neuronale Schaltkreise geben muss, die Ziele festlegen
und auf ihr Erreichen ansprechen. Angeschaltet werden diese
Mechanismen vermutlich wieder im Jugendalter durch Dopamin. Nicht weniger wichtig als das Festsetzen eines Ziels ist
unsere Fähigkeit, den Kurs zu wechseln: Wir können die einmal formulierte Absicht beiseiteschieben, ohne sie zu vergessen, um uns vorübergehend anderen Angelegenheiten zuzu-
wenden. Verletzungen des präfrontalen Cortex können zum
Beispiel die Neigung bewirken, übermäßig lange an einmal
begonnenen Aufgaben festzuhalten, auch wenn die Umstände
nahelegen, dass es sinnvoller ist, eine Zeitlang „loszulassen"
und ein anderes Problem zu verfolgen. Aufschlussreich ist,
dass sich diese sinnlose Verbissenheit mit Wirkstoffen thera-
pieren lässt, die das Dopaminsystem beeinflussen.

Ein nächster Teil des kognitiven Systems, das offenbar für
viele verschiedene Aufgaben gebraucht wird, ist das Arbeitsgedächtnis – kein langfristiger Aufbewahrungsort, sondern eine
Art geistiger Schreibtisch mit einer ständig aktualisierten Samm-
lung von Konzepten, Erinnerungen und Eindrücken, über
die wir gerade nachdenken. Nur, wenn diese Mosaiksteinchen
„ganz oben" im Gehirn liegen, können wir sie vergleichen, zu-
sammensetzen, einander gegenüberstellen und neu anordnen.
Diese Fähigkeit des Herumspielens mit mehreren Ideen verbessert sich während der Teenagerzeit dramatisch. Sie könnte
entscheidend sein, wenn wir die Grundlagen verschiedener
Sachverhalte identifizieren, Konzepte entwickeln oder lateral
(„seitwärts") denken, vielleicht auch, wenn wir durch Kombination und Gegenüberstellung verschiedener Konzepte kreativ werden. Es scheint tatsächlich so, als sei der Teenagergeist

schöpferisch ungebundener als das erwachsene Gehirn; das könnte die kreativen Sprünge mancher junger Leute auf so verschiedenen Gebieten wie Mathematik und Popmusik erklären. Genau genommen vermute ich schon lange, dass der Lebensweg vieler Leute durch Momente der Erkenntnis und Schöpferkraft bestimmt wird, die im Jugendalter erlebt werden.

Die Jugend ist eine Zeit wunderbarer geistiger Erfahrungen. Viele Menschen erkennen in diesen Jahren, wer sie sind und wohin sie gehen. Das dazu notwenige Arbeitsgedächtnis ist offenbar ein weiteres Phänomen, dessen Kern der präfrontale Cortex mit dem Dopamin bildet. Die beteiligten Areale verschieben sich während des Heranwachsens von der kindtypischen Verteilung auf tiefe Kerne im Gehirn und einen eingesenkten Bereich des Cortex, der sogenannten Inselrinde oder Insula, zu einer „reiferen" Anordnung im präfrontalen Cortex, wo sie während des Erwachsenenalters auch bleiben. Allerdings spaltet sich das Arbeitsgedächtnis im Laufe der Jahre auf kleinere, spezifische Areale auf – die Versuchung ist groß, hier die Ursache dafür zu sehen, dass die ungebändigte geistige Beweglichkeit des Jugendalters langsam verloren geht. Inzwischen weiß man auch Einzelheiten über die Rolle des Dopamins bei der Stimulation des Arbeitsgedächtnisses, insbesondere über verschiedene dopaminbindende Moleküle, die seine Ausbildung im präfrontalen Cortex steuern. Ein Mangel an diesen Molekülen drosselt das Arbeitsgedächtnis genauso drastisch wie die chirurgische Entfernung der Frontallappen.

Immer wieder entdecken die Forscher bei Erwachsenen und Heranwachsenden Kognitionsprozesse, die unter Beteiligung des präfrontalen Cortex ablaufen – sei es, dass die betreffenden Areale im MRT aufleuchten, dass bestimmte Aufgaben bei Verletzung des präfrontalen Cortex nicht mehr richtig gelöst werden oder dass die Effizienz der Lösung durch Wirkstoffe verändert wird, die die Wirkung des Dopamins beeinträchtigen. Offenbar treffen wir mit dem präfrontalen Cortex unsere Entscheidungen; hier denken wir über das eigene Denken nach, hier mentalisieren wir (ordnen den Mitmenschen Gedanken zu und sehen sie voraus). Vermutlich gibt es hier sogar Bereiche für so spezifische Anforderungen wie Arithmetik – greifbare organische Strukturen für das Zahlenverständnis! Der präfrontale Cortex ist eine vollgestopfte geistige Maschinenhalle, auf die wir angewiesen sind, um Erfolg zu haben. Angetrieben werden die Maschinen von Dopamin, das durch Leitungsbahnen heranströmt, deren Ursprung in tieferen Hirnregionen liegt. Zwar ist die Rolle des Dopamins weder einfach noch eindimensional – in verschiedenen Kontexten kann seine Wirkung unterschiedlich sein, und manchmal liefern Experimente einen Wust widersprüchlicher Ergebnisse –, aber wichtig ist die Substanz, so viel ist sicher.

Ein Aspekt der geistigen Leistungsfähigkeit, die den Menschen vom Tier unterscheidet, ist die Sprache als Fähigkeit zur Artikulation all unserer schlauen Einfälle. Vielleicht erinnern Sie sich, dass die Sprache auf der Liste der typisch menschlichen Eigenschaften stand, die wir in Kapitel 1 aufgestellt haben. Es gibt keinen stichhaltigen Beweis dafür, dass irgendeine andere Tierart über etwas verfügt, was sich als Sprache bezeichnen ließe – ein flexibles System zum Ausdruck fast jedes beliebigen Gedankens durch einen begrenzten Vorrat einfacher Laute. Zum Ausgleich dafür ist wenigstens jeder *Mensch* fähig zu sprechen. Man kennt keine menschliche Gesellschaft, in der nicht gesprochen wird, wahrscheinlich, weil wir nur äußerst ungern auf die enormen Vorteile verzichten, die diese Art der Kommunikation bietet.

Innerhalb vieler Tierarten werden Informationen ausschließlich genetisch von einem Individuum zum anderen weitergegeben. Der Nachwuchs erbt Verhaltensweisen und Fähigkeiten von den Eltern. Zahlreiche Säugetiere lernen darüber hinaus voneinander durch Nachahmung und Spiel. Die Sprache jedoch bringt die Menschen einen großen Schritt weiter: Sie können einander sehr wirksam warnen, beraten, bezaubern, bedrohen und benachrichtigen. Damit sind wir weder ausschließlich auf die Gene unserer Eltern noch auf das Imitieren unserer Artgenossen angewiesen. Die meisten Informationen erhalten wir durch das gesprochene Wort, und das ist einzigartig menschlich.

Der beeindruckende Prozess des Spracherwerbs findet in der Kindheit statt, nicht im Jugendalter. Unsere linguistische Kompetenz – ein großer Teil des Wortschatzes und der Grammatik, fast die gesamte Lautbildung und bis zu einem gewissen Grad die Fähigkeit, Bedeutungen zu schaffen und zu interpretieren – entwickelt sich bis zum zehnten Lebensjahr. Zum Erlernen der grundlegenden sprachlichen Fähigkeiten steht den Kindern eine beachtliche hirnorganische, also fest eingebaute Maschinerie zur Verfügung. Die Sprachzentren, über die Hirnrinde verteilte, spezialisierte Areale für die Erzeugung und das Verständnis von Sprache, findet man bei anderen Tieren einfach nicht. Sie häufen sich normalerweise in der linken Hirnhälfte (insbesondere bei Rechtshändern) und bewirken so die auffälligste Links-rechts-Asymmetrie der Hirnstruktur überhaupt. Sehr bemerkenswert ist dabei, dass die direkt am Sprechen und Zuhören beteiligten Gebiete nicht im präfrontalen Cortex liegen. Deshalb unterscheidet sich der Spracherwerb in der Kindheit grundsätzlich von der kognitiven Weiterentwicklung beim Heranwachsenden.

Was also ist nun über die Sprache von Teenagern zu sagen? Obwohl zehnjährige Kinder perfekt sprechen können, unterhalten sie sich nicht wie 18-Jährige. *Irgendetwas* muss demnach mit unserer Sprachfähigkeit passieren, aber nicht mit den Grundprozessen der Lauterzeugung und des Verständnisses. Stattdessen verknüpft das jugendliche Gehirn das Sprachsystem mit den hervorragenden kognitiven Apparaturen, die sich in den Frontallappen ausbilden. Es geht also nicht in erster Linie darum, „besser zu sprechen", sondern kompliziertere Gedanken zu artikulieren, also die in der Kindheit erworbenen Fähigkeiten an die neue geistige Spannweite und die neu erlebte Welt anzupassen. Teenager erobern zum Beispiel Zwischentöne, Sarkasmus, Ironie und Satire.

Ein bedeutsamer Aspekt der Sprachentwicklung von Teenagern ist die Fähigkeit, andere Leute mit Worten zu manipulieren; die gerade entdeckte Gabe der Mentalisierung führt dazu, dass diese Manipulation oft gegenseitig und in beiderseitigem Einverständnis erfolgt. Teenager klatschen und tratschen, hänseln und spotten und lernen alsbald, dies differenziert (mitfühlend oder boshaft) zu tun. Humor und Überredungskunst werden die wichtigsten Strategien, um Grenzen zu testen: Was akzeptiert das Gegenüber, was nicht? Die entzückendste der verfeinerten Kommunikationsmethoden ist natürlich das Flirten, bei dem alle nach der Kindheit erworbenen Fähigkeiten zum Einsatz kommen (Humor, Sticheln, Tonfall, Ausdrucksweise und eine erstaunlich kunstvolle Weitschweifigkeit).

Zu den Veränderungen der Sprache während der Teenagerzeit ist auch die Art zu zählen, in der die Jugendlichen nicht so sehr innerhalb der Familie, sondern vorwiegend mit Altersgenossen zu kommunizieren beginnen. Natürlich können sie sich nach wie vor verständlich ausdrücken, aber sie entwickeln neue Stile für bestimmte Situationen, vor allem die Sprache verschiedener „Jugendszenen" mit einer Unzahl von Slangausdrücken, Redensarten, Witzen und Verschlüsselungen, die nur Insider verstehen. Diese eigenwillige Kommunikation betont die Zusammengehörigkeit und die Bedeutung sozialer Gruppen, gilt als Zeichen der Zugehörigkeit und sorgt für den Ausschluss von Unerwünschten (darunter Erwachsenen – und Kindern!). Jeder hat schon gehört, wie sich zwei Jugendliche mit nahezu unverständlichen Ausdrücken miteinander unterhalten; aber sie können auch auf konventionelle Art kommunizieren, wenn sie wollen. Die höchste Form der abgrenzenden Teenagersprache ist die Popmusik. Jeder Generation prägt sich „ihre" Stilrichtung, die Musik, die „eine Sprache spricht, die man verstehen kann", tief ins Gedächtnis ein.

In den letzten zehn Jahren hatten die Heranwachsenden eine neue Gelegenheit, ihre außerordentliche linguistische Anpassungsfähigkeit unter Beweis zu stellen. Über die Leichtigkeit, mit der sie neue Technologien in ihr Repertoire aufgenommen haben, können Erwachsene nur staunen. Natürlich kann man auch jenseits der 20 lernen, eine Computermaus zu bedienen und eine Nachricht zu tippen, aber die Geschwindigkeit, mit der sich Teenager diese Fähigkeiten durch reines Ausprobieren aneignen, ist verblüffend. Unbeeindruckt schaffen sie es, sich ihren Freunden verständlich zu machen, ohne dass ihre Eltern begreifen, worum es geht, und dabei eine elektronischsprachliche Individualität mit einer Geschicklichkeit zu entwickeln, bei der Erwachsene die Waffen strecken. Sie schaffen es, neue Kommunikationsformen in ihre Welt zu mischen, wobei die Grenzen zwischen Reden, Telefonieren und SMS oder E-Mails versenden schwinden. Kaum ein Erwachsener käme zum Beispiel auf die Idee, gleichzeitig mit einem Freund zu telefonieren und mit einem zweiten, der danebensteht, zu sprechen. Und der Gedanke, dass die Präsenz auf einer Website wie Facebook, MySpace oder Bebo (die vielleicht nach den paar Monaten, die mein Buch braucht, um aus meinem Computer auf den Ladentisch zu kommen, schon lächerlich antiquiert klingen) etwas Geringeres sein könnte als eine Erweiterung der Persönlichkeit, ist jedem Teenagergehirn völlig fremd. Man hat sogar nachgewiesen, dass die tastentippenden jugendlichen Daumen im Laufe der vergangenen zehn Jahre geschickter und muskulöser geworden sind. Das wäre dann eine physische Veränderung, die den Grundstein für ein anbrechendes Zeitalter der Teenagerkommunikation gelegt hat.

Teenager lernen also nicht zu sprechen, sondern sich der Sprache zu bedienen. Das Auftauchen des Teenagers im Lebensplan erlaubte dem Menschen, seine einzigartigen Ausdrucksmöglichkeiten vollständig zu entfalten. Unsere Sprache ist komplex – so komplex, wie es das Gehirn eben aushalten kann –, und die Komplexität beginnt in der Jugend. Eine Folge davon ist, dass mit Sprache zusammenhängende Störungen wie Legasthenie in dieser Zeit deutlicher zutage treten können, auch wenn sie während der Kindheit versteckt waren. Eine andere merkliche Veränderung ist der zunehmende Einfluss der Sprache auf das Denken, wenn zum Beispiel verbale Argumente zu abstrakten Konzepten entwickelt werden. Die Verflechtung von Sprache und Denken, die in der Teenagerzeit ihren Anfang nimmt, ist so eng, dass sogar vorgeschlagen wurde, das ureigenste menschliche Bewusstsein über eine innere Konversation, eine Art Selbstgespräch, zu definieren.

All diese Veränderungen des Sprachgebrauchs scheinen sich allerdings nicht auffällig in der Hirnstruktur niederzuschlagen. Das liegt vielleicht daran, dass lediglich der präfrontale Cortex umorganisiert und eingeschaltet wird, während die weiter hinten liegenden Sprachzentren weitgehend unberührt bleiben. Eine Ausnahme ist die geschlechtsspezifische Differenzierung. Die Unterschiede der Dicke der grauen Substanz sind in einigen Regionen des Gehirns so markant, dass man einem „nackten" Gehirn anhand der Anatomie des Cortex das Geschlecht seines Besitzers zuordnen kann. Interessant sind diese Differenzen, weil sich damit möglicherweise etwas erklären lässt, das schon lange bekannt ist: Mädchen sind im Durchschnitt verbal gewandter als Jungen, die ihrerseits beim visuellen und räumlichen Denken die Nase vorn haben. Ich frage mich in diesem Zusammenhang, ob unser modernes Bildungssystem nicht zu einer „Verweiblichung" der Lehre geführt hat: Gearbeitet wird so, wie Frauen es bevorzugen (wohlorganisiertes Voranschreiten, regelmäßige Bewertung), nicht so, wie es eher Männern liegt (Risikobereitschaft, Prüfungen erst am Schluss). Evolutionsbiologen halten die kognitiven und sprachlichen Unterschiede zwischen Männlein und Weiblein für einen sinnvollen Beitrag zur Rollenverteilung in der Gesellschaft von Jägern und Sammlern. Frauen müssen in großen sozialen Gruppen Kontakte pflegen und Kinder großziehen, Männer dagegen kommunizieren nur bei der Jagd. Radikale Theorien gehen sogar so weit, die Sprache als reine „Frauensache" zu betrachten. Dass Jungen überhaupt sprechen könnten, sei ein unerwarteter Nebeneffekt des langen Herumgetragenwerdens – das Kind auf dem Arm der Mutter kann gar nicht anders, als zuzuhören.

Wo auch immer die evolutionären Ursachen liegen, die Unterschiede der Kommunikation in Mädchen- und in Jungengruppen sind kaum zu übersehen. Mädchen führen intimere Gespräche. Sie versuchen, die Gedanken ihres Gegenübers zu erkunden, indem sie ihre Gefühle und Erfahrungen direkt mitteilen. Junge Burschen dagegen beobachten ihre Kameraden lieber indirekt, indem sie Ansichten zu abstrakteren Themen (Sport, Musik) austauschen. Es reizt auch, diese Geschlechtsspezifität der Sprachgewandtheit für typische Interaktionen mit den Eltern verantwortlich zu machen. Aus meiner eigenen Jugendzeit erinnere ich mich daran, dass

Mädchen bei neuen ruchlosen Angriffen der Eltern auf ihre Freiheit mit langen Tiraden gegen die empfundene Ungerechtigkeit aufbegehrten, während Jungen sich einfach über die Verbote hinwegsetzten und die Vergeltungsmaßnahmen der Erziehungsberechtigten wortlos in Kauf nahmen. Vielleicht sollten wir das Herumbrüllen und Schmollen in der Teenagerzeit als fossilen Beleg für das Streben unserer Art nach Überlegenheit betrachten.

Alles in allem wissen wir nun besser, was das typisch menschliche Heranwachsen ausmacht: nicht nur die langwierige, aufwendige körperliche Entwicklung, sondern überdies (und noch wichtiger) die Kernphase der schwierigen und schwerfälligen Entfaltung unseres überdimensionalen Gehirns. Im Vergleich zu anderen Tieren und im Gegensatz zur öffentlichen Meinung befindet sich der *sapiens*-Teenager in dieser Zeit keineswegs fest im Griff der Hormone. Was das jugendliche Gehirn so außergewöhnlich macht, sind vielmehr die spektakulären Umbauten und Neuorganisationen. Dopamin bahnt neue Wege des Denkens, Lebens und Wagens, und der Dreh- und Angelpunkt all dieser Ereignisse ist der reifende präfrontale Cortex, wo wir Menschen komplizierte Pläne ausbrüten, um zu bekommen, was wir wollen, und zu vermeiden, was wir nicht wollen.

Die weitreichenden emotionalen, kognitiven und linguistischen Prozesse machen die Teenagerzeit zu einem zentralen Teil des Lebensplans, einem Kreuzweg, an dem sich alle Aspekte unseres Geisteslebens treffen. Der Rest dieses Buches wird zeigen, dass viele der teenagertypischen Probleme in diesem Zusammenlaufen der Wege ihren Anfang nehmen. Der junge Mensch entwickelt sich so atemberaubend schnell, dass sein Leben zu einem heiklen Balanceakt werden und er, mit Drogen, Beziehungsproblemen oder Sex konfrontiert, leicht abstürzen kann. In den meisten Fällen bleibt es bei einer harmlosen Erforschung der Umwelt, aber Teenager können auch Dinge tun, deren Nachwirkungen sie ein Leben lang verfolgen. Und dabei kann sehr viel schief gehen: In vielen Industrieländern stehen Unfälle, Mord und Selbstmord ganz oben auf der Liste der Todesursachen Jugendlicher. Manche müssen einen hohen Preis dafür zahlen, die Krönung der Evolutionsgeschichte zu sein.

3

Neben der Spur

Die Wahrheit über Alkohol, Drogen und andere Ausschweifungen

Ihr Freunde, wisst, nach einem guten Trunk
ward mir die erste Frau nicht mehr genug:
Ich warf Vernunft, die spröde Alte, raus
und nahm des Weines Tochter in mein Haus.

(Omar Khayyam, *Robaiyat*)

Drogensucht ist ein Teenagerproblem. – Viele Leute haben in den vergangenen Jahrzehnten versucht, andere Menschen, insbesondere Jugendliche, vom Drogenkonsum abzuhalten. Für mich ragt aus dieser Masse wohlmeinender Ratgeber und Schwarzseher eine Gestalt besonders heraus: Nancy Reagan. Wenn Teenager zu Drogen greifen, wollen sie damit meist ihre Gruppenzugehörigkeit demonstrieren oder ihren jugendlichen Drang zum Experimentieren ausleben. Falls sie überhaupt jemand davon abbringen kann, dann sicher ein Mensch, zu dem sie sich irgendwie hingezogen fühlen. Und was hatten wir in den Achtzigern, als ich ein Teenager war? Das strahlende, grinsende, seltsam fleischlose Gesicht der First Lady. Ihre „Just Say No"-Kampagne machte die Idee, mal einen „Speedball" zu schnupfen oder zu injizieren, höchstens noch verlockender.

Trotzdem ist es natürlich richtig, sich bei solchen Aktionen auf Jugendliche zu konzentrieren, denn dieses Lebensalter ist zufällig das wichtigste, wenn es um Drogenkonsum geht. Man schätzt, dass über drei Viertel der Drogen-, Nikotin- und Alkoholkarrieren (ich werde diese drei der Einfachheit halber als „Drogen" zusammenfassen) in den Teenagerjahren ihren Anfang nehmen. Es fällt sicher niemandem schwer, Gründe zu nennen, aus denen Jugendliche zum „Stoff" greifen; außerdem aber ist man in diesem Alter besonders anfällig für viele seiner Wirkungen, wahrscheinlich aufgrund der körperlichen und hirnstrukturellen Veränderungen, die wir in den ersten beiden Kapiteln besprochen haben. Vielleicht ist es wirklich so: Wir gehen den Drogen ins Netz, wenn wir gerade besonders wehrlos sind. Mich, einen liberalen Menschen, der von Vorschriften nicht viel hält, schmerzt es geradezu, zugeben zu müssen: Die wissenschaftlichen Erkenntnisse der letzten fünf Jahre empfehlen uns tatsächlich, das Thema „Drogenkonsum von Jugendlichen" mit großer Vorsicht zu behandeln.

Es gibt nur wenige Dinge, vor denen man mehr Angst hat, als dass ein geliebter Mensch drogensüchtig wird. Die Sucht nimmt uns unsere Freunde weg – sie können sich nicht mehr steuern, werden antriebslos und verlieren sich irgendwann selbst. Für uns Zuschauer liegt die Abhängigkeit jenseits der Erfahrungswelt. Wie konnte die moderne menschliche Gesellschaft aber in diesen abartigen, unkontrollierbaren Zustand geraten? Woher kamen all die Drogen? Warum ergeben sich ausgerechnet in der heutigen Zeit so viele junge Leute der Sucht? Warum wirft die Abhängigkeit den Menschen so drastisch aus der Bahn, und warum trifft es Teenager besonders hart? In diesem Kapitel 3 meines Buches werde ich versuchen, diese Fragen zu beantworten.

Von den Siebzigern bis heute, während Wellen von Modedrogen über die Industriegesellschaft hinwegschwappten, stiegt der Gesamtkonsum nicht merklich an. Obwohl also die Zahlen fast unverändert blieben, haben nicht wenige Ärzte den Eindruck, dass die jugendlichen Patienten, mit denen sie zu tun bekommen, stärkere Symptome zeigen als in der Vergangenheit. Subjektiv betrachtet wird die Lage immer schlimmer. Besorgnis erregt bei vielen Leuten auch die Tatsache, dass es der Gesellschaft nicht gelingt, der immer besseren Verfügbarkeit immer wirksamerer Substanzen einen Riegel vorzuschieben. Das wird als Zeichen schweren kollektiven Versagens empfunden. Kann das Erbe, das die Evolution uns hinterließ und das uns in vieler Hinsicht so gute Dienste leistet, hier denn gar nicht helfen?

Tatsächlich meine ich, gerade ein evolutionsbiologischer Ansatz kann sich als Rettung erweisen – indem er nämlich erklärt, warum Drogen auf den Menschen so wirken, wie wir es beobachten. Und wir sind handlungsbereit, wenn wir einmal verstanden haben, worum es geht; das liegt in der Natur des Menschen. Teenagern zu erklären, *warum* Drogen riskant sind, verspricht deshalb sicher mehr Erfolg, als einfach zu sagen: Finger weg, das ist *schlecht*. „Keine Macht den Drogen!" und fertig – das ist ein denkbar falsches Herangehen. Viele Kinderdarsteller von Nancy Reagans flotter, strahlender Kampagne gerieten später selbst in den tückischen Kreislauf von Abhängigkeit und Entzug. Nicht „Just Say No" wäre es gewesen, sondern „Just Say Why Not". Schönen Dank auch, Nancy.

Woher kommen all die Drogen?

Der moderne Mensch verfügt über ein beeindruckendes Arsenal psychoaktiver Substanzen, sorgfältig klassifiziert von Chemikern (nach ihrer Struktur) und Pharmakologen (nach ihrer Wirkung auf den Körper). Die schiere Menge von Stoffen sprengt inzwischen die Spalten der Tabellenwerke. Manche Drogen passen gut ins Schema, andere lassen sich keiner Gruppe so recht zuordnen, und einige wenige widersetzen sich hartnäckig jedem Klassifizierungsversuch. Der Untertitel dieses dritten Kapitels ist nur eine kleine Auswahl, denn inzwischen scheint es die passende Droge für jeden Anlass, für jeden Weg der psychedelischen Suche nach dem Glück zu geben. Sobald ein Stoff aus der Mode kommt, nimmt der nächste seinen Platz ein.

Ich werde mich im Folgenden exemplarisch auf Alkohol, Nikotin, Cannabis, Kokain, Amphetamine und Opioide beziehen – vor allem, weil sie alle seit langem in Gebrauch und deshalb am besten untersucht sind. Vergessen Sie aber nicht, dass diese nur die obere Schicht eines wahrhaftigen Füllhorns bewusstseinsverändernder Substanzen ausmachen. Jugendliche können aus einer erschreckenden Angebotspalette wählen, aber ich möchte in diesem Abschnitt die Merkmale hervorheben, die allen Drogen gemeinsam sind. Die Beschränkung auf drei Kernpunkte – die Substanzen sind verfügbar, wirken auf das Gehirn und können abhängig machen – erleichtert es uns, allgemeine Erklärungen für das Phänomen herauszuarbeiten.

Als Erstes zu diskutieren ist natürlich die Tatsache, dass alle diese Stoffe überhaupt existieren. Schon oft habe ich mir gedacht: Wie seltsam ist es doch, dass die Welt derart viele Chemikalien bereithält, die offenbar auf ihre hirnspezifische Wirkung hin optimiert sind. Die natürliche Häufigkeit von Drogen läuft in der Tat der kopernikanisch-darwinschen Grundeinstellung der modernen Naturwissenschaft zuwider, die da lautet, wir Menschen sind *nicht* als Nabel der Schöpfung zu betrachten. Wenn aber das Universum nicht für uns erschaffen wurde, warum gibt es in der Natur eine solche Menge von Substanzen, die ausdrücklich für uns gemacht zu sein scheinen? Und es handelt sich nicht etwa um verrückte Ausreißer in einer Art Gruselkabinett, nein – die Stoffe sind schier allgegenwärtig.

Eine einfache Begründung für das Vorhandensein der meisten Wirkstoffe ist: Es gibt Pflanzen, und zwar schon viel länger als Menschen, weshalb sie bedeutend mehr Zeit hatten, sich zu entwickeln. Pflanzen sind die Grundlage fast aller biologischen Systeme auf der Erde, aber sie hatten es schwer. Ja, sie sind in der Lage, sich aus Sonnenlicht zu erschaffen (und das ist beispiellos), aber dafür mussten sie einen hohen Preis zahlen. Die unbeweglichen, energiereichen Pflanzen sind das perfekte Nahrungsangebot für jedes vorbeikommende Tier. Einer Pflanze muss es so vorkommen, als habe der Rest der Welt nichts anderes im Sinn, als sie schleunigst aufzufressen. Neben der biochemischen Maschinerie, die sie zum Auffangen des Sonnenlichts, zum Wachstum und zur Vermehrung brauchen, haben sich die grünen Wesen deshalb eine gut gefüllte Vorratskammer von „Sekundärstoffen" zugelegt, mit denen sie sich schützen. Das können Stoffwechselabfälle sein, die einfach in den Zellen eingelagert werden, oder auch speziell konstruierte, komplizierte Moleküle, die mit großem Rohstoff- und Energieaufwand produziert werden.

Viele dieser Substanzen sind giftig. Meist reichert die Pflanze sie in den Teilen an, die für Fressfeinde besonders attraktiv sind. Nikotin zum Beispiel wirkt als Nervengift auf pflanzenfressende Insekten; es wird in den Wurzeln der Tabakpflanze gebildet, aber in den verlockenden Blättern gespeichert. Nikotin kann ein halbes Prozent der Gesamtmasse einer Tabakpflanze ausmachen. Nur dumme Insekten lassen sich verleiten, trotzdem hineinzubeißen. In vermutlich ähnlicher Weise haben Hanf-, Koka- und Mohnpflanzen Cannabinoide, Kokain bzw. Opioide entwickelt. (Cannabis wirkt für die

Hanfblätter auch als Sonnenschutz, es absorbiert UV-Strahlung.) Sieht man genau hin, dann stellt man fest, dass die meisten Suchtstoffe direkt oder indirekt aus Pflanzen stammen. Sogar MDMA oder Ecstasy, ein Amphetaminabkömmling, wird synthetisch aus dem Sassafrasbaum gewonnen.

In den meisten Ökosystemen bedrohen Insekten den Pflanzenbestand weit mehr als die großen Tiere, einfach deshalb, weil sie so zahlreich sind. Deshalb findet auf diesem Schlachtfeld ein ständiges Wettrüsten statt: Pflanzen produzieren mit viel Aufwand Abwehrstoffe, Insekten entwickeln dagegen Resistenzen. Mitten über diesem Kriegsschauplatz wurden wir Säugetiere mit dem Fallschirm abgeworfen und müssen uns irgendwie durchschlagen. Einige Insektengifte werden auch uns gefährlich, und die Pflanzen denken sich sogar besondere Gifte für uns Warmblüter aus. Eibe und Rhododendron zum Beispiel töten Weidetiere. Allerdings sind die Säugetiere nicht weniger als die Insekten fähig, der Gefahr ein Schnippchen zu schlagen. Kaninchen etwa produzieren ein Enzym, dass das Gift des Schwarzen Nachtschattens unschädlich macht.

Einige Insektengifte bringen Säugetiere nicht sofort um, sondern wirken nur teilweise und weniger dramatisch. Sie binden zwar an Moleküle im Nervensystem, wie sie es auch bei den krabbelnden Feinden tun würden; anstatt es aber ganz zu zerstören, verändern sie nur seine Funktion. Dieses Wirkprinzip gilt für viele bewusstseinsverändernde Drogen: Eigentlich als tödliche Waffen im Krieg der Pflanzen gegen die Insekten gedacht, verursachen sie beim Menschen nur Kollateralschäden. Übrigens lässt diese Sicht der Dinge interessante Rückschlüsse auf unsere Ähnlichkeit mit Insekten zu, mit denen wir viele molekulare Prozesse im Gehirn gemeinsam haben. Die psychoaktiven Stoffe wirken demnach auf entwicklungsgeschichtlich uralte biochemische Mechanismen, Vermächtnis eines gemeinsamen Vorfahren von Mensch und Raupe, der vor hunderten Millionen Jahren über den Erdboden kroch. Ihre große Bedeutung sorgte dafür, dass diese Mechanismen in Mensch und Raupe gleichermaßen erhalten blieben. Suchtmittel wirken nicht zufällig auf irgendwelche Haufen grauer Zellen, sondern, wie wir noch sehen werden, ganz gezielt auf Prozesse, die unseren evolutionären Erfolg begründet haben.

Die Geschichte der Drogen ist aber nicht nur eine Geschichte von Kriegen. Manche Wirkstoffe haben sich die Pflanzen auch ausgedacht, um Tiere anzulocken. Pflanzen sind nicht sehr konsequent, wenn es um das Verhältnis zu Räubern geht. Oft stellen sie sogar Teile her, die unbedingt gefressen werden sollen – Früchte nämlich. Früchte laden zum Fressen ein, weil auf diese Weise die enthaltenen Samen freigelegt und verbreitet werden. Deshalb sehen sie hübsch aus, fühlen sich gut an, riechen und schmecken gut. Tiere entwickeln eine besondere Leidenschaft dafür, weil sie voller Zucker stecken, einem hervorragenden Energielieferanten, und je reifer die Frucht ist, desto mehr Zucker enthält sie. Am süßesten ist das überreife Obst, das oft noch verführerisch aufplatzt. An den offenen Stellen siedeln sich Hefen an, die den Zucker in die verbreitetste psychoaktive Droge umwandeln, die wir haben: Alkohol. Die Hefen tun das, weil sie sich ernähren müssen, aber der geruchsintensive Alkohol signalisiert hungrigen Tieren, hier gibt es eine besonders süße Frucht. Außerdem können sie aus Alkohol genauso gut Energie gewinnen wie aus Zucker, sie haben also nichts dagegen. Denken Sie nur an einen Wespenschwarm, der sich im Spätsommer über einen Haufen Fallobst hermacht.

Eine extreme Form dieser Kooperation zwischen Pflanze und Pflanzenfresser hat sich im Laufe der letzten Jahrtausende der Menschheitsgeschichte entwickelt. Die Menschen begannen, absichtlich Pflanzen zu züchten, die bewusstseinsverändernde Drogen produzieren; im Gegenzug traten diese Pflanzen einen nie dagewesenen Siegeszug an. Heute wächst auf der Welt weit, weit mehr Hanf und Mohn als vor 20 000 Jahren. Die moderne Landwirtschaft schaltete die behutsame Coevolution von Mensch und Pflanze einen Gang höher, und den Preis, den die Pflanzenwelt für diese Förderung zahlen musste, ist ihr Wandel. Wir zwingen „Drogenpflanzen", immer größere Mengen der Sekundärstoffe herzustellen, nach denen es uns so gelüstet; bei „Nahrungspflanzen" hingegen versuchen wir, genau diese Stoffe wegzuzüchten.

Wer begann mit dem Drogenkonsum? Fossilien können darüber leider keine Auskunft geben, es sei denn, es findet sich eines Tages doch noch das Hominidenskelett mit einem schuldbewussten Gesichtsausdruck, dem ein Joint zwischen den Zähnen klemmt. Wir wissen jedoch genug, um den Drogenverbrauch in einen historischen Kontext zu stellen. Erstens sind Menschen mit Sicherheit nicht die einzigen Konsumenten im Tierreich. Bei den Säugetieren fallen mir Wildschafe ein, die an narkotisierenden Flechten lecken, Wasserbüffel, die opiumhaltigen Mohn abweiden, und Elefanten, die vergorene Früchte so sehr lieben, dass sie sich sogar darum streiten. Der Drang, chemische Stoffe wegen ihrer psychischen Wirkung statt wegen ihrer Nährstoffe zu fressen, scheint also nicht ausschließlich menschlich zu sein. Was den Menschen betrifft, so wurden Überreste drogenhaltiger Pflanzen an jungsteinzeitlichen Siedlungsorten ausgegraben. (Da haben wir schon fast unser Skelett mit dem Joint.) Natürlich kann der Gebrauch von Drogen noch viel weiter zurückgehen, und vielleicht muss man ihn auch nur als Teilaspekt eines generellen Interesses unserer Art an sekundären Pflanzenstoffen begreifen. Wir neugierigen, experimentierfreudigen Riesenaffen sind sehr empfänglich für Abenteuer dieser Art – von Gorillas etwa weiß man, dass sie aus medizinischen Gründen unzerkaute Blätter verschlucken. Warum sollten wir nicht durch die Beobachtung der Gewohnheiten anderer Tiere gelernt haben, welche Pflanzen es lohnt, auszuprobieren?

Eine neue Stufe des Drogenkonsums erklommen unsere Vorfahren, als sie anfingen, die pflanzlichen Lieferanten bewusst anzubauen. In diesem Zusammenhang will ich eines nicht unerwähnt lassen: Während sich die meisten historischen Analysen der Landwirtschaft auf Nahrungspflanzen konzentrieren, vermuten einige Anthropologen, dass der Landbau mit den Drogenkulturen begann. Ein durchaus wahrscheinlicher, wenngleich kontrovers diskutierter Kandidat für diese Morgendämmerung der Agrarwirtschaft ist Hanf (*Cannabis sativa*). Jedenfalls wächst Hanf gut in heißem Klima, und man könnte sich vorstellen, dass unsere Ahnen den Stoff benutzt haben, um die extreme Langeweile stundenlanger Hinterhalte bei der Jagd und tagelangen Stillhaltens beim Speerfischen zu bekämpfen. Selbst wenn der Ackerbau nicht mit so gefährlichen Kulturen begonnen haben sollte, förderte er jedenfalls den Alkoholkonsum. Zu den ältesten angebauten Feldfrüchten zählten Wildgräser, die Vorläufer der modernen Getreidearten. Es dauerte nicht besonders lange, bis die Bauern herausgefunden hatten, dass sich der Inhalt der Körner ebenso leicht vergären lässt wie süße Früchte. Schriftstücke und archäologische Funde belegen, dass die Menschen seit ungefähr 10 000 Jahren Trost im Alkohol suchen.

Historisch gesehen war der Einfluss der Drogen meist ein positiver. Sie vertrieben nicht nur die Langeweile, sondern haben auch eine lange, wohldokumentierte, religionsgeschichtliche Bedeutung, und zwar weltweit. Ihre Wirkung erfüllt die

Erwartung religiöser Transzendenz. Viele Künstler behaupten auch heute, ohne Drogen nicht kreativ sein zu können. Häufig werden sie wegen ihrer erwünschten mentalen Effekte konsumiert: Kokain regt an, Alkohol fördert das soziale Wohlbefinden, Nikotin lässt den Geist klar werden. (Ich habe mal mit jemandem zusammengearbeitet, der nur dann rauchte, wenn er Anträge auf Forschungsgelder schrieb.) Den wohl größten Beitrag zum Alltagsleben leistete Alkohol wegen seiner desinfizierenden Wirkung. Der Begriff „Zivilisation" leitet sich vom lateinischen *civis*, Bürger (einer Stadt), ab, und in der Tat ist in den letzten 10 000 Jahren eine kontinuierliche Verstädterung des menschlichen Zusammenlebens zu verzeichnen. Mag es dem Fortschritt dienlich sein, viele Menschen auf einem Haufen anzusiedeln, gesundheitsfördernd ist es nicht. Am schlimmsten ist es, wenn die Menschen ihre Notdurft in die Trinkwasserreservoirs verrichten, was auch heute noch Millionen tödlicher Infektionen hervorruft. Solange die Städte nicht über eine Kanalisation verfügten, war es einfach gefährlich, Wasser zu trinken. Viel sicherer fuhr man mit vergorenen Getränken, unter anderem, weil der enthaltene Alkohol Mikroben tötet (auch die Hefen, die ihn produziert haben). Jahrtausendelang war Saufen für Städter die beste Vorbeugung gegen Magen-Darm-Krankheiten.

Wenn die Menschen ursprünglich ihrer angenehmen, zweifellos nützlichen Eigenschaften wegen zu Drogen gegriffen haben, wie kommt es, dass dieselben Substanzen heute als Geißel der modernen Gesellschaft gelten? Wenn ich im Rest dieses Kapitels erkläre, wie Drogen auf Teenager wirken, sollten Sie daran denken, dass die Massenabhängigkeit der Bevölkerung ein relativ neues Phänomen ist. Drogen werden mindestens seit dem Beginn des Ackerbaus konsumiert, aber erst in den letzten Jahrzehnten (bzw. Jahrhunderten, was den

Alkohol betrifft) wurde die Sucht großer Bevölkerungsteile zum gesamtgesellschaftlichen Problem. Was ist passiert?

Ich kann mir zwei Ursachen vorstellen. Erstens: Wie wir gleich sehen werden, hängen sich die Substanzen an eines der wichtigsten Systeme unseres Gehirns, ein System, das für unser Überleben so bedeutsam ist, dass es für uns niemals infrage kam, es in dem evolutionsgeschichtlichen Augenblick der letzten 10 000 Jahre aufzugeben. Zweitens: Drogen sind heute leichter zugänglich, billiger und wirksamer als je zuvor. Statt mit viel Aufwand Haschisch, Wein oder Kokablätter aus fernen Ländern heranschaffen zu müssen, geht man zum Händler um die Ecke (oder im Internet), um Hanfsamen, Wodka und Crack einzukaufen. Mit anderen Worten: Moderne Drogen hintergehen das System. Sie behaupten ihren Platz außerhalb der konventionellen Regeln von Gewinn und Verlust, Kosten und Nutzen. Zum ersten Mal in der Geschichte der Menschheit kommt jedermann problemlos an Substanzen, die die Funktion des Gehirns dauerhaft beeinträchtigen können.

Warum wirken Drogen auf Teenager anders?

Den ersten Kontakt mit Drogen haben viele Leute in der Jugend. Gerade in dieser Zeit ist die Wirkung psychoaktiver Stoffe auf den Menschen anders als sonst – in mancher Hinsicht kompliziert, in anderer einfach.

Drogen sind kompliziert, weil sie auf viele verschiedene Regionen des Teenagerkörpers und -geistes wirken, um die erwünschten Effekte zu erzielen. (Wie allgemein üblich, werden

wir uns um die unerwünschten Nebenwirkungen erst später
kümmern.) Hauptsächlich entfalten die Substanzen ihre Wirkung an den Rezeptoren im Gehirn. Das sind große Moleküle
an der Oberfläche der Nervenzellen, die dazu da sind, kleine
Neurotransmittermoleküle zu binden. Neurotransmitter und
Rezeptoren sind die Hilfsmittel, mit denen Informationen von
einer Nervenzelle zur nächsten weitergeleitet werden. Dazu
setzt Nervenzelle 1 einen Neurotransmitter in die winzige Lücke (den synaptischen Spalt) frei, die sie von der benachbar-
ten Nervenzelle 2 trennt. An Zelle 2 bindet ein Rezeptor den
Neurotransmitter, wodurch ihre Aktivität entweder gesteigert
oder gedämpft wird. Als Reaktion sendet Zelle 2 dann ihrerseits Neurotransmitter zu ihren Nachbarn (oder eben nicht).
Nun ist es so, dass die meisten Nervenzellen im Zellgeflecht
des Gehirns ständig Neurotransmitter von *vielen* anderen Zellen entgegennehmen und an entsprechend viele Nachbarn
welche weitergeben. Obwohl ich das Bild etwas vereinfacht
habe, ist es prinzipiell richtig. So und nicht anders funktioniert
das Gehirn auf zellularer und molekularer Ebene: Abermilli-
arden einzelner Nervenzellen binden Neurotransmitter und
setzen sie frei.

Weil die Rezeptoren im normalen Gehirn überall vorkommen, können auch die Drogen überall ihre Wirkung entfalten. Amphetamine zum Beispiel lösen eine großräumige
Ausschüttung der Neurotransmitter Noradrenalin, Dopamin,
Serotonin und Oxytocin aus und verschaffen dem Konsumenten so das subjektive Empfinden von Anregung, Euphorie und sogar Zuneigung – eine Art Zustand optimistischer
Erregung. Kokain fördert die Dopaminausschüttung in verschiedenen Arealen, darunter denen, die an Bewegung und
höheren geistigen Prozessen beteiligt sind. Nikotin imitiert
den Neurotransmitter Acetylcholin und wirkt anregend durch

Bindung an Rezeptoren in verschiedenen Teilen des Gehirns und Körpers. Alkohol hat, wenn das überhaupt geht, noch weiter reichende Wirkungen: Er bindet an die Rezeptoren für Glutamin und GABA (Sie erinnern sich?), verlangsamt den Hirnstoffwechsel und hemmt die Ausschüttung von Stresshormonen. Insgesamt dämpft er damit die Hirntätigkeit; in niedrigen Dosen löst er vor allem soziale und sexuelle Hemmungen.

Cannabis und Opioide zählt man zu den besonders interessanten „Entspannungsdrogen", seit entdeckt wurde, dass sie Neurotransmitter imitieren, die als natürliche Abkömmlinge ihrer selbst vom drogenfreien Gehirn produziert werden. Cannabis zum Beispiel bindet an die Rezeptoren CB1 und CB2, die normalerweise für ein komplexes System sogenannter Endocannabinoide vorgesehen sind. Diese Stoffe steuern viele Vorgänge im Gehirn und im Immunsystem. So erklärt sich, dass ein einziger Wirkstoff entspannen, Schmerzen lindern, Appetit (bis hin zu Heißhunger) anregen und Entzündungen (bei Multipler Sklerose) hemmen kann. Noch komplizierter ist das körpereigene Opioidsystem; eine ganze Palette natürlicher Opioide, die an verschiedenartige Rezeptormoleküle binden, steuert zum Beispiel die Schmerzweiterleitung im Gehirn, weshalb man ihre synthetischen Verwandten auch als Schmerzmittel verabreicht. Opioidrezeptoren finden sich im Magen-Darm-Trakt (deshalb hilft Morphin gegen Durchfall); Opioide euphorisieren und werden als Stimmungsaufheller eingenommen.

Drogen sind also eine komplexe Angelegenheit. Ihre Effekte kommen durch die Bindung an eine große Auswahl von Rezeptoren zustande, die überall im Gehirn verteilt sind. Die Bindungsmuster unterscheiden sich von Substanz zu Substanz, gegebenenfalls auch von Mensch zu Mensch. Drogen sind auf andere Art aber auch einfach. Denken wir an die negativen Effekte, kommt uns nur einer in den Sinn, den wir für allgemein halten – Drogen machen süchtig. Sucht spielt in jeder Diskussion über Drogen eine Rolle, und fast alle „Missbrauchsdrogen" machen abhängig. Selbst in nicht so offensichtlichen Fällen wie zum Beispiel Cannabis weiß man noch nicht genau, was einen Menschen immer wieder zur fraglichen Substanz greifen lässt. Drogen können sehr viele verschiedene mentale und körperliche Wirkungen haben. Das Bindeglied ist die Sucht – und die Sucht ist es auch, was uns im Hinblick auf den Drogenkonsum von Teenagern am meisten Sorgen macht.

Was also ist „Sucht"? Das Wort ist in aller Munde und mit einer Menge Nebenbedeutungen belastet. Eine exakte Begriffsbestimmung erweist sich aber als ziemlich schwierig. Im Laufe der Jahre wurde die wissenschaftliche Definition so oft verworfen und neu formuliert, dass viele Forscher den Terminus inzwischen gar nicht mehr verwenden mögen. Ein Alternativvorschlag lautet, lockerer von einem zwanghaften Gebrauch psychoaktiver Substanzen zu sprechen, in einer Weise, die das tägliche Leben beeinträchtigt. Ich schließe mich dem an.

Der Begriff „Sucht" wird oft missverständlich benutzt und insbesondere mit einer Reihe verwandter Begriffe durcheinandergebracht. Da wäre zunächst die „Abhängigkeit". Sie bezeichnet einen Zustand, in dem die Nichtverfügbarkeit der missbrauchten Substanz unangenehme physische oder psychische Entzugserscheinungen auslöst. Die Abhängigkeit ist ein kompliziertes Thema für sich und nicht an eine psychoaktive Wirkung gebunden. Beispielsweise kann man auch von Abführmitteln abhängig sein. Außerdem können die Entzugserscheinungen fürchterlich sein, ohne jedoch Leib und Leben unmittelbar zu bedrohen (ein Beispiel ist der Opioidentzug).

Abhängigkeit hat also etwas mit Sucht zu tun, ist aber nicht dasselbe.

Ein zweiter Begriff ist die „Toleranz". Toleranz bedeutet, ein Konsument braucht immer mehr von einem bestimmten Mittel, um die erwünschte Wirkung zu erzielen, weil der Körper sich langsam an den Stoff gewöhnt und ihn zu „ignorieren" beginnt. Abhängigkeit geht oft mit Toleranz einher, muss aber wieder davon unterschieden werden. Toleranz beobachtet man einerseits auch bei nicht psychoaktiven Medikamenten, andererseits gewöhnt sich der Körper nicht an alle bewusstseinsverändernden Stoffe. Auf Nikotin und Kokain reagieren manche Leute mit der Zeit sogar empfindlicher.

Der dritte Begriff, den ich in der Diskussion abgrenzen will, ist das „Verlangen". Das Verlangen nach Drogen ist nach außen hin sichtbar, insbesondere bei Teenagern. Ihr Bedürfnis, mehr von einem Stoff zu bekommen, wird zwanghaft und lässt alle anderen Interessen (Geld, Erfolg, Freunde, sogar das Überleben) bedeutungslos werden. Das Verlangen wird, so scheint es, automatisiert und vorrangig behandelt. Wie wir noch sehen werden, spiegelt dieses Verhalten die Neuverdrahtung des Belohnungssystems im Gehirn wider. Einige Gründe für das Verlangen finde ich ehrlich gesagt ganz plausibel. Das kann erstens die Sehnsucht nach dem Effekt sein – dem Kick, der Euphorie, den Halluzinationen, der Betäubung oder einfach dem neuen Selbstgefühl. Ich empfinde ähnlich, wenn ich mich nach einem Bier sehne; ich wünsche mir die angenehmen Wirkungen vergorenen Getreides. Zweitens (und nicht weniger verständlich) ist da die Angst vor den Entzugserscheinungen; sie sind unangenehm, also ist es ganz vernünftig, sie zu vermeiden. Diese Vernunftgründe wirken über kurze oder lange Zeiträume: Der Heroinsüchtige fürchtet den unmittelbar drohenden „Cold Turkey", das zigarettenrauchende junge

Mädchen fürchtet, ohne Nikotin dick zu werden. Der niederträchtigste Aspekt dieses erklärlichen Wunsches, dem Entzug zu entgehen, ist, dass der Süchtige weiß: Es gibt nur einen Ausweg – mehr Drogen.

Besonders erschreckend ist in diesem Zusammenhang die Tatsache, dass die gewohnheitsmäßige Einnahme von Drogen rasch erlernt wird. In Kapitel 2 dieses Buches habe ich, wie Sie sicher noch wissen, erwähnt, dass Tiere oft nach ganz simplen Mechanismen lernen, zum Beispiel (sehr effektiv) mit einem strengen System von Belohnung und Strafe, und dass man ihnen auch antrainieren kann, mit einem bestimmten Verhalten (Sabbern) auf einen Stimulus (Glocke) zu antworten, wenn man diesen Stimulus zuvor mit einem natürlicheren Anregungsmittel (Futter) verknüpft hat. Dieser scheinbar grobe Lernprozess kommt mit einigen wenigen Regeln aus: Solange man Stimulus, Verhalten, Belohnung und Strafe stets in der richtigen Reihenfolge belässt und die Zeit zwischen den Aktionen möglichst kurz hält, kann man Tieren auf diese Weise fast alles beibringen. Überraschenderweise – und vielleicht auch beunruhigenderweise – sieht es so aus, als könne man diese einfachen Regeln ebenso gut auf Menschen wie auf Tiere anwenden. Drogensüchtige zum Beispiel können „lernen", den Anblick ihres Spritzbestecks oder des Ortes, an dem sie ihren Stoff zuletzt konsumiert haben, mit der angenehmen Wirkung der Substanz selbst zu verbinden. Sie sind konditioniert, Objekte oder Orte mit ihrem Verlangen zu verknüpfen. Einmal auf diese Weise antrainierte Verhaltensweisen können Jahre überleben, gut versteckt in unserer Datenbank des Erlernten. Nachdem ein Ex-User viele Jahre lang clean war und alle Entzugserscheinungen längst vergessen sind, kann ihn der Anblick einer Spritze oder eines früher bevorzugten Treffpunkts in einen neuen Teufelskreis der Sucht hineinziehen.

Wir unterscheiden die Sucht also von der Abhängigkeit, der Toleranz und dem Verlangen. Sie hat mit alldem zu tun, aber sie ist schlimmer. Ich will nicht süffisant klingen, aber ich denke, wenn den meisten Heroinabhängigen nur klar wäre, dass sie ihr Leben retten können, wenn sie es schaffen, einige sehr unangenehme Tage zu überstehen, dem Verlangen nach den angenehmen Wirkungen entschlossen zu widerstehen und im Übrigen den Anblick von Spritzen und Lasterhöhlen für alle Zeit zu meiden, dann fiele es ihnen deutlich leichter, sich zum Ausstieg zu entschließen. Aber Sucht ist Sucht – auszusteigen ist aus irgendeinem Grund längst nicht so einfach, wie sich bewusst für die Aufgabe einer schlechten Angewohnheit zu entscheiden.

Drogen machen so furchtbar süchtig, weil sie direkt auf Teile des Gehirns wirken, die das Verhalten steuern. Aus Kapitel 2 erinnern Sie sich vielleicht an das Bündel von Nervenfasern tief drinnen im Gehirn, das uns treibt, Situationen, an denen wir Vergnügen hatten, immer wieder herbeiführen zu wollen. Diese Fasern ziehen sich vom Tegmentum im Hirnstamm zum Nucleus accumbens im Zentrum der Hirnhälften, wo sie die Dopaminausschüttung anregen. Diese Tegmentum-Nucleus-accumbens-Bahn hat sich wahrscheinlich aus einem alten System entwickelt, das unseren trägen Vorfahren dazu brachte, Nahrung, die einmal gut geschmeckt hatte, wieder zu suchen. Jetzt tritt sie in Aktion, wann immer wir etwas finden, das uns gefällt: Essen, Trinken, Sex, Schutz, Videospiele.

Trotz ihrer simplen Wurzeln ist die Tegmentum-Nucleus-accumbens-Bahn für uns moderne Menschen nicht weniger wichtig als für unsere Vorfahren. Wenn Sie in Ruhe darüber nachdenken, werden Sie feststellen, dass sich ein großer Teil unseres Lebens darum dreht, zu bekommen, was wir wollen – wobei diese Dinge (und die Wege, auf denen sie zu erlangen sind) beim Menschen oft abstrakt und komplex sind. Um mit dieser Abstraktion und Komplexität zurechtzukommen, verknüpfen wir die alte Tegmentum-Nucleus-accumbens-Bahn mit der Hirnrinde. Die neue Tegmentum-Nucleus-accumbens-Cortex-Bahn verschafft uns die bewusste Kontrolle über unsere Wünsche. Wie bereits erklärt, ist diese Verbindung Schuld daran, dass die Veränderung des Dopaminspiegels im Gehirn unsere kognitiven Leistungen beeinflusst. Wie schlau wie aber auch sein mögen, ganz unten ist und bleibt die alte Tegmentum-Nucleus-accumbens-Bahn, die uns unbewusst, aber ständig dazu treibt, unsere Bedürfnisse zu befriedigen. Unser bewusster Geist ist nicht mehr als eine Fassade der Wohlanständigkeit, die unsere uralten, selbstsüchtigen Lüste gnädig kaschiert.

Dopamin ist also der Schlüssel zum Begehren. An dieser Stelle will ich Ihnen nicht verschweigen, dass Dopamin mit dem Vergnügen selbst vermutlich nicht viel zu tun hat. Das klingt vielleicht merkwürdig, aber lassen Sie mich den Unterschied erklären: Wenn Sie zum ersten Mal ein Stück Schokolade essen, finden Sie das sehr nett. Daraufhin wollen Sie mehr Schokolade haben. Die Freude am Geschmack und das Verlangen nach mehr Freude ereignen sich im Gehirn aber an ganz verschiedenen Stellen und unter Beteiligung verschiedener Neurotransmitter: Begehren ist ein Dopaminphänomen, für das Vergnügen sind vielleicht Endocannabinoide oder Opioide zuständig. Natürlich ist das beim ersten Kontakt empfundene Pläsier ganz wichtig, denn bei diesen ersten Malen ist der Teenager noch nicht süchtig, sondern hat einfach nur Spaß. Für Menschen sprechen diesbezügliche Daten eine nicht ganz so deutliche Sprache wie für Laborratten, aber diese Abgrenzung zwischen Vergnügen und Verlangen erklärt vielleicht, warum viele angenehme Dinge ganz und gar nicht süchtig machen.

In mehreren Jahrzehnten Drogenforschung hat sich eine erstaunlich allgemeine Folgerung herauskristallisiert: Alle Entspannungsdrogen – vergorenes Obst ebenso wie Kokablätter, Hanf, Mohn und Tabak – heben den Dopaminspiegel im Nucleus accumbens an, was auch immer sie sonst noch so tun mögen. Plötzlich steht der Nucleus accumbens wieder im Rampenlicht, jetzt als Brennpunkt, genauer gesagt Bühne, der Drogensucht. Diese Erkenntnis lässt uns frösteln, denn der Nucleus accumbens bestimmt, auf welchem Weg wir an das Objekt unserer Begierde zu kommen suchen. Deshalb verändern Drogen die Persönlichkeit: Sie untergraben die natürlichen Mechanismen des Wollens und Strebens und leiten sie um im Verlangen nach Stoff, immer mehr Stoff; alle anderen Bedürfnisse rutschen auf der Prioritätenliste ganz weit nach unten. Drogen schlagen unmittelbar an einem tief verborgenen, uralten Ort zu, der Verhaltensweisen steuert, die unsere Persönlichkeit entscheidend formen. Die Macht des Dopamins im Nucleus accumbens kann fast nicht übertrieben werden, aber ein Experiment mag Ihnen zeigen, wie ernst das Ganze ist: Ratten, in deren Gehirn Elektroden gepflanzt wurden, mit denen sie ihre Tegmentum-Nucleus accumbens-Bahn elektrisch anregen können, tun dies wieder und wieder und vergessen alles andere, bis sie vor Durst oder Hunger sterben.

Alle Drogen, die Teenager nehmen, wirken in dieser Weise auf den Dopaminspiegel, allerdings auf teuflisch verschiedenartigen Wegen. Der einfachste Fall ist vielleicht das Kokain. Einmal ausgeschüttetes Dopamin, das nicht von einem Rezeptor gebunden wird, saugen die Nervenzellen umgehend wieder ein und würgen so seine Effekte ab. Kokain blockiert diese Wiederaufnahme; überschüssiges Dopamin schwimmt dann zwischen den Zellen herum, bindet hier und da an

Rezeptoren und überstimuliert die dopaminsensitiven Nervenzellen. Amphetamine können das vermutlich auch, aber sie regen außerdem die Dopaminausschüttung an. Nikotin überreizt Rezeptoren, die normalerweise auf den Dopaminneuronen zu finden sind. Alkohol modifiziert die Bindung natürlicher Neurotransmitter an die Rezeptoren der Dopaminneuronen. Cannabis und Opioide tun so, als wären sie körpereigene Endocannabinoide und Hirnopioide, und beeinflussen die Dopaminneuronen damit indirekt – wie wenig überrascht, gibt es im Gehirn Verbindungen zwischen dem „Vergnügen haben" und dem „Haben wollen". Welchen Umweg die Substanzen auch immer nehmen, am Ende treiben sie alle den Dopaminspiegel im Nucleus accumbens in die Höhe.

Das allein genügt aber nicht. Vorübergehend ein bisschen mehr Dopamin würde uns höchstens sacht daran erinnern, es bei Gelegenheit noch einmal zu versuchen. Ungefähr das passiert, wenn wir feststellen, dass türkischer Honig eigentlich ziemlich gut schmeckt. Dass Drogen uns hingegen fest am Haken haben, liegt an den Langzeiteffekten der erhöhten Dopaminkonzentrationen: Werden die Zellen im Nucleus accumbens von immer neuen, hohen Dopaminwellen überrollt, dann reduzieren sie auf lange Sicht die zugehörigen Rezeptoren. Das klingt erst mal ganz sinnvoll, denn schließlich sind die Zellen dann weniger empfindlich auf die nächsten Dopaminfluten. Diese Abstumpfung hat jedoch einige bedauerliche Folgen: Erstens muss der Süchtige immer mehr von der Droge nehmen, um den gleichen Effekt zu erzielen. Er verlangt also nach immer höheren Dosen. Zweitens wird der Nucleus accumbens unempfindlich für ein normales Niveau von Verlockung wie es etwa von Speisen, Sex und Erfolg ausgeht. Diese Dinge verlieren immer mehr ihren Reiz. Das Gehirn fixiert sich auf die Droge. In Wirklichkeit ist das Auf und Ab des Dopaminspiegels und der Anzahl der Rezeptoren komplizierter, als ich es hier beschrieben habe, aber der Kern bleibt der gleiche: Schuld an der Hartnäckigkeit der Sucht ist das aus dem Gleichgewicht gebrachte Dopaminsystem.

Drogen hintergehen uns also, indem sie sich direkt in die Bahnen unseres Wollens einschalten, die Mechanismen außer Kraft setzen und Schäden hinterlassen, die noch lange nach dem ersten Schlag bestehen können. Das langfristige Ungleichgewicht des Dopaminsystems verbiegt unsere Bedürfnisse. Die Bahnen, die das Verlangen regeln, haben sich in der Evolution herausgebildet, um uns auf die Suche nach Essen und Trinken, Sex und allem Angenehmen zu schicken, bloß machen uns die Dinge, für die das System gedacht war, selten süchtig. Das Verlangen nach Suchtstoffen ist in charakteristischer Weise unflexibel und unterscheidet sich darin von den natürlichen, alltäglichen Wünschen. Zugegeben, nach fünf Tagen in der Wüste ist auch das Verlangen nach Wasser ziemlich unflexibel, aber im Allgemeinen können wir Sehnsüchte, die nicht mit Drogen zu tun haben, vernünftig überdenken und den Gegebenheiten anpassen. Zwar suchen wir zwanghaft Nahrung, Sex und ein Dach über dem Kopf, aber diese Bedürfnisse bestehen friedlich nebeneinander. Die Tatsache, dass manche Leute trotzdem süchtig nach Essen, Sex oder anderen Verhaltensweisen werden, führt uns natürlich vor Augen, dass die Grenze zwischen Drogen und gesunden Wünschen nicht so scharf ist, wie wir es gern hätten. Trotzdem bleibt es dabei: Das Suchtpotenzial von Heroin ist höher als das von Brot.

Wir haben nun ein definiertes Modell der Sucht geschaffen, eine Theorie, die erklärt, wie all diese komischen Insektengifte unser Gehirn kapern. Damit sind wir in einer guten Ausgangsposition für die Untersuchung des Drogenmissbrauchs bei Jugendlichen. Sicher ist es strittig, warum ein Teenager zum ersten Mal zur Droge greift, aber eines können wir ausschließen: dass Sucht ein Zeichen von Charakterschwäche ist. Stattdessen können wir die Sucht als das sehen, was sie ist, ein Ausdruck der Unvollkommenheit der Menschen, die erst jetzt zum Vorschein kommt, nachdem unsere globalisierte Industriegesellschaft Zugang zu billigen, hochwirksamen Substanzen so vereinfacht hat. Suchtmittel wirken auf die Systeme im Gehirn, die wir entwickelt haben, um unsere Ziele zu erreichen. Mit ihrer Hilfe haben wir Jahrmillionen lang gelebt, und zwar erfolgreich. Vom Standpunkt der Evolution aus betrachtet, ist also nicht das Teenagergehirn das Problem, sondern die Drogen, die es überlisten.

Zu Beginn von Kapitel 3 habe ich behauptet, die Drogensucht sei ein typisches Teenagerphänomen. Sicherlich waren Sie nicht überrascht zu erfahren, dass die meisten Leute ihre ersten Erfahrungen mit Drogen im Jugendalter machen und dabei in der Regel die Substanz entdecken, an der sie hängen bleiben. Kinder sind durch ihr familiäres Umfeld normalerweise vor dem Kontakt mit Drogen geschützt, deshalb bietet sich in der Teenagerzeit überhaupt erst die Gelegenheit dazu – und sie wird meist alsbald genutzt. Oft macht uns der Gedanke besondere Sorgen, dass Teenager besonders verletzlich sind: Drogen reizen sie mehr und schaden ihnen mehr als Erwachsenen. Ist das so?

Oft wird die Risikobereitschaft, die ich weiter oben als gesundes, ja notwendiges Phänomen der Jugendzeit beschrieben habe, für die Experimentierfreudigkeit mit Drogen verantwortlich gemacht. Schließlich ist der erste Griff zum Stoff ein besonderes Abenteuer: Man weiß nicht, ob es gut oder schlecht ausgehen wird, und das Dopaminsystem des Nucleus accumbens ist noch völlig unberührt. Der Ausgang dieser Überlegungen – für oder gegen dieses erste Mal – ist so unentschieden wie später niemals mehr, und das liegt wahrscheinlich nicht daran, dass bei wiederholtem Gebrauch die Suchtmechanismen anspringen, sondern daran, dass so viel auf dem Spiel steht. Ich bin sicher, viele Jugendliche stürzen sich nicht Hals über Kopf in dieses Experiment, dessen Risiken sie überhaupt nicht einschätzen können: Manche werden kein zweites Mal zur Droge greifen, andere werden sie noch öfter ausprobieren, wieder andere werden süchtig und einige sogar schwer krank oder sterben an einer Überdosis. Während es auf den ersten Blick also ganz vernünftig klingt, hier den jugendlichen Leichtsinn ins Feld zu führen, überzeugt mich dieses Argument doch nicht. Ich habe Ihnen schon erzählt, dass gerade die risikobereiten Teenager als besonders selbstbewusst und sozial stabil gelten; eine Anfälligkeit für Drogensucht hat aber, so vermute ich, eher mit Unsicherheit zu tun.

Abgesehen von meinen Zweifeln gibt es Belege dafür, dass für manche Jugendliche die Versuchung, Neues auszuprobieren, einfach übermächtig ist. Vielleicht haben sie sich eine gewisse Neugierde und Verspieltheit aus der Kinderzeit hinübergerettet, die gefährlich wird, wenn Suchtmittel ins Spiel kommen. Die Suche nach dem unbekannten Glück ist nicht zu verwechseln mit dem undifferenzierten Wunsch nach Risiko. In diesem Zusammenhang ist es interessant, dass Kinder, die am sogenannten Pica-Syndrom (einer Essstörung, bei der Dinge verzehrt werden, die keine Nahrungsmittel sind) leiden, mit überdurchschnittlicher Wahrscheinlichkeit süchtig werden. Studien an Ratten haben gezeigt, dass der Umgang mit Risiken und dem Reiz des Neuen individuell verschieden ist. Bietet man Laborratten einen unbegrenzten Zugang zu Kokain oder Amphetaminen, dann bedienen sie sich in unterschiedlichem Maße. Die Hauptkonsumenten neigen auffällig zum „Zocken", wenn bei einem Spiel Belohnungen gewonnen oder verloren werden können. Entscheidend ist, dass bei diesen impulsiven Ratten die Dichte der Dopaminrezeptoren im Nucleus accumbens schon vor dem ersten Griff zur Droge relativ gering ist, ähnlich wie bei einem Menschen, der schon wiederholt einen Dopaminrausch erlebt hat. Trifft das auch auf Teenager zu? Lassen sich manche Menschen von Geburt an schwerer durch angenehme Erlebnisse anregen? Sind sie dann anfälliger für den schnellen Dopaminkick, den Drogen verschaffen können?

Zwischen heranwachsenden und erwachsenen Süchtigen gibt es Unterschiede, die mich noch mehr an der Theorie zweifeln lassen, dass der Leichtsinn die Ursache für den Drogenkonsum Jugendlicher ist. Teenager, die aufgrund von Drogenproblemen Hilfe suchen, hatten mit einiger Wahrscheinlichkeit schon *vor* dem „ersten Mal" Probleme im Leben. Häufiger als erwachsene Drogenpatienten kämpfen sie mit familiären Schwierigkeiten, psychischen Erkrankungen und Abnormalitäten, und sie konsumieren ebenfalls häufiger mehrere Suchtmittel. Außerdem haben sie mit weit größerer Wahrscheinlichkeit schon mindestens einen Suizidversuch hinter sich. Während sich Erwachsene in der Regel freiwillig in Behandlung begeben, oft nach einer von den Drogen mitverursachten Krise wie Scheidung, Verlust des Arbeitsplatzes oder der Wohnung, nehmen Teenager oft nur widerstrebend an Programmen teil, und der „letzte Schlag", der sie schließlich dazu gebracht hat, ist gemeinhin subtiler (etwa sackt die schulische Leistungsfähigkeit ab, oder sie wurden beim Stehlen erwischt). In meinen Augen sind diese Unterschiede so deutlich, dass ich es naheliegend finde, bei Teenagern grundsätzlich andere Ursachen und Mechanismen des Drogenkonsums zu suchen als bei Erwachsenen. Nur selten haben junge Leute „schlicht und einfach" ein Drogenproblem. Mit wenigen Ausnahmen sind soziale, emotionale, gesundheitliche oder psychische Schwierigkeiten damit verflochten.

Weitere Faktoren, die für wichtig (vielleicht entscheidend) gehalten werden, sind Beziehungsstress und ein unterentwickeltes Selbstwertgefühl. Viele Teenager geben an, den ersten Griff zur Droge zu tun, um „dazuzugehören" – sie tun, was die Gruppe tut oder von ihnen erwartet. Die Fähigkeit, ein starkes Rückgrat zu beweisen und nein zu sagen, hängt selbstverständlich von der Selbstachtung ab. Es braucht eine Menge Mumm, sich dabei ertappen zu lassen, wie man coole Kumpel ignoriert und stattdessen Nancy Reagan zuhört. Einige Studien mit Tieren stützen diese Überlegungen. Affen, die in der Rangordnung weit unten stehen, greifen häufiger von selbst zur Droge als dominante Tiere. Außerdem ist das Hirnareal, in dem soziale Spannungen verarbeitet werden (Hypothalamus), vielfach mit dem Suchtzentrum (Nucleus accumbens) verbunden. Es ist bekannt, dass Beziehungsprobleme Rückfälle bei Teenagern bewirken können, die schon einen Entzug durchgemacht haben.

Diese neueren Selbstachtungstheorien finden immer mehr Zustimmung, bis zu dem Punkt, dass behauptet wird, die beste Vorbeugung gegen die Sucht sei, Teenagern beizubringen, wie man dem Gruppendruck widersteht. Das Problem ist: Politiker haben wenig Lust, Geld in so ein unscharfes Wischiwaschi-Konzept zu stecken. Allerdings haben sich die teuren, forschen „Keine Macht den Drogen"-Programme auch nicht gerade als erfolgreich erwiesen.

(Um zwischendurch etwas Netteres über das Verlangen nach Suchtmitteln zu erzählen: Ein hochinteressantes Phänomen ist der Menstruationszyklus. Wie jeder weiß, obwohl es überraschend schwer wissenschaftlich nachzuweisen ist, sind Frauen kurz vor der Menstruation verrückt nach Schokolade, diesem delikaten Gemisch aller möglichen Stoffe, die Menschen mögen: Fett, Zucker, ein bisschen Koffein, das Anregungsmittel Theobromin und einige angebliche Ausgangsstoffe für die körpereigene Synthese von Endocannabinoiden. Dazu kommt, dass Schokolade sich einfach besser anfühlt, besser riecht und besser schmeckt als fast alles andere auf der Welt. Nun wissen Sie, warum so viele Leute so gern Schokolade essen. Eindeutig nachgewiesene Fälle von tatsächlicher „Schokosucht" gibt es jedoch nicht. Das spezifische prämenstruelle Verlangen ist schwer zu erklären, insbesondere wenn man bedenkt, dass die enthaltenen Xanthine das prämenstruelle Syndrom verstärken können. Trotzdem wollen die Frauen Schokolade und nur Schokolade, wie ich gehört habe. Sorgfältige wissenschaftliche Untersuchungen konnten nur eine allgemeine Bevorzugung kalorienreicher Nahrungsmittel gegen Ende des Zyklus belegen, und alle Versuche, die Sehnsucht nach der zart schmelzenden Süßigkeit durch Verabreichung von Progesteron (dessen Spiegel kurz vor der Regel absinkt) abzuwehren, sind fehlgeschlagen. So bleibt eines der größten Rätsel des weiblichen Geschlechts ungelöst.)

Fassen wir zusammen: Für die beginnende Drogensucht von Teenagern kommen mehrere Auslöser infrage (Risikobereitschaft, soziale Spannungen, psychischer Stress, niedriges Selbstwertgefühl und am Ende gar der Menstruationszyklus), aber der *Beginn* ist nur die Hälfte der ganzen Geschichte. Neuere Studien belegen, dass Teenager anders als Erwachsene auf Drogen reagieren. Unter die Lupe genommen wurde besonders der Alkohol. Unsere zuverlässigen Laborratten zeigen eine je nach Alter stark unterschiedliche Einstellung zu Alkohol. Junge Ratten konsumieren unter verschiedensten Bedingungen deutlich mehr davon als erwachsene; bei ausgewachsenen Tieren, die in Einzelkäfigen gehalten werden, geht der Konsum zurück, nicht aber bei Jungtieren. Erwachsene Ratten saufen offenbar lieber in Gesellschaft. Interessanterweise wirkt Alkohol bei jungen Ratten weniger beruhigend und stört die Koordination nicht so stark. Ähnliches wird auch von Teenagern behauptet: Sie werden nicht so schnell schläfrig und torkeln nicht so bald herum, also können sie länger weitertrinken. Zudem werden sie „lockerer" als erwachsene Alkoholkonsumenten, und häufiger als bei diesen wird ihr Gedächtnis in Mitleidenschaft gezogen. Die beiden letzten Punkte bedeuten, dass betrunkene Teenager mit größerer Wahrscheinlichkeit Dinge tun, die sie eigentlich nicht tun wollen und an die sie sich später nicht erinnern können. Bekannt ist etwa, dass betrunkene Mädchen öfter Opfer ungewollter Sexualkontakte werden.

Auch für die Wirkungen anderer Drogen findet man Unterschiede zwischen Jugendlichen und Erwachsenen. Eines der beeindruckenderen Beispiele ist Ketamin, ein merkwürdiges halluzinogenes, schmerzlinderndes Beruhigungsmittel (mit dem ich Katzen und Pferde betäube). Teenager sind sehr empfänglich für Ketamin, während Kinder davon überhaupt keine Halluzinationen bekommen. Wahrscheinlich (obwohl es schwierig zu messen ist) ist der „Kick" (Euphorie), den sich Jugendliche mit Amphetaminen oder Opioiden verschaffen können, im Vergleich zu Erwachsenen gering. Viele Konsumenten geben an, sich nach der Einnahme einfach „anders" zu fühlen. Leider ist diese relative Unempfindlichkeit junger Leute nicht gut, denn sie verleitet, die Dosis auf der Suche nach der ultimativen psychedelischen Erfüllung immer weiter hochzuschrauben.

Möglicherweise sind Jugendliche auch überdurchschnittlich anfällig auf Langzeitwirkungen. In Kapitel 2 hatte ich erklärt, dass die typische Traurigkeit von Teenagern der geringen Dopaminempfindlichkeit der Tegmentum-Nucleus-accumbens-Bahn zugeschrieben wird. Jetzt können wir uns auch vorstellen, inwiefern dieser Mechanismus mit dem Suchtpotenzial von Drogen zu tun hat. Solche allgemeinen Aussagen über Dopaminspiegel vereinfachen die Dinge vielleicht allzu sehr, aber es ist nicht zu leugnen, dass gerade das Dopaminsystem und mehrere andere mit dem Wollen und Mögen verknüpfte Systeme im Teenageralter stark im Fluss sind; die Fixpunkte und Gleichgewichte der Substanzen liegen woanders als bei Erwachsenen. Tatsächlich betrachten manche Forscher diese Jahre als ein Fenster der besonderen Anfälligkeit für Süchte, weil angesichts der Neustrukturierung des Gehirns nicht nur die Wahrscheinlichkeit des Ausprobierens, sondern auch die des Überwältigtwerdens größer ist als in allen anderen Lebensphasen.

Auch hier stammen die Belege hauptsächlich aus Studien an Alkohol. Ich gebe es gar nicht gern zu, aber die öffentliche Wahrnehmung ist richtig: Jugendliche neigen eher zum Komasaufen als Erwachsene. Heute vermutet man, dass wiederholte schwere Rauschzustände einen Großteil der alkoholbedingten Degeneration des Gehirns verursachen, und manche Teile des heranwachsenden Gehirns (unter anderem das Gedächtnis) sind für den giftigen Alkohol besonders empfindlich. Nicht weniger schlimm ist, dass Teenager nicht wie Erwachsene allmählich eine teilweise Toleranz gegenüber vielen Kurzzeiteffekten von Alkohol aufbauen.

Viel schneller als Erwachsene hat auch Nikotin Teenager im Griff. Studien an Mäusen lassen vergleichsweise stärkere Veränderungen im Neurotransmittersystem von Jungtieren erkennen, und bei jungen Rauchern passiert genau dasselbe. Ein sporadischer Griff zur Zigarette über mehrere Wochen hinweg kann schon ein starkes Verlangen auslösen. Schätzungsweise gerade einmal drei Prozent der jugendlichen Nikotinabhängigen schaffen es, innerhalb von zwei Jahren aufzuhören – die Zahlen sind viel schlimmer als alles, was man von Erwachsenen kennt.

Angesichts dessen, dass das Teenagergehirn der Versuchung durch Drogen viel weniger Widerstand entgegensetzt als jenes von Erwachsenen, ist es besorgniserregend, dass über die zu vermutenden Unterschiede in der Therapie so gut wie nichts bekannt ist. Teenager entwickeln sich, also reagieren sie anders. Darüber hinaus suchen sie häufig einen Ausweg aus sozialem, geistigem und körperlichem Aufruhr; in der Droge meinen sie ihn gefunden zu haben. Vielleicht *wollen* sie auch gar nicht widerstehen.

Sind Drogen für Jugendliche wirklich so schlimm?

Erwachsene machen sich ziemlich viele Sorgen darüber, ob Jugendliche sich selbst schaden. An dem Morgen, als ich diese Manuskriptseite niedergeschrieben habe, lief im Radio ein Interview des britischen Premierministers, der sich über die Gefahren des Komasaufens ausließ. Da es den Medien aber nicht gelingen will, die Risiken einleuchtend zu erklären, wissen die meisten Teenager wahrscheinlich gar nicht, was sie sich da antun und welche Folgen es haben kann. In diesem Buch möchte ich ein realistisches Bild der Risiken vermitteln. Manche Aktionen junger Leute sind relativ harmlos, manche können lange Zeit nachwirken und viele liegen irgendwo dazwischen.

Es ist auch sinnlos zu behaupten, Drogen hätten durch und durch unangenehme Konsequenzen. Wenn das so wäre, würde sie niemand haben wollen. Teenager nehmen sie aus einfachen

Gründen – um sich wohlzufühlen, um zwischenmenschliche Kontakte zu erleichtern, um zu einer Gruppe zu gehören –, und die Vorzüge, die sie dabei empfinden, sollte man nicht unterschätzen. Das Vergnügen ist natürlich unmittelbar und dramatisch, die schlimmen Nebenwirkungen dagegen verzögert und schlecht vorherzusehen. Wie ich bereits betont habe: Wenn wir Menschentiere die Folgen unseres Handelns lernen sollen, schlägt das Unmittelbare und Dramatische das Verzögerte und Unbestimmte um Längen.

Im Laufe der vergangenen Jahrzehnte wurden sehr viele statistische Daten zum Drogenmissbrauch erhoben, allerdings selten speziell für Jugendliche. Zunächst können wir die wichtigen Drogengruppen, auf die ich mich hier beziehen will, nach der Häufigkeit ordnen, mit der sie in den westlichen Industrienationen konsumiert werden. In von links nach rechts absteigender Reihenfolge:

Alkohol Tabak Cannabis Kokain Amphetamine Opioide

Die Position von Kokain und Amphetaminen muss man vielleicht tauschen, aber ansonsten sieht die Reihenfolge nicht anders aus, als wir erwarten würden. Jetzt ordnen wir die Drogen nach ihrem Suchtpotenzial, also nach der Wahrscheinlichkeit, davon abhängig zu werden, wieder von links nach rechts absteigend:

Tabak Opioide Kokain Alkohol Amphetamine Cannabis

Nikotin beginnt, uns angesichts der leichten Verfügbarkeit und des hohen Suchtpotenzials Sorgen zu machen, die von der nächsten Liste noch verstärkt werden. Hier sind die Drogen nach der Zahl der Toten geordnet, die sie jährlich verursachen (von links nach rechts abnehmende absolute Zahl in der Bevölkerung):

Tabak Alkohol Opioide Kokain Amphetamine Cannabis

In diese letzte Liste spielen natürlich vielen andere Faktoren hinein: Wie viele Leute konsumieren den Stoff wie oft, in welcher Form und in welcher Dosis, welche toxischen Effekte sind zu beobachten. Manche Substanzen töten vor allem langsam (Alkohol und Tabak), andere unmittelbar.

Man kann die Drogenpalette also aus ganz verschiedenen Blickwinkeln betrachten. Ohne Zweifel haben alle Suchtmittel negative Wirkungen; wenn wir sie aber alle unreflektiert zusammenwerfen, vereinfachen wir die Dinge in so lächerlicher Weise, dass wir uns unglaubwürdig machen. Im Rest dieses dritten Kapitels will ich also auseinanderpflücken, welche Substanzen tatsächlich welche Effekte haben können. Beginnen wir mit dem offensichtlichsten Aspekt: Wie töten Drogen?

Die einfachste Art und Weise, wie Drogen einen umbringen können, ist die kurzfristige, „akute" Toxizität. In dieser Hinsicht unterscheiden sich die Substanzen deutlich voneinander. Tabak, die große Bedrohung, ist nahezu völlig ungefährlich, wenn es um die Kurzzeitwirkung geht. Dass jemand akut an der für Zigaretten typischen Nikotindosis stirbt, ist so gut wie ausgeschlossen. Bei Alkohol ist schon ein wenig schwieriger abzugrenzen: Es ist zwar ungewöhnlich, aber nicht unmöglich, an einer akuten Alkoholvergiftung zu sterben. Man kann zwar genug trinken, um das fertigzubringen, aber normalerweise hält man es nicht lange genug durch, weil man vorher einschläft. Wie bereits gesagt, sind Teenager gefährdeter, weil die beruhigende Wirkung bei ihnen nicht so schnell einsetzt, der Rausch sie also weniger schützt. Aus der Reihe fällt Cannabis, das man möglicherweise prinzipiell nicht überdosieren kann, weil die Hirnregionen, die lebenswichtige Funktionen wie die Atmung steuern, viel zu wenig Cannabinoidrezeptoren besitzen.

Bedeutsamer ist die akute Toxizität für die anderen Stoffe auf unserer Liste, vor allem, weil es eben genügend Rezeptoren in den Vitalfunktionsbreichen des Gehirns gibt, die darauf ansprechen. Opioide hemmen die Atmung, vielleicht, indem sie das Gehirn unempfindlich für das Kohlendioxid machen, das sich ansammelt, wenn man die Luft anhält. Viele Opioidabhängige sterben, weil sie einfach aufhören zu atmen. Seltener treten Fälle akuter Kokainvergiftung auf; sie betreffen in der Regel das Herz-Kreislauf-System mit Herzrhythmusstörungen, Herzinfarkten und Schlaganfällen. Viel gestritten wird über akut toxische Effekte von Ecstasy, wahrscheinlich weil sie merkwürdig anmuten, ohne Vorwarnung eintreten und selten sind (aber es gibt sie wirklich). Potenziell tödlich ist das schnelle Ansteigen der Kerntemperatur des Körpers. Die Zahl der Todesfälle ist, verglichen mit anderen Drogen, gering.

Zahlenmäßig weit voraus sind die langzeitig, also chronisch toxischen Wirkungen von Drogen; auf diese Weise töten die meisten gebräuchlichen Substanzen. Der am besten bekannte chronische Effekt des Zigarettenrauchens ist zwar der Lungenkrebs, aber andere Symptome sollten uns noch mehr Sorgen machen. Erschreckend verbreitet und ernst, wenngleich weniger gut von anderen Faktoren abzugrenzen, ist etwa der Einfluss von Tabak auf das Herz-Kreislauf-System: Die enthaltenen Substanzen verstopfen Arterien, stören die Blutchemie und schädigen die Lungen. Allgemein bekannt ist die chronische Wirkung von Alkohol, vor allem auf das empfindliche Gehirn oder die fleißige Leber, das Organ, das eigentlich mit der Entsorgung des berauschenden Stoffs betraut ist. Außerdem ist Alkohol eine Kalorienbombe und verursacht Übergewicht. Wenn man entscheiden soll, wie viel Alkohol Teenager trinken dürfen, steht man vor dem Problem, die chronischen

Wirkungen nicht vorhersagen zu können. Ganz klar steigt das Risiko, einen Gedächtnisverlust zu erleiden oder an einer Leberzirrhose zu sterben, mit dem Alkoholverbrauch, aber die Dosen, die dazu auf lange Sicht notwendig sind, können individuell sehr verschieden sein. Zudem gibt es keinen „Schwellenwert", unterhalb dessen Alkohol überhaupt nicht giftig ist. Die im Gesundheitswesen kursierenden offiziellen Richtlinien sind also nur Schätzungen, für die nach pragmatischen Gesichtspunkten Vergnügen gegen Gefahr abgewogen wurde. Am sichersten ist natürlich die vollständige Abstinenz, aber es gibt nicht viele Asketen unter den Teenagern.

Die Langzeitwirkung vieler anderer Drogen ist längst nicht so gut untersucht, zum Teil wegen der möglichen Überlagerung mit den Effekten von Alkohol und Tabak. Ein gutes Beispiel ist Cannabis, das oft gemeinsam mit Tabak geraucht wird. Wie soll man da die Wirkungen auseinanderhalten? Es häufen sich zumindest die Hinweise darauf, dass Cannabis auf lange Sicht die kognitiven Fähigkeiten beeinträchtigt, wobei ein breites Spektrum von Fertigkeiten und Prozessen zur Entscheidungsfindung beschädigt wird.

Der Drogenkonsum hat noch andere Langzeitfolgen als die Toxizität. Die im Hinblick auf Teenager wichtigste ist die Vernachlässigung der eigenen Person, die junge Leute oft sowieso ganz gut beherrschen. Natürlich ist die Selbstaufgabe Teil des Suchtverhaltens, aber sie wird auch gefördert, wenn der Konsument noch gar nicht wirklich süchtig ist. Alkohol enthält so viele Kalorien, dass Trinker seltsamerweise gleichzeitig übergewichtig und mangelernährt sein können: Die wesentliche Triebkraft des Appetits ist der Energiebedarf, und der wird durch Alkohol mehr als reichlich gestillt, aber die anderen Bestandteile einer ausgewogenen Nahrung fehlen. Viele Drogen führen zu Gewichtsverlust und Mangelernährung – Nikotin,

Kokain und Amphetamine zum Beispiel –, und tragischerweise werden sie von Teenagern oft gerade deshalb genommen. Alle Drogen können allgemeinere Formen der Selbstvernachlässigung nach sich ziehen. Geld wird nicht mehr für Essen, Körperpflege und Kleidung ausgegeben, sondern nur noch für den Stoff. Heranwachsende Drogenkonsumenten laufen Gefahr, den wichtigen Lebensabschnitt zu verpassen, in dem sie lernen sollen, für sich selbst zu sorgen. Unachtsamkeit im Verein mit der Beeinträchtigung der kognitiven Leistungsfähigkeit ist auch die Ursache der vielleicht drastischsten Folge des Drogenmissbrauchs überhaupt: Jugendliche Konsumenten werden weit überdurchschnittlich oft Opfer von Unfällen, Rangeleien und Überfällen.

In schlimmen Fällen führt die Selbstvernachlässigung weiter zum sozialen Scheitern: Misserfolge in Schule und Ausbildung, impulsive Gewalttätigkeit, Essstörungen, selbstverletzendes Verhalten sind die Folge. Schätzungsweise 70 Prozent der Suizide junger Leute haben mit Drogenmissbrauch zu tun. Selbst wenn die Drogen nicht die unmittelbare Ursache der Kurzschlusshandlung sind, tragen sie häufig zur scheinbar ausweglosen Lage des Betroffenen bei. Man nimmt an, dass sich ein Teufelskreis aus Stress und Drogen aufbaut: Neue Drogen werden genommen, um den Stress zu bekämpfen, der durch den Verzicht auf andere Drogen (oder deren Nichtverfügbarkeit) entsteht. Für Heranwachsende sind solche Perioden des sozialen Versagens besonders verhängnisvoll, denn sie fallen in eine Zeit, in der die gesellschaftlichen und emotionalen Verhaltensweisen eingeübt werden sollten, die für das spätere Leben unabdingbar sind. Wer den wichtigsten Teil seiner Jugend an Drogen verliert, bekommt nie eine zweite Chance, das zu lernen. Eine nächste Konsequenz ist die Kriminalität, oft in Form von Beschaffungskriminalität: Drogen werden mit Verbrechen finanziert. Ist der lokale Drogenhandel in Banden organisiert, dann halten sich deren Chefs gern an Teenager, die schwerer zu erwischen sind und, wenn es denn passiert, oft zu geringeren Strafen verurteilt werden.

Ein besonders dunkles Kapitel der Drogenstory ist die sexuelle Selbstvernachlässigung. Viele Studien zeigen eine Korrelation des Alkoholkonsums mit der Zahl der Geschlechtspartner und der Frequenz des Geschlechtsverkehrs. Nun beweist das noch nicht stichhaltig, dass Alkohol Promiskuität verursacht, aber eines ist klar: Alkohol enthemmt – und wie wir in Kapitel 5 genauer sehen werden, sind die Umstände der ersten sexuellen Erfahrungen eines Menschen unglaublich entscheidend für das ganze Leben. Teenager wollen Sex und werden ihn immer wollen, egal, mit welchen Argumenten man sie davon abzuhalten sucht. Deshalb sollte man ihn ihnen nicht verbieten, sondern sie vielmehr zur Besonnenheit und Aufmerksamkeit im Umgang mit diesem Thema anhalten. Besorgniserregend ist hier der Zusammenhang zwischen Alkohol und „Risikosex": ungeschütztem Verkehr, häufigem Partnerwechsel, übermäßigem Drang zum Experimentieren und bezahlter Prostitution. Anregende Drogen können das sexuelle Verlangen unter Umständen so weit steigern, dass man sich bei exzessiver Selbstbefriedigung an den Genitalien verletzt.

Der extremste Ausdruck des Scheiterns eines jungen Menschen ist wohl die psychische Erkrankung. Auf diesem Gebiet ist die Forschung in letzter Zeit ein großes Stück vorangekommen. Als ich selbst ein Teenager war, hätte niemand vermutet, dass Drogen und psychische Erkrankungen irgendwie zusammenhängen; in der Risiko-Nutzen-Abschätzung kam dieser Posten einfach nicht vor. Sicher, vom Hörensagen wussten wir, es gibt Leute, die Drogen genommen haben und durchgedreht sind, aber wir hätten nie vermutet, dass der Stoff die *Ursache* dieses Absturzes war. Noch immer steht der Kausalzusammenhang nicht zweifelsfrei fest, aber die Hinweise in dieser Richtung häufen sich allmählich. Was daran vielleicht überrascht: Viele Daten beziehen sich auf eine Substanz, die in meiner Generation als ungefährlich galt, nämlich Cannabis. Die statistische Korrelation zwischen Cannabiskonsum und Beeinträchtigung der kognitiven Fähigkeiten, Depression und psychotischen Symptomen bis hin zur Schizophrenie sind nachgewiesen. Außerdem genannt wird Cannabis in Verbindung mit dem sogenannten „Amotivationssyndrom", einem Zustand von Antriebsverlust, Gleichgültigkeit und Abfall der Leistungsfähigkeit. Dabei ist Cannabis aber nicht der einzige Verdächtige. Die Entwicklung von Psychosen kann auch mit Amphetaminen, Alkohol und Kokain zu tun haben. Nikotin dagegen steht in kompliziertem Zusammenhang mit Depressionen und Angstzuständen (vor allem beim Entzug), wird aber vielfach konsumiert, um gerade diese Störungen zu bekämpfen; es lässt sich deshalb schlecht entscheiden, ob sich die psychische Verfassung auf lange Sicht verschlechtert.

Ungeachtet all dieser Beobachtungen ist das Wechselspiel zwischen Drogen und psychischen Erkrankungen unter Experten völlig umstritten. Es könnte sein, dass Drogen die Erkrankungen bewirken; umgekehrt könnte auch sein, dass Jugendliche zu Drogen greifen, weil sie bereits krank sind. Eine dritte Variante ist, dass die Betroffenen eine hohe Prädisposition sowohl für Drogen als auch für psychische Erkrankungen mitbringen. Dass dieser Streit nicht entschieden werden kann, liegt daran, dass wir mit jungen Menschen keine Laborversuche anstellen können. Uns bleibt daher nur die Statistik. Wenigstens gibt es Indizienbeweise dafür, dass unser Endocannabinoidsystem grundsätzlich eine Rolle für die gesunde

Entwicklung von Hirnbereichen spielt, die bei psychischen Erkrankungen außer Kontrolle geraten. Aber selbst da teilt sich die Fachwelt in zwei Lager: Die einen sagen, das bedeute, Cannabis stört die Hirnentwicklung und führt geradenwegs zur Erkrankung; die anderen sagen, dieser Kausalzusammenhang sei nicht bewiesen. Wie diese Kontroverse ausgeht ist enorm wichtig, denn es beeinflusst unsere Einstellung zum Drogenkonsum an sich. Für den einzelnen Teenager bedeutet es einen großen Unterschied, ob die Substanz, zu der er greifen will, seine Chancen erhöht, psychisch krank zu werden. Eltern werden lieber auf Nummer sicher gehen und ihren Sprösslingen von jeder Droge abraten, aber bis jetzt können sie noch nicht beschwören, dass der Stoff psychisch krank macht.

Eine der wichtigsten Fähigkeiten, die während der Jugend erworben werden, ist die Skepsis. Was Erwachsene sagen, ist Halbwüchsigen gewöhnlich suspekt. Eine Behauptung, die Jugendliche ihren Eltern und Erziehern selten abnehmen, lautet: Wenn du erst eine Droge nimmst, dann wirst du immer mehr, immer neue und immer schlimmere Drogen brauchen und gerätst unweigerlich in eine Abwärtsspirale, die geradenwegs zur Sucht und zum Zusammenbruch führt. Der junge Mensch schaut dann um sich und sieht viele Leute, die Drogen konsumieren, aber wenige, die offensichtlich einen Schaden davon haben; er sieht seine Altersgenossen rauchen und trinken, ohne gleich in die Welt der „harten" Drogen abzustürzen. Er sieht die Scheinheiligkeit der Erwachsenenwelt, in der die legalen, „weichen" Drogen weitaus mehr Leute umbringen als die illegalen „harten" Stoffe. Da sich Teenager in einer Lebensphase befinden, in der die Verdrahtung des Gehirns weg vom Glauben an alle anderen und hin zum Glauben an sich selbst führt, ist es nicht verwunderlich, wie viele junge

Leute fest überzeugt sind, genau sie würden den Drogen nicht zum Opfer fallen. Sucht und der Weg zum harten Stoff, das passiert nur schwachen Geistern, nicht wahr? Und natürlich haben die meisten, die so denken, Recht, obwohl wir Erwachsenen es nicht gern eingestehen. Ist es aber einfach nur Glück, das einen Jugendlichen vor der Drogenspirale bewahrt, oder gibt es sie tatsächlich, die prädisponierten „schwachen Geister"?

Anti-Drogen-Kampagnen stellen oft die Bedeutung sogenannter Einstiegsdrogen in den Vordergrund. Dahinter steckt die Überzeugung, legale, „weiche" Stoffe wie Alkohol und Tabak öffneten die Tür zu einem Weg, der über Cannabis und Aufputschmittel verläuft und unweigerlich bei Kokain und Opioiden endet. Wenn das so wäre, dann müssten die Einstiegsdrogen entweder das Verlangen nach weitergehenden Rauscherfahrungen steigern oder das Gehirn so verändern, dass es von der nächsten Substanz schneller abhängig gemacht werden kann. Auch dieses populäre Konzept hat viele Kritiker, die den Kausalzusammenhang für unbewiesen halten. Vielleicht ermutigt Alkohol dazu, Heroin auszuprobieren; vielleicht haben die betroffenen Jugendlichen aber auch eine gemeinsame biologische oder sozioökonomische Prädisposition für Alkohol *und* Heroin. Wieder stehen wir vor dem Dilemma, nicht mit Menschen experimentieren zu dürfen und uns deshalb auf Indizien verlassen zu müssen. Die Statistiken sprechen eine deutliche Sprache; in welche Richtung der Zusammenhang aber zeigt, ist unklar.

Nicht zu bezweifeln ist die Korrelation zwischen einem frühen Drogenkonsum und dem späteren Konsum *derselben* Substanz. Ratten, denen man bereits im jungen Alter Kokain anbietet, greifen später viel häufiger von selbst zu dem Stoff als eine Kontrollgruppe. Ähnlich ist es beim Menschen: Je früher man beginnt, Alkohol zu trinken, umso größer ist die Wahrscheinlichkeit, als Erwachsener zum Alkoholiker zu werden. Zum Beispiel steigt sie auf das Vierfache, wenn man mit 14 anstatt mit 20 die ersten Gelage mitmacht. Viel schwieriger ist dagegen der Nachweis einer Einstiegswirkung. Nikotin bei jungen Ratten steigert das Alkoholverlangen bei älteren Tieren, aber das ist kein Übergang von „weich" zu „hart". Wer als Teenager früh zu rauchen beginnt, landet mit deutlich erhöhter Wahrscheinlichkeit später bei Kokain, aber das ließe sich wieder damit erklären, dass es manche Jugendliche sowieso mit jeder Droge versuchen, die sie in die Hände kriegen. Rein empirisch ist zu beobachten, dass sich im Geist mancher Konsumenten zwei Substanzen miteinander vermischen (wenn es etwa den Ex-Raucher nach einer Zigarette verlangt, sobald er in einer verqualmten Bar ein Gläschen Alkohol trinkt), aber das hat nichts mit dem Übergang von einer Droge zur anderen im Sinne des „Einstiegsmodells" zu tun. Aus mechanistischer Sicht ist belegt, dass ein früher Cannabiskonsum bis zum einem gewissen Grad die Toleranz (Unempfindlichkeit) des Gehirns gegenüber Opioiden, Kokain und Amphetaminen steigert; wir haben hingegen gesehen, dass Toleranz nicht gleich Sucht ist. Tatsächlich ist mit derartigen Kreuztoleranzen stets zu rechnen, weil alle Substanzen, um die es hier geht, auf dieselbe Tegmentum-Nucleus-accumbens-Bahn unseres Belohnungssystems wirken. Diese Tatsache spricht vielleicht am ehesten zugunsten des Modells der Drogenspirale.

Die zweite Hälfte der elterlichen Drohung mit der „Abwärtsspirale" ist für Teenager besonders wenig glaubhaft. Aus Erfahrung mit der Umwelt wissen die meisten, dass Drogenkonsum nicht automatisch zur Sucht führt. Diese offensichtliche Unvereinbarkeit zwischen Erziehungsgrundsätzen und eigener Erfahrung gehört zu den Hauptursachen der

Reibereien zwischen der Jugend und dem Rest der Gesellschaft. Es scheint so, dass manche Leute besonders anfällig für Süchte sind, und jeder Teenager meint, genau er gehöre *nicht* dazu. Mit ihrem seltsamen Gefühlsmischmasch aus Schwäche und Unverwundbarkeit ziehen sie es vor zu glauben, zu den offensichtlich vielen Leuten zu zählen, die „schon damit klarkommen".

Sicherlich gibt es diese individuellen Unterschiede in der Reaktion auf Drogen. Ihre Ursache sind grundlegende biologische Differenzen, entweder in den Hirnstrukturen, die von Drogen angesprochen werden, oder in den Entgiftungs- und Entsorgungsmechanismen des Stoffwechsels. Besonders gut beschrieben sind die genetischen Unterschiede bei der Produktion von Enzymen, die Alkohol spalten. Manche Leute vertragen deshalb mehr als andere. Weil der Alkoholabbau über mehrere biochemische Stufen verläuft, kann es bei entsprechender Prädisposition des Körpers passieren, dass sich die toxischen Zwischenprodukte vorübergehend ansammeln. Deutlich sichtbar sind die Differenzen der Alkoholtoleranz verschiedener Bevölkerungsgruppen: In Japan galt ich als „harter Kerl", in England eher als Leichtgewicht.

Die Forscher überlegen heute, ob die ausgeprägten individuellen Unterschiede der Drogenempfindlichkeit nicht vielleicht in der Biochemie des Menschen vorgesehen sind, weil sie Vorteile haben. Die Frühmenschen mussten biochemische Resistenzen gegen die bewusstseinsverändernden Pflanzen entwickeln, die in ihrer Umgebung so wuchsen; sie brauchten aber keine Resistenzen gegen Arten, denen sie sowieso nie begegnen würden, das wäre eine Verschwendung von Rohstoffen und Energie gewesen. Die Variabilität der Substanzempfindlichkeit moderner Menschen könnte demnach die Anpassung unserer Vorfahren an ihr frühgeschichtliches Drogenmilieu widerspiegeln. In diesem Kontext ist ein Gedanke reizvoll: Vielleicht bauen wir Europäer Alkohol so gut ab, weil wir uns seit 2000 dreckigen Jahren in Städten herumtreiben, wo Bier und Wein lange die einzig ungefährlichen Durstlöscher waren. Die natürliche Auslese muss gut funktionieren, wenn Abstinenz fast immer zum Tode führt. Dass jeder Mensch anders auf Drogen reagiert, wie uns die Jugendlichen so gern unter die Nase reiben, könnte also eine natürliche Folge der Variabilität der Umwelt sein, in der sich die Gattung Mensch entwickelt hat.

Dank jüngster Fortschritte der Molekularbiologie wissen wir heute, dass die geografische und botanische Diversität der Menschheitsgeschichte unseren Genen aufgeprägt ist. Solche genetischen Variationen werden neuerdings mit der Empfindlichkeit auf Alkohol, Nikotin, Kokain, Amphetamine, Opioide und Cannabis in Zusammenhang gebracht. Weitere Entdeckungen werden nicht ausbleiben. So fand man kürzlich einen Zusammenhang zwischen der Amphetaminempfindlichkeit und 43 Genen von Ratten (diese Zahl entspricht 0,2 Prozent aller Gene eines Menschen). Viele der fraglichen Gene sind am Aufbau von Rezeptormolekülen im Gehirn beteiligt – wie wir gesehen haben, sind es gerade diese Rezeptoren, an denen Drogen angreifen. Angesichts dessen erhebt sich sofort die Frage: Wenn wir individuell unterschiedlich empfindlich auf Drogen sind, ist dann auch die Gefahr, süchtig zu werden, aus genetischen Gründen verschieden? Falls das Phänomen Sucht auf immer dieselbe Tegmentum-Nucleus-accumbens-Dopaminbahn zurückgeht, klingt es nicht abwegig, hier nach molekularen Abweichungen zwischen einzelnen Individuen zu suchen. Sowohl psychologische als auch molekularbiologische Studien deuten auf eine genetische Grundlage der Sucht hin. Wir sollten vermutlich nicht mehr von „suchtgefährdeten

Persönlichkeiten", sondern von „suchtgefährdenden Genen" sprechen.

Bei all diesem Ringen mit den Süchten, ihren Ursachen und Folgen gerät, so denke ich, die soziale Komponente der Abhängigkeit leicht in Vergessenheit. Der Mensch ist schließlich ein geselliges Wesen; wir funktionieren nur in einem Netz von Beziehungen zu Artgenossen. Im Teenageralter sind die sozialen Beziehungen neuartig, unmittelbar und prägend, wie sie später nicht wieder werden. Deshalb sollten wir uns mehr auf Fragen wie Selbstwertgefühl, Gruppendruck und soziale Unangepasstheit konzentrieren, wenn wir überlegen, warum Jugendliche zu Drogen greifen. Auch diesen Aspekten liegen selbstverständlich genetische Dispositionen zugrunde; die Persönlichkeit wird, das ist klar, teilweise von den eigenen Genen bestimmt und von den Genen der Eltern, die über deren Erziehungsmethoden entscheiden. Wenn wir aber einen normalen jungen Menschen anschauen, einfach so, dann sehen wir keine Gene, sondern eine Persönlichkeit. Sind es Drogen, die das Leben eines Teenagers regieren, dann kommt die soziale Entwicklung zu kurz oder völlig zum Erliegen. Niemandem ist geholfen, wenn man alles auf die Gene schiebt. Stattdessen müssen wir den Menschen selbst ansprechen, ihn ermutigen, sich nicht aufzugeben, an sich selbst zu glauben und zu kämpfen.

Die Teenagerzeit, diese wunderbare neue Erfindung der Evolution, ist ein Stadium im Lebensplan des Menschen, in dem wir Gelegenheit haben, uns körperlich, geistig und (siehe Kapitel 4) sozial zu entwickeln. Ihre alterstypische Lust zu Abenteuern und Rebellion und die laufenden Umbauarbeiten im Gehirn machen die Heranwachsenden unglücklicherweise zu einer leichten Beute der billigen, hochwirksamen Drogen, die seit einigen Jahrzehnten verfügbar sind. Drogen verschaffen Vergnügen und stärken die Gruppenzugehörigkeit. Deshalb werden sie genommen. Jüngste Studien zeigen aber, dass eben diese Substanzen den Geist in besonders aggressiver, unerbittlicher Weise aus den Angeln heben. Die Beweise sind so klar, dass die Redensart „Finger weg von Drogen bis zur Universität" vielleicht gar nicht so dumm ist (diese unerwartete Erleuchtung kam mir beim Schreiben dieses Buches).

Der Angriff neuer Drogen auf alte Gehirne verstärkt die Konflikte zwischen Jugendlichen und dem Rest der Gesellschaft. Eltern haben stets das Bedürfnis, ihre Kinder zu schützen; eben jene Kinder aber betrachten Drogen als eine aufregende, spaßige Methode, ihre Unabhängigkeit zu demonstrieren und sich auf ihre ganz eigene niedliche Art den Weg in die Gesellschaft zu bahnen. Mit unserem riesigen präfrontalen Cortex können wir uns normalerweise genug zusammenreißen, um die alten Belohnungssysteme tief drinnen unter Kontrolle zu bekommen. Folglich hören die meisten Leute früh genug wieder auf, Drogen zu nehmen, oder können ihren Konsum zumindest steuern. In der Regel „weiß" der präfrontale Cortex sehr wohl, was „richtig" ist. Offenbar muss sich aber eine gewisse Menge an Vertrauen, Stärke und Unterstützung aufbauen, damit er sich gegen die niederen Bedürfnisse durchsetzen kann. In Kapitel 4 werden wir uns damit befassen, wo Teenager dieses Vertrauen, diese Stärke und Unterstützung hernehmen sollen – nämlich aus Beziehungen zu anderen Leuten und zur Umwelt.

4

Liebe und Verlust

Warum Beziehungen zwischen Teenagern die schönste und die schlimmste Sache der Welt sein können

Aber ich mag nur sehr wenige Menschen, und noch weniger in deinem Alter und von deinem Geschlecht. Andere Menschen zu mögen, ist eine Illusion, der wir uns hingeben müssen, wenn wir in einer Gesellschaft leben wollen; aus meinem Leben hier habe ich sie schon lange verbannt. Du willst geliebt werden. Ich will einfach nur sein.

(John Fowles, *Der Magus*)

Teenager zu sein, ist eine verwirrende Erfahrung. – Die ganze Welt steht plötzlich offen, mit all ihren neuen sozialen und intellektuellen Chancen, und zugleich schließt sie sich wieder um uns. Viele junge Leute sehen sich zum ersten Mal als Individuum: ein Geist, gefangen in einem Körper, der sich stets nach anderen ausstreckt, aber für immer von ihnen getrennt ist. Da ist die plötzliche Erkenntnis, dass wir mit diesem Geist, den die Natur uns mitgegeben hat, zurechtkommen müssen; und da ist eine Ahnung, dass wir letztlich einsam sind, auf uns selbst gestellt, wenn etwas schief geht. In diesem Lebensalter beginnen wir, die typisch menschliche Neigung zur ständigen Selbstanalyse zu entwickeln. Jeder Teenager hat es im Hinterkopf: „Ich bin nicht gut genug." Einer denkt manchmal daran, ein anderer regelmäßig und ein dritter kann an überhaupt nichts anderes mehr denken.

Jugendliche scheinen oft in ihrer eigenen kleinen Welt zu leben. Vielleicht stimmt das auch. Ständig mühen sie sich, ihre Mitmenschen, ihre Sorgen und die Welt im Allgemeinen zu verstehen und einzuordnen; ständig fragen sie sich, ob sie auch „normal" sind. Die meisten Erwachsenen erinnern sich sehr gut, wie sie sich dabei fühlten, und ich bin keine Ausnahme. Nun möchte ich alles andere, als dieses Buch mit den Lebenserinnerungen eines paarunddreißig Jahre alten männlichen hellhäutigen Europäers füllen, aber das sind meine einzigen Erinnerungen: Als Teenager hatte ich drei oder vier richtige Freunde. Trotzdem grübelte ich von Zeit zu Zeit, ob das reicht und ob wir uns nicht emotional offener zueinander bekennen sollten. Mit romantischen Angelegenheiten war ich ganz zufrieden, fragte mich aber manchmal, ob ich wohl für lebenslange serielle Monogamie geschaffen sei (im Nachhinein ist diese Sorge für einen 16-jährigen ziemlich charmant, oder?). Schule und Arbeit liefen gut, aber ich dachte darüber nach, ob ein „Burnout" wohl völlig unerwartet zuschlagen könnte. Und obwohl ich im Allgemeinen ein recht entspannter Typ war, überfielen mich diese komischen Panikanfälle, wenn ich in der Öffentlichkeit essen musste. Heute, angesichts meines gepflegten Speckbäuchleins, fände ich solche Zustände ganz nützlich.

Da haben Sie die typischen Grübeleien eines Teenagers. Es ist noch gar nicht so lange her. Schaue ich zurück, dann habe ich vor allem den Eindruck, alles analysiert und nichts einfach hingenommen zu haben. Jeden Aspekt meines schnurgerade verlaufenden Lebens habe ich auf Fehler, Instabilitäten, Abnormalitäten abgesucht; die einzige Antwort, die ich auf meine

Sorgen hatte, war eine unbestimmte, hilflose Ratlosigkeit. Ein starkes Gefühl aber zog sich durch alle Teenagerjahre – die Unsicherheit. Wie sollte ich jemals wissen, ob es „normal" war, was ich da durchmachte, gefangen in meinem eigenen Kopf, wie ich – was ich gerade entdeckt hatte – eben war?

Niemand kann natürlich je mit Bestimmtheit wissen, wie andere sich fühlen; diese Erkenntnis erleichtert dem unsicheren Teenager das Leben aber auch nicht. Nie im Leben ist man so verunsichert wie als Jugendlicher; hinzu kommt die Peinlichkeit, den eigenen, sich holprig entfaltenden Körper und Geist ständig der neugierigen Öffentlichkeit vorführen zu müssen. Angesichts dessen ist es kein Wunder, dass die Jugend oft als wirre, negative Zeit empfunden wird (wobei das Durcheinander auch eine positive Kraft sein kann, denke ich jedenfalls). All diese neuen Gefühle und die neue Selbsterkenntnis können aber auch erklären, warum in dieser Periode tatsächlich eine Menge schief gehen kann: Psychische Krankheiten zeigen eine boshafte Vorliebe für Jugendliche, und sie können das ganze restliche Leben überschatten.

Bevor wir aber die Aufgabe verstehen, der sich das Teenagergehirn – diese Krone der menschlichen Entwicklung – zu stellen hat, sollten wir scharf nachdenken: Was muss dieses Gehirn leisten, was kann dabei missraten, welche Untersuchungsmethoden gibt es? Als Teenager haben wir es mit der vollen Triade zu tun: ich – andere Leute – die ganze Welt. Alle drei Phänomene sind für sich genommen kompliziert, und alle drei sind miteinander verknüpft. Wenn wir versagen, lauern entsprechend die drei wichtigsten psychischen Krankheiten (Depression – Angststörungen – Schizophrenie). Wir müssen uns aber auch mit ihren weiter verbreiteten, leichteren Spielarten befassen: Was sagen uns Traurigkeit, Sorgen und Verwirrung?

Vor allem müssen wir zunächst eine geeignete Grundlage finden, auf der wir Teenager und ihren Geist diskutieren können. Sollen wir sie als einzelne Patienten betrachten, die sich auf der Couch des Psychologen ausheulen? Oder als elektrochemische Reaktionsgefäße mit Hirnmechanik, die im Labor des Physiologen vor sich hin knistern? Oder sind sie, aus der Sicht eines Evolutionsbiologen, unentwickelte, nackte Affen, die jede Orientierung verloren haben, weil sie eigentlich erwartet hatten, ihr Leben lang in den afrikanischen Savannen herumzuhüpfen? In diesem Kapitel werden wir die drei Varianten abarbeiten und dabei feststellen, dass Teenager in der Tat fertig bringen, all dies auf einmal zu sein.

Warum sind Teenager traurig?

Psychotherapeuten haben die Teenager in aller Regel übersehen. Freud und die frühen Psychoanalytiker konzentrierten sich auf die Kindheit als die Wiege späterer Verhaltensweisen, Ansichten und Probleme. Die Jugend galt ihnen als uninteressantes Übergangsstadium. Immer ging es um die Kindheit, in der, so nahm man an, unsere Beziehungen irgendwie mit unseren Strategien verwoben werden, die Welt zu meistern – heraus kommt der Stoff, aus dem unsere Persönlichkeit gestrickt ist. Diese Theorie hält man noch immer für teilweise richtig, aber nach vielen arbeitsreichen Jahrzehnten haben die Forscher ein einfacheres Bild von der Entwicklung im Kindesalter. Die Formung des eigenen Ich ist nicht so geheimnisvoll und verborgen, wie man einst dachte. Außerdem hat man inzwischen die Bedeutung des Jugendalters für das dauerhafte Erlernen von Verhaltensweisen begriffen. Es kann also wirklich wenig überraschen, dass dieser Abschnitt, in dem wir lernen sollen, mit uns selbst und unseren Artgenossen zurechtzukommen, auch das Alter ist, in dem wir uns unserer selbst bewusst werden und intensiver mit Gleichaltrigen kommunizieren.

In der modernen Naturwissenschaft nimmt die Psychotherapie eine Sonderstellung ein. Ihre Grundlage – das muss betont werden, obwohl es eigentlich offensichtlich scheint – ist die tagtägliche Beschäftigung mit psychischen Krankheiten, und zwar einzig und allein gestützt auf empirische Befunde, Versuch und Irrtum. Die Psychotherapeuten überlegen sich Funktionsmodelle des Gehirns und probieren sie aus, indem sie sie zur Behandlung ihrer Patienten einsetzen. „Richtige" Versuchsreihen zur systematischen Überprüfung ihrer Theorien können sie aber nicht ausführen, denn dazu bräuchten sie Kohorten (abgrenzbare Menschengruppen) von Leuten, die sich alle im gleichen mentalen Zustand befinden. Zeigen Sie mir aber mal nur zwei Menschen, deren Geist sich gleicht! Versagt sind den Psychotherapeuten auch die berühmten „Doppelblindversuche", bei denen weder Arzt noch Patient weiß, welchen Wirkstoff (wenn überhaupt einen) die verabreichten Pillen enthalten. Psychotherapie funktioniert nämlich nur, wenn der Patient genau verfolgen kann, was vorgeht.

Wenn wir die Psychotherapeuten nach der Arbeitsweise des Teenagergehirns fragen wollen, stehen wir vor einem zweiten Problem. Diese Fachleute beschäftigen sich (aus einleuchtenden Gründen) vor allem mit Leuten, denen es nicht gut geht, anstatt mit der Mehrheit der Bevölkerung, die sich völlig wohl fühlt. Und niemand weiß, ob es gerechtfertigt ist, diese problembeladene Minderheit als Modell für die Funktion eines normalen Gehirns heranzuziehen. Diese Kritik gilt vielleicht gerade für diesen Abschnitt hier, in dem ich auch von der dramatischen Zunahme psychischer Erkrankungen unter Jugendlichen erzähle. Ich werde mich aber bemühen, den Ausgleich

durch ständigen Bezug auf entsprechende Prozesse bei geistig
gesunden Teenagern zu schaffen.

Es führt kein Weg an der Erkenntnis vorbei, dass der Grat
zwischen psychischen Erkrankungen und normaler geistiger
Entwicklung im Jugendalter besonders schmal ist. Viele Teenager leiden an Symptomen, die man bei einem Erwachsenen
als pathologisch bezeichnen würde: dauerndes Unglücklich-
sein, zwanghafte Selbstkritik, verwirrtes Denken, unspezifi-
sche Ängste. Die Grenze zwischen „normal" und „unnormal"
verschwimmt. Psychische Erkrankungen treten im Jugendalter tatsächlich so häufig auf, dass man versucht ist, sie als
planmäßigen Teil des Heranwachsens aufzufassen – beängstigend, nicht? Erwachsenen kann es schwerfallen, jugendliche
Verhaltensweisen und Erfahrungen in ihrer fehlenden Logik
zu verstehen, selbst wenn ihr halbwüchsiges Gegenüber völlig
gesund ist. So mag sich erklären, dass immer noch darüber
gestritten wird, ob das alte Klischee der Jugend als inhärent
schmerzbeladener, aber unvermeidbarer Erfahrung nicht
doch richtig ist. Manche Studien behaupten, das Heranwachsen sei kein bisschen weniger schmerzlich, als behauptet wird;
andere halten all das Gerede von Chaos und Stress für maßlos
übertrieben.

Selbst wenn der Blick des Therapeuten empirisch, von
Krankheiten verstellt und verschwommen sein mag, aus zwei
Gründen sollten wir ihn dennoch nicht ignorieren. Erstens:
Das Teenagergehirn ist unbestreitbar komplex, und uns fehlt
jegliches neurowissenschaftliches Werkzeug, um es zu interpretieren. Stattdessen versuchen wir es, in all den subtilen Einzelheiten zu verstehen, indem wir uns auf ein einziges, subti-
les, umständliches, unwissenschaftliches Hilfsmittel verlassen:
den Therapeuten. Oh ja, er vereinfacht, verallgemeinert, vollführt wilde Sprünge von Folgerung zu Folgerung, aber einen

besseren Apparat zum Messen des Geistes haben wir eben nicht. Damit kommen wir zum zweiten Grund, aus dem wir die Arbeit des Psychotherapeuten schätzen sollten: Sie funktioniert meistens. In den vergangenen Jahrzehnten haben Neurowissenschaftler viele anatomische, genetische und chemische Prozesse gefunden, die den typischen psychischen Erkrankungen Jugendlicher zugrunde liegen. Manchmal haben sich daraus sogar wirksame Therapien ergeben. Der Erfolg einer Behandlung kann jedoch, wie wir noch sehen werden, eine trügerische Einfachheit der Krankheit selbst suggerieren. Der beste Beweis dafür, dass die Psychotherapie tatsächlich ein geeignetes Mittel zur Untersuchung des heranwachsenden Geistes ist, liegt darin, dass sie – besser gesagt, das Reden – noch immer zu den wirksamsten Methoden zählt, mag es inzwischen auch viele andere interessante Therapieansätze geben.

Wie lernen Teenager nun also, mit sich selbst zurechtzukommen? Ich weiß nicht, ob man wirklich davon sprechen kann, eine „Beziehung" zu sich selbst zu pflegen, aber die Erfahrung sagt: Jugendliche müssen Wege finden, sich selbst zu verstehen, zu bewerten und anzunehmen. Dieses Selbstbewusstsein ist immens wichtig für alle anderen Bereiche unseres geistigen Wohlbefindens; sein Fehlen degradiert uns zu entwurzelten Automaten, die blind und ohne Reflexion auf die Umweltbedingungen reagieren. Zwei Aspekte des Bewusstseins sind für Teenager besonders wichtig: die Selbstanalyse und die Autonomie.

Auch Kinder analysieren sich von Zeit zu Zeit selbst. Sie lernen, dass ein Unterschied zwischen der Realität und den Vorgängen in ihrem Kopf besteht. Wie lange es dauert, bis der kleine Mensch das begriffen hat, sieht man eindrucksvoll an dem Kleinkind, das sich die Augen zuhält, um sich zu

verstecken. In den ersten zehn Lebensjahren denken Kinder
sporadisch darüber nach, wie sie sich selbst sehen und wie
andere sie vermutlich sehen, aber zwischendurch vergessen
sie das Thema immer wieder für lange Zeit.

Das ändert sich, wenn die Kindheit zu Ende geht. Teenager
schauen nicht nur häufiger in sich hinein, nein, sie sind geradezu besessen von ihrer Selbstbeobachtung. Jüngere Teenager können stundenlang dasitzen und über ihre Hoffnungen,
Ängste, Fähigkeiten und Mängel grübeln. Diese neue Angewohnheit ist natürlich völlig normal und ein Zeichen dafür,
dass der Heranwachsende sich genauso entwickelt, wie die
Evolution es vorgesehen hat; deshalb ist diese Art der Bes-
senheit von sich selbst nicht mit Narzissmus zu verwechseln
(was aber oft getan wird). Die Fähigkeit zur Selbstreflexion
ist einer der Kernpunkte, denen wir den Erfolg der Gattung
Mensch zu verdanken haben. Wir kritisieren uns sowohl als
Individuum als auch als Gesellschaft, lösen Probleme, die wir
dabei identifiziert haben, und passen uns an, bis wir erreichen,
wonach wir streben. Kinder verlassen sich noch darauf, dass
die Eltern ihnen geeignete Verhaltensweisen vorgeben; Jugendliche wollen die Strategien selbst entwickeln. Aus diesem
Grund weisen sie gute Ratschläge manchmal sehr energisch
bis aggressiv zurück. Sie wollen schlicht aus eigener Kraft die
Lösung finden. Es muss in der Tat frustrierend sein, sich das
in allen Einzelheiten selbst beizubringen.

Aus Kapitel 2 wissen Sie, dass der Beginn der Selbstanalyse
genau mit dem Zeitraum der dramatischen Umstrukturierung
des Gehirns zusammenfällt. Es reizt, die Zeit gedanklich um
250 000 Jahre zurückzudrehen, bis zum Auftauchen des ersten
Teenagers, der die Entfaltung und Konfiguration des riesigen
Homo sapiens-Gehirns erst möglich machte, und zu spekulieren: Damals ereignete sich die erste Selbstanalyse, die auf der

Welt je erlebt wurde. Die Vorteile der ungeheuren geistigen Flexibilität, die uns diese einmalige Fähigkeit verleiht, werden zuerst von Jugendlichen ausgenutzt. Wenn sie etwas nicht zuwege bringen, nehmen sie so lange ihre eigenen mentalen Prozesse auseinander und setzen sie wieder zusammen, bis es klappt. Damit erfahren sie, welch unglaubliche Macht darin liegt, Probleme selbstständig lösen zu können. Sie entwickeln ihren eigenen Glaubenskodex, lernen, mit Missgeschicken fertigzuwerden, sich selbst zu beruhigen und ihre Eigenständigkeit *zu genießen*. Sich seiner selbst bewusst zu werden, öffnet eine neue Welt geistiger Möglichkeiten, in Angriff zu nehmen mit der soeben gereiften, jugendlichen Persönlichkeit.

Problematisch wird es, wenn die gesunde Selbstbeobachtung in exzessive, zerstörerische Selbstkritik umschlägt. Teenager sind generell selbstkritischer als Erwachsene – vielleicht, weil sie sich wegen ihrer kognitiven Unreife und sozialen Unerfahrenheit ständig von der erwachsenen Umwelt angegriffen fühlen. Viele Therapeuten befürchten, die tiefere Ursache vieler psychischer Erkrankungen liege darin, dass in der Jugend kein brauchbares, schlüssiges Selbstbild geschaffen wurde. Teenager müssen einen eigenen geistigen Fahrplan entwickeln; es ist unvermeidbar, dass einige es nicht schaffen. Sie bringen dann den Rest ihres Lebens im vergeblichen, gleichwohl zwanghaften Bemühen zu, mit sich selbst ins Reine zu kommen.

Persönliche Erfahrung hat mich zu der Überzeugung gebracht, dass die meisten psychischen Probleme tatsächlich entstehen, weil die Inbetriebnahme der Mechanismen zur Selbstanalyse im Jugendalter fehlschlägt. Viele problembelastete Teenager, die zu mir kommen, neigen buchstäblich zur Selbstzerfleischung – kluge, reizende, attraktive junge Leute, die es einfach nicht fertigbringen, sich selbst in positivem

Licht zu sehen. Sie schaffen es nicht, mit ihrem Selbstbild zu leben, aber sie schaffen auch nicht, es zu ändern. Ich befürchte, dass sie das ganze Leben lang unglücklich sind, wenn sie sich nicht Hilfe suchen (und dass sie das tun, ist nicht gesagt, denn die Suche nach Hilfe ist wie ein weiteres Eingeständnis der eigenen Wertlosigkeit). Vielleicht entwickeln sie niemals Symptome, die für eine psychiatrische Diagnose ausreichen, aber ihr Selbstbild ist beschädigt. Möglicherweise für immer.

Die andere Hälfte des Yin und Yang der Jugend, sozusagen das Gegenstück zur Selbstanalyse, ist die Eigenständigkeit. Autonomie ohne Reflexion ist undenkbar; wahrscheinlich trifft die Umkehrung genauso zu. Zu Beginn der Teenagerzeit beginnt sich der junge Mensch von seinen Eltern zurückzuziehen, und zwar sowohl geistig als auch gefühlsmäßig. Vorübergehend ist er zwar noch auf materielle und emotionale Unterstützung angewiesen, aber er beginnt, die Eltern aktiv aus seinem Leben auszuschließen – ein Prozess, der für beide Seiten schmerzlich sein kann, aber nichtsdestoweniger natürlich ist.

Später werde ich auf die Ablösung vom Elternhaus zurückkommen, wenn ich über die Veränderung der sozialen Umwelt des Jugendlichen spreche. Hier möchte ich nur eines betonen: Diese Verschiebung bedeutet viel mehr als eine Neuausrichtung der sozialen Vorlieben. Viele Leute behaupten sogar, es handele sich um eine komplette innere Umstrukturierung des Bildes, das man sich vom eigenen Selbst macht. Wenn ein Teenager jemals wie ein normaler Erwachsener funktionieren soll, dann muss er dieses Stadium der eigenen Standortbestimmung durchlaufen, um anschließend allein, als emotional autonomes Wesen, existieren zu können. Die freiwillige Abnabelung von den Eltern bringt die Entwicklung voran, denn sie zwingt den Teenager, auf die eigenen schwankenden Beine gestellt, sein Selbstbild radikal zu überarbeiten. Vielleicht ist es deswegen für jeden Halbwüchsigen wichtig, häusliche Unterstützung zu erfahren – damit bekommen sie etwas in die Hand, was sie ihren Eltern ins Gesicht schleudern können.

Der Lohn für die eigene Unabhängigkeitserklärung ist gewaltig: ein neues, fundiertes Selbstbewusstsein, wie es ein Kind niemals haben kann. Vom kindlichen Selbstinteresse über das jugendliche Verlangen nach Bestätigung von außen kommt der Mensch schließlich bei erwachsener Selbstlosigkeit und Aufopferung an. Unterwegs sammelt er die Überzeugungen und Verhaltensweisen ein, die ihn als Individuum definieren; und er fasst Vertrauen in sich selbst, die eigene emotionale Stabilität aufrechterhalten zu können, ohne auf die Hilfe anderer angewiesen zu sein. Dann hat er die Freiheit, mit emotionaler Abhängigkeit und Unabhängigkeit zu experimentieren; und er kann steuern, wie weit er seine Mitmenschen an sich heranlässt. Finden Sie, das klingt zu esoterisch? Aber es ist so, und es ist wichtig: Manche Therapeuten führen emotionalen Aufruhr in späteren Lebensjahren auf die Unausgeglichenheit von Anschluss- und Abgrenzungsbedürfnis zurück. Auf Beziehungsprobleme reagieren viele Leute, indem sie sich die Zuneigung des Partners mit Gewalt erkämpfen wollen; dabei wäre es viel besser, Abstand zu nehmen und wieder zum alten unabhängigen Wesen zu werden, in das sich der andere einst verliebt hat.

Die Frage der Eigenständigkeit zeigt eindrucksvoll, dass Konflikte und Aufruhr zum Jugendalter gehören. Die aktive Ablösung von den Eltern schafft die Möglichkeit, reife Entscheidungen über Unabhängigkeit und Beziehungen zu fällen. Manche Biologen vertreten sogar die Ansicht, hier offenbare sich eine zentrale emotionale Zweiteilung, die tief im menschlichen Gehirn verankert ist. Sie behaupten, Unabhängigkeit und Anschlussbedürfnis haben sich im Laufe der Entwicklung der Primaten in verschiedenen Gehirnhälften angesiedelt. Demzufolge würden sich in der rechten Hälfte die Emotionen befinden, und die linke Hälfte beherbergt Analyse, Negativismus und Autonomie. Die rechte Hälfte wäre dann anfällig für soziale Zwänge und Ängste, die linke dagegen verschlossen und gesellschaftsfeindlich. Die Spannung zwischen diesen beiden Seiten soll der Theorie zufolge ihren Höhepunkt im Menschen erreicht haben, diesem Meister der Manipulation des sozialen Kontexts, der Wissbegier und der Kommunikation. Das soziale Leben des Menschen (des sozialsten aller Affen) spielt sich also im Spannungsfeld zwischen emotionalem Anlehnungsbedürfnis (rechts) und emotionaler Unabhängigkeit (links) ab. Leider deuten Ergebnisse der modernen neurowissenschaftlichen Forschung darauf hin, dass es dann doch nicht so einfach ist mit all dem Links und Rechts. Die frühen Experimente am lebenden Gehirn, auf denen diese Theorie fußt, waren wohl noch nicht weit genug fortgeschritten. Denkbar wäre zumindest, dass *beide* Hälften ein bisschen von *beiden* Seiten enthalten und diese Regionen einen ständigen Kampf darum ausfechten, wie wir der Außenwelt begegnen. Hier die autonomen Lennons, dort die leutseligen McCartneys: Die Puzzleteile unseres Gehirns vereinigen sich zu einem Gesamtbild, dass einer allein niemals aufbauen könnte.

Fassen wir zusammen: Selbstreflexion und Eigenständigkeit halte ich für die beiden Werkzeuge, die sich ein Teenager aneignen muss, um ein Selbstbild zu entwickeln, das allen Widrigkeiten des Lebens standhält. Prinzipiell ist es natürlich nicht unmöglich, auch als Erwachsener an der Selbstwahrnehmung zu arbeiten, aber es ist schwierig, wenn dieser Prozess in der Jugendzeit schiefgegangen ist. Das sollte Grund genug sein, um die Heranwachsenden bei diesem Kraftakt so gut wie möglich zu unterstützen.

Selbstreflexion und Eigenständigkeit, diese Eckpfeiler der Entwicklung im Jugendalter, sind aber auch die Auslöser einer der häufigsten psychischen Erkrankungen in diesem Stadium. Es geht um die Depression, gelegentlich bezeichnet als die belastendste Krankheit, die sich überhaupt vorstellen kann. Ganz sicher trifft das auf die Industrieländer zu, wo schätzungsweise ein Fünftel der Bevölkerung mehr oder weniger betroffen ist. Faszinierenderweise wurzelt diese Geißel des *Homo sapiens* oft in der Teenagerzeit, und damit hat es seine besondere Bewandtnis.

Der Begriff „Depression" ist erklärungsbedürftig, weil komplex, und das trifft insbesondere auf Depressionen im Jugendalter zu. Zunächst einmal ist es völlig normal und vernünftig, wenn Leute auf schlimme Ereignisse in ihrem Leben mit Traurigkeit reagieren. Das darf auch ganz tiefe Traurigkeit sein. Leid, Verlust oder Versagen kann in diesem Fall einen Prozess auslösen, den man traditionell als „reaktive Depression" bezeichnete. Im Gegensatz dazu verstand man unter einer „klinischen Depression" einen Zustand extremer Niedergeschlagenheit ohne erkennbare äußere Ursache. Mit diesem „aus heiterem Himmel" beginnenden Krankheitsbild verband man die charakteristischen, den ganzen Körper erfassenden Symptome, wie Müdigkeit, Kopfschmerzen, sexuelle Lustlosigkeit, Appetitveränderungen und Erwachen am frühen Morgen, ohne wieder einschlafen zu können. Inzwischen zweifeln nicht wenige Fachleute am Sinn dieser klaren Trennung. Eine reaktive Depression kann in eine klinische münden, und die Symptome können überlappen. Viele Patienten scheinen aber eher in die klinische Kategorie zu fallen. Sie sind gefangen in einem finsteren Loch aus Traurigkeit, das in keinem Verhältnis zu den Misslichkeiten steht, die ihnen widerfahren sind, in einem fest geschlossenen Teufelskreis aus negativem Denken und Hoffnungslosigkeit, besonders ihre eigene Lage betreffend. Umgekehrt sind Leute, die zu irgendeinem Zeitpunkt ihres Lebens, durch irgendeine Katastrophe, an einer reaktiven Depression leiden, nichtsdestoweniger in der Lage, klar zu formulieren, warum es ihnen so schlecht geht. Sie können ihre „Wunden zählen" und sehen vielleicht sogar Licht am Ende des Tunnels.

Ein dritter Aspekt dieser Debatte über reaktive und klinische Depressionen ist ein Phänomen, das ich „Jugendschwermut" nennen möchte. Ich denke, diese neue Kategorie ist gerechtfertigt, weil die Stimmung von Teenagern etwas Besonderes ist. Viele Psychologen haben schon beschrieben, wie die überwiegend optimistische Grundstimmung des Kindes im Laufe des zweiten Lebensjahrzehnts allmählich einer negativeren Weltsicht weicht – das als eine Vertreibung aus dem Paradies zu interpretieren, ist gar nicht so übertrieben. Zwischen 30 und 50 Prozent aller US-amerikanischen Teenager geben an, *ständig* traurig zu sein oder sich hin- und hergerissen zu fühlen. Diese enorm hohe Zahl ist ein deutliches Zeichen dafür, dass sich das Lebensgefühl von Halbwüchsigen dramatisch ändert. Äußere Faktoren können daran eigentlich nicht schuld sein; ich weigere mich jedenfalls zu glauben, dass die Umstände im Laufe dieser Jahre so viel bedrohlicher werden. Ja, die körperlichen Veränderungen können Sorgen machen, aber doch nicht so intensiv, dass die Stimmung derart abrutscht. Die Jugendschwermut ist eine so einzigartige, tiefgreifende Erscheinung, dass ihr Ausgangspunkt nur in Veränderungen des Gehirns selbst liegen kann. Ob die genaue Ursache nun die umfassende anatomische Neustrukturierung ist oder die Entwicklung der Selbstanalyse oder das anbrechende Verlangen nach Autonomie, eines scheint festzustehen: Die Stimmung schlägt um, weil im Gehirn etwas passiert. Wenn das aber so ist, sollte uns die Jugendschwermut nicht sonderlich überraschen.

Nehmen wir also die Traurigkeit als unvermeidliche Begleiterscheinung des Reifens unseres riesigen *sapiens*-Gehirns hin, muss uns das Gehirn an sich dann nicht wie eine grausame Lotterie der Evolution vorkommen? Zahlen wir – insbesondere die Jugendlichen – jetzt den Einsatz dafür, dass sich unsere Vorfahren so überaus erfolgreich behaupten konnten? Das Heranwachsen ist ein psychischer Drahtseilakt. Allzu leicht kann man in die Tiefen der Depression hinabstürzen, und auch viele „normale" Teenager zeigen Symptome, die man beim Erwachsenen als klare Krankheitszeichen interpretieren würde. In der Tat liefert diese Altersstufe reichlich Munition für alle diejenigen, die behaupten, dass es „psychische Normalität" überhaupt nicht gibt.

Die Traurigkeit eines Teenagers unterscheidet sich aber auch äußerlich von der Depression eines Erwachsenen. Depressive Erwachsene sind melancholisch; Teenager sind reizbar, zeigen charakteristische abrupte Stimmungsschwankungen (deren Ursache die anatomische Umordnung der Emotionsbahnen im Gehirn sein könnte) und halten mit ihrer Laune nicht hinter dem Berg.

Dass die Depression so häufig im Jugendalter zuschlägt, ist grausam. Gerade in dieser Zeit gibt es so viel zu erledigen und auszuprobieren, dass es um jede verlorene Stunde schade ist. Aus statistischer Sicht ist die Depression stark verbunden mit Angststörungen, Selbstmord, Drogenmissbrauch, Essstörungen, häufigem Wechsel des Geschlechtspartners, Teenagerschwangerschaft und Schulversagen. Über die Hälfte der depressionsgebeutelten Teenager leiden daneben unter Ängsten verschiedener Schweregrade. Deshalb ist die Depression bei Teenagern weniger als klar umrissenes Krankheitsbild denn als einer der Knoten des Netzes zu betrachten, in dem sich nicht wenige Jugendliche gefangen finden. Depression im

Jugendalter bedeutet, viel Wichtiges zu verpassen, was später nicht nachzuholen ist; oft setzt sich dieser Zustand bis weit ins Erwachsenenleben hinein fort oder gibt, wie so viele Aspekte des Heranwachsens, gar den Ton des ganzen restlichen Lebens an. Leider sind außerdem die Altersgenossen gerade so mit sich selbst, ihrer Suche nach Glück und Erfolg beschäftigt, dass sie oft keine große Hilfestellung geben (können). Eine unselige soziale Konsequenz ist, dass ein depressiver Teenager verschlossen bis selbstsüchtig wirkt und es damit anderen schwer macht, Mitgefühl oder Sympathie zu empfinden.

Die Psychotherapeuten haben die Denkprozesse während einer „klinischen" Depression ziemlich gut erforscht. Manchmal scheint es vielleicht so, als ob sich die moderne Diagnose zu sehr auf Haken verlässt, die auf Checklisten gesetzt werden, aber offenbar gibt es einige abnorme Phänomene, die tatsächlich wieder und wieder auftreten. Keines dieser Symptome reicht für sich allein aus, um eine klinische Depression festzustellen – jeder gesunde Mensch beobachtet die eine oder andere abgefragte Erscheinung von Zeit zu Zeit in seinem Leben –, aber in ihrer Gesamtheit setzen sich die Puzzleteile zu einem schmerzvollen, selbstzerstörerischen Denkmuster zusammen, aus dem kaum zu entfliehen ist.

Wie ein roter Faden durch eine Depression zieht sich die negativistische Grundeinstellung. Wir alle müssen lernen, mit Misslichkeiten fertig zu werden – zum Beispiel, indem wir nach nüchterner Betrachtung versuchen, die Situation zu ändern oder dem Problem aus dem Weg zu gehen. Depressive Menschen hingegen konzentrieren sich völlig auf widrige Ereignisse (aller Vermutung nach ist ihr Gedächtnis für positive Erlebnisse messbar gestört) und begegnen diesen Ereignissen mit der immer gleichen negativistischen Grundhaltung. Sich über Unglück zu beklagen, wäre, für sich genommen, gar nicht so schlimm – schließlich fühlt sich jeder ab und zu niedergeschlagen –, wenn depressive Teenager nicht ständig wieder irrationale Rückschlüsse zögen: Sie sehen missliche Ereignisse als Beweise der allgemeinen Hoffnungslosigkeit ihres Lebens an und können in einem Zustand der Handlungsunfähigkeit förmlich „einfrieren". Besonders verhängnisvoll wird es, wenn sie jede Schwierigkeit und jedes Versagen sofort auf die eigene Schwäche und Unzulänglichkeit zurückführen. Wer überzeugt ist, alles Schlechte passiere nur aufgrund der eigenen unheilbaren Wertlosigkeit, wird kaum in der Lage sein, einen Ausweg aus diesem Teufelskreis der Selbstabwertung zu finden.

Im Ozean des Negativismus einer klinischen Depression gibt es viele Strömungen. Eine davon ist das Alles-oder-nichts-Denken: Es gibt nur „gut" oder „schlecht" – und wie hoffnungslos wirkt die ganze Welt, wenn doch so viel mehr in die Kategorie „schlecht" einsortiert wird. Eine andere ist das unzulässige Verallgemeinern mit kühnen Sprüngen zu undifferenzierten Schlussfolgerungen. Damit zusammenhängen kann eine Verschiebung von Werten und Zielen. Depressive Teenager denken eher, materieller Wohlstand und gesellschaftliche Akzeptanz mache (unweigerlich) glücklich; gesunde Teenager messen ihrer individuellen Einstellung und ihren persönlichen Zielen mehr Bedeutung bei.

Der Stellenwert des Negativismus bei klinischen Depressionen im Jugendalter ließ einige Psychologen sogar auf die Idee kommen, der Kern des Krankheitsbilds sei eine regelrechte Abhängigkeit von Negativität. Das frühe Erleben von Versagen und Abwertung bei anderen löst dieser Theorie zufolge erstickende Versagensängste aus, verbunden mit der Unfähigkeit, angenehme Erlebnisse zu schätzen. Dies kann dann zu fehlgeleiteten Versuchen führen, sich vor Erfreulichem oder Herausforderndem selbst zu „schützen", bis hin zu einer perversen Befriedigung durch das Vernachlässigen oder Verletzen der eigenen Person. Es ist sicherlich schwierig, dieses Verhalten zu begreifen, weil es so gar keinen Sinn ergibt. Allerdings haben wir schon gesehen, wie erschreckend einfach und unerbittlich das Erlernen von Verhaltensweisen sein kann. (Und ein selbstzerstörerischer Kreislauf des Negativen kann von Natur aus nicht „sinnvoll" sein.)

Wollen wir Teenager davor bewahren, in einen lebenslangen Teufelskreis der Depression zu geraten, müssen wir zunächst herausfinden, warum diese Erkrankung gerade in dieser Lebensphase so häufig beginnt. Eine Erklärung wären die belastenden, manchmal peinlichen Veränderungen des Körpers während der Pubertät: Der Körper wird sexualisiert, und zwar unaufhaltsam und in aller Öffentlichkeit, in beschämender und sogar entstellender Weise. Akne zum Beispiel ist statistisch signifikant mit Depression und sogar Suizid verbunden. Weitere biologische Ursachen, die bereits diskutiert wurden, sind Infektionskrankheiten wie das Pfeiffer'sche Drüsenfieber und ihre Folgen wie das postvirale Müdigkeitssyndrom. Sie kommen als direkte Auslöser von Depressionen infrage, aber auch als indirekte Faktoren, indem sie die Erkrankten durch den erzwungenen Kontaktmangel sozial verarmen lassen. Allerdings fällt es schwer zu glauben, dass solche physischen Aspekte (mögen sie im Einzelfall auch von großer Bedeutung sein) eine generelle Erklärung für die weite Verbreitung von Teenagerschwermut und heraufdämmernde klinische Depression liefern sollten.

Viel überzeugender ist die Verbindung zwischen Depression und Selbstwertgefühl. Das Selbstwertgefühl entwickelt sich im Teenageralter gemeinsam mit unserer Fähigkeit zur Selbstreflexion. Offensichtlich kann dabei eine Menge schiefgehen – sonst sähe man nicht so viele attraktive, nette und intelligente Jugendliche mit einer für den unbeeinflussten Beobachter lächerlich geringen Selbstachtung. Als Ursache für die Entwicklung einer Depression kommt das Selbstwertgefühl deshalb infrage, weil es sich im „kritischen" Alter entwickeln muss, weil es ohne offensichtlichen Grund bei manchen Teenagern unterentwickelt ist und weil, wie man leicht einsieht, ein Mangel an Selbstachtung schnell dazu führen kann, negative Erlebnisse der eigenen Wertlosigkeit zuzuschreiben. Studien beweisen überdies, dass depressive Teenager oft ein geringes Selbstwertgefühl haben. (Allerdings muss man vorsichtig sein – hier ist nicht klar, was die Ursache ist und was die Folge.) Nun ist der Mensch ein von Natur aus soziales Lebewesen. Deshalb kommt das Selbstwertgefühl nicht nur durch den Blick nach innen zustande, sondern hat auch eine soziale Dimension. Jugendliche machen sich pausenlos Gedanken darüber, wie sie auf andere wirken. Frühe Symptome einer Depression können ihr Selbstvertrauen so stören, dass die Wertschätzung der eigenen Person noch weiter in den Keller geht. Soziales Versagen bringt erneuten Verlust an Selbstachtung hervor, der wiederum begünstigt erneutes soziales Versagen – und schon ist der Kreis geschlossen.

Ein auffälliges Detail der Depression im Teenageralter stützt den Gedanken, dass der Ausbruch der Erkrankung irgendwie mit dem Prozess des Erwachsenwerdens verwoben ist. Während der Kindheit sind Depressionen selten; wenn überhaupt, treten sie etwas häufiger bei Jungen auf. Im Alter von etwa 13 Jahren aber schwenkt die Statistik deutlich in Richtung der Mädchen, die auf einmal doppelt so häufig betroffen sind wie Jungen. Damit sind die Weichen für einen großen Teil des Lebens gestellt, denn diese Diskrepanz bleibt bis ins mittlere Alter erhalten. Obwohl die Psychologen den Grund dieses deutlichen Geschlechtsunterschiedes nicht kennen, deutet er doch darauf hin, dass die Depression zumindest zum Teil „eingebaut" ist. Anders formuliert: Im Alter von 13 Jahren beginnen die meisten Jugendlichen erst, sich soziosexuelle Wechselbeziehungen mit der Umwelt zu erarbeiten; dass die Geschlechterbevorzugung an diesem Punkt bereits besteht, lässt darauf schließen, dass sie nicht durch äußere Einflüsse, sondern durch Prozesse im Gehirn selbst hervorgerufen wird. Das weibliche Gehirn erwirbt Charaktereigenschaften in ganz anderem Tempo als sein langsames männliches Pendant. Junge Mädchen reagieren stärker auf negative Erlebnisse als junge Männer, und sie neigen eher dazu, sie durch die eigene Unzulänglichkeit, insbesondere mangelnde körperliche Attraktivität, zu erklären. Mädchen schaffen es auch seltener, belastende Ereignisse zu ignorieren. Sie brüten intensiver als Jungen über eigenen Schwächen, für sich allein und auch in Gruppen. Vielleicht machen sich Mädchen deshalb auch mehr Sorgen um ihre Freundschaften (mehr dazu später). Interessanterweise haben depressive Mädchen im Mittel mehr, depressive Jungen dagegen weniger Geschlechtspartner als ihre psychisch gesunden Altersgenossen.

Nach alldem häufen sich die Beweise, dass am Beginn des zweiten Lebensjahrzehnts eine Falle auf das stolze menschliche Gehirn lauert. Die flexible, sich selbst formende Persönlichkeit des Teenagers muss genügend Selbstwertgefühl entwickeln, um seinen Emotionen Ausdruck verleihen und mit widrigen Umständen zurechtkommen zu können – all das, während das Hirngebäude grundlegend umgebaut wird. Dieser komplexe Prozess der psychischen Entwicklung muss stattfinden, damit der Mensch wirklich zum Menschen wird, gleichzeitig aber offenbart er die Schwächen unseres Denkorgans. Einer der Hauptgründe dafür, dass Depressionen oft beim Heranwachsen beginnen, ist einfach, dass die kognitiven Fähigkeiten dann weit genug entwickelt sind, um überhaupt darunter leiden zu können. Man kann sein Versagen erst mit eigener Wertlosigkeit erklären, nachdem man begonnen hat, über seinen Wert nachzudenken; Hoffnungslosigkeit kann man erst empfinden, wenn man sich Gedanken über die eigene Zukunft gemacht hat; vor einschüchternden Aufgaben beginnt man sich erst zu drücken, nachdem man begriffen hat, was es bedeutet, für ein Ziel zu kämpfen.

Das Wesen der Depression (wie der meisten psychischen Erkrankungen) ist eine abnorme Funktion mentaler Prozesse, die uns als Menschen definieren. Aus diesem Grund ist der Mensch das einzige Tier, das klinischen Depressionen und Teenagerschwermut zum Opfer fallen kann. Weil wir diese spezifisch menschlichen Fähigkeiten hauptsächlich im Jugendalter erwerben, können wir auch erst ab dieser Phase wirklich an ihrer Störung leiden. Vorher reicht unser Intellekt einfach nicht aus. Was die Gattung Mensch so erfolgreich macht, ist also gleichzeitig die Ursache des Elends Jugendlicher. Diese erschreckende Instabilität des menschlichen Gehirns zeigt eindrucksvoll: Wir haben unser Denkorgan bis an die äußersten Grenzen entwickelt.

Bei unserem flüchtigen Einblick in die Ursachen und Folgen von Depressionen im Jugendalter haben wir im Wesentlichen durch die Brille des Therapeuten geschaut. Ich möchte aber nicht unerwähnt lassen, dass es auch andere Sichtweisen gibt, die nicht unbedingt zu den gleichen Schlüssen führen.

Erstens wären da die Entwicklungsbiologen. Sie fragen: Warum gibt es Depressionen überhaupt? Sind sie nur ein unseliges Nebenprodukt des überbordenden Hirnwachstums, oder spielen sie auch eine nützliche Rolle? Kern dieser Herangehensweise ist der Gedanke an die soziale Botschaft, die durch offensichtliche Traurigkeit übermittelt wird. Wenn wir traurig sind, sagen die Entwicklungsbiologen, dann fordern wir eine Reaktion unserer Mitmenschen ein. Tatsächlich beantworten die meisten Leute Trauer und Niedergeschlagenheit mit Hilfe und Mitgefühl. Auf diese Weise ließe sich wohl die *reaktive* Depression als ein Weg erklären, in schwierigen Situationen um Unterstützung zu werben. Wozu aber sollte dann die *klinische* Depression gut sein? Sie schwächt so sehr, dass man sich schlecht vorstellen kann, wie ein Betroffener damit den unerbittlichen Lebenskampf in den afrikanischen Weiten überstanden haben soll. Außerdem reagieren die Mitmenschen instinktiv weniger mit Sympathie als mit Verwirrung, wenn sie die Ursache der Traurigkeit nicht erkennen können; niemand weiß auf Anhieb so recht, wie er sich einem klinisch Depressiven gegenüber verhalten soll. Ich bezweifle deshalb, dass dieser Krankheit eine soziale Funktion zugeschrieben werden kann. Eine makabre Hypothese lautet, es gebe die Depression, um den Selbstmord zu fördern; dieser sei aus der Sicht der Evolution erwünscht, wenn damit Ressourcen für den überlebenden Stamm freigesetzt würden.

Zweitens gibt es die Biochemiker mit einer mechanistischeren Theorie, die aus der Erkenntnis erwächst, dass sich klinische Depressionen nicht selten wirksam mit Medikamenten behandeln lassen, die in die Klasse der „selektiven Serotoninwiederaufnahmehemmer" (SSRI) fallen. Diese Wirkstoffe heben den Spiegel des Neurotransmitters Serotonin im Gehirn an. Dass sie wie beobachtet wirken, wurde sehr einleuchtend darauf zurückgeführt, dass eine Depression mit irgendeiner Störung des Serotoninhaushalts einhergeht. Dieses Argument wurde allerdings – vor allem von Leuten, die sich sehr leidenschaftlich mit diesem Thema auseinandersetzen – zu einem *Beweis* dafür erweitert, dass ein abnormer Serotoninspiegel die Ursache der Depression ist. Das klingt sehr reizvoll, denn eine Abweichung der Konzentration von Substanzen ist weit greifbarer als vage Spekulationen über Selbstwertgefühle und negativistische Grundhaltungen. Hinzu kommt, dass diese Theorie der klinischen Depression ihr Stigma nimmt, denn ein „kaputter Serotoninspiegel" ist letztlich nicht aufregender als ein „kaputter Knochen". Dass diese Überlegung so verlockend ist, heißt aber noch lange nicht, dass sie in die richtige Richtung führt, denn sie hat einfache technische Schwächen, die man nicht verschweigen sollte. Beispielsweise wirken die SSRI nicht nur auf Serotonin, sondern auch auf andere wichtige Neurotransmitter. Entsprechend reagiert das Gehirn darauf mit einer kompletten Neueinstellung des gesamten Neurotransmittersystems. Vielleicht ist dies der wirklich „heilsame" Effekt. Es besteht die berechtigte Befürchtung, dass die Serotonintheorie die Zusammenhänge zu stark vereinfacht. Dass ein Medikament wirkt, bedeutet eben nicht, dass es das Problem tatsächlich an der Wurzel packt.

Warum kommen Teenager so schnell durcheinander?

Nicht nur unsere Beziehung zur eigenen Person ändert sich während des Heranwachsens, sondern auch unsere Beziehung zur Umwelt.

In Kapitel 2 haben wir gesehen, dass unser Gehirn im zweiten Lebensjahrzehnt von Grund auf umgebaut wird und dass diese Neustrukturierung eine neue Art der Wechselbeziehung mit der Umgebung ermöglicht. Eine wichtige Etappe dieser Umbauten ist die Verschiebung der Tegmentum-Nucleus-accumbens-Cortex-Bahn. Dieses Bündel dopaminfreisetzender

Nerven steigt aus dem Zentrum des Gehirns auf und hat die Aufgabe, die Aktivität unserer riesengroßen, *sapiens*-spezifischen Hirnrinde im Zaum zu halten. Diese Hirnrinde ist ein knisternder elektrochemischer See mit enormer Rechenleistung. Soll sie aber, wie vorgesehen, analysieren, abstrahieren und die Außenwelt beschreiben, dann muss sie sehr behutsam gesteuert werden. Teenagern, die gelernt haben, sich das Potenzial der Hirnrinde zunutze zu machen, liegt eine neue Welt des Bewusstseins zu Füßen. Um diese Welt regieren zu können, müssen sie aber tiefgreifende mentale Veränderungen durchlaufen, die ihre Gedanken über Jahre hinweg stören und verstören können. Manche von ihnen erreichen das Ziel nie, sondern stranden unterwegs am Ufer der Schizophrenie, einem zweiten Krankheitsbild (neben der Depression), das in der Regel während des Jugendalters beginnt.

Die Jugend ist eine harte Zeit: Das kolossale Menschengehirn muss neu verdrahtet werden. Dabei kann es zu Verwirrungen verschiedenen Grades kommen, die wir der Übersichtlichkeit halber in einige Typen unterteilen wollen. Erstens: Wir alle haben irgendeine Vorstellung davon, wie die Welt funktioniert, und wir kommen durcheinander, wenn dieses Bild infrage gestellt wird. Werden wir aus einer Situation nicht schlau, sind wir verwirrt – das kann jedem passieren. Zweitens: Viele Leute (und besonders Teenager) sehen von Zeit zu Zeit keinen Sinn im Leben. Sie haben den Eindruck, etwas zu verpassen oder als Einzige in ein Geheimnis nicht eingeweiht zu sein. Vermutlich kommt Ihnen das auch bekannt vor, aber man gibt es nur ungern zu. Drittens: Wenn das Weltbild eines Menschen und seine Art und Weise, mit der Welt in Beziehung zu treten, gestört und unberechenbar sind, spricht man von „Schizophrenie". Viertens: Wenn der Bezug zur Realität völlig verloren geht, handelt es sich um eine

„Psychose". Sich diese vier Zustände (vorübergehende Verwirrung, tiefgreifende Verwirrung, Schizophrenie, Psychose) als Punkte eines kontinuierlichen Spektrums vorzustellen, mag gerechtfertigt sein oder auch nicht. Jedenfalls beginnen alle diese Schwierigkeiten im Teenageralter. Und ein Teenager, der damit beschäftigt ist, sein ganzes Gehirn neu zu ordnen, kann damit überfordert sein, die einzelnen Stufen der Verwirrung auseinanderzuhalten.

Was ist schiefgelaufen, wenn der elektrisch knisternde Cortex es nicht schafft, normale Beziehungen zu Außenwelt herzustellen? Wir haben bereits gesehen, dass sich Depressionen als Hinweis auf die Überbeanspruchung des Gehirns interpretieren lassen. Für die Schizophrenie gilt das vielleicht noch viel mehr. Schizophrenie tritt in der Regel zwischen dem 13. und 18. Lebensjahr erstmals auf und ist ein Krankheitsbild mit klar umrissenen Symptomen. Im Unterschied zur Depression, deren äußere Anzeichen auch als extreme Spielarten der mentalen Prozesse durchgehen können, die alle Menschen erleben, wirkt der gestörte kognitive Prozess eines Schizophrenen eindeutig „seltsam". Schizophrenie scheint etwas typisch Menschliches zu sein. Bei Tieren ist sie unbekannt, dafür ziehen sich entsprechende Berichte durch die gesamte überlieferte Menschheitsgeschichte aller Kulturen. Die Existenz der Schizophrenie ist der beste Beweis dafür, dass unser Gehirn komplexer geworden ist, als ihm gut tut. Und die Leidtragenden sind die Teenager.

Bei einem Schizophrenen ist ganz offenkundig etwas nicht in Ordnung. Aus diesem Grund wird die Schizophrenie von allen psychischen Erkrankungen am ehesten physikalisch betrachtet – das bedeutet, man sieht das Gehirn als krankes Organ mit messbarer Fehlfunktion an. Dieser Ansatz hat bedeutende Fortschritte in unserem Verständnis des Geistes ermöglicht. Mir scheint es sogar so, als ob uns manche seltsamen Aspekte der Schizophrenie etwas darüber „erzählen" wollten, wie ein heranwachsendes Gehirn funktioniert. Die Krankheit ist so häufig (0,5 Prozent der Bevölkerung sind eine Menge Leute!), dass man sie mit Fug und Recht als Zeichen einer grundsätzlichen Schwäche interpretieren kann, die bei der Entwicklung des Gehirns zutage tritt. Wie wir noch sehen werden, schlägt die Schizophrenie höchstwahrscheinlich nicht aus heiterem Himmel zu, sondern ihr gehen Jahre versteckter Abnormalität voraus. Man kann die Krankheit sozusagen kommen sehen, wenn man genau hinschaut. Besonders interessant ist, dass die Schizophrenie nicht nur normalerweise im Jugendalter beginnt, sondern sich auch so *äußert*, als sei die Herausbildung gerade jener geistigen Fähigkeiten schiefgegangen, die wir alle als Teenager erwerben sollen. Betroffene verstehen nicht, woher ihre eigenen chaotischen Gedanken kommen; sie verlieren die Fähigkeit, sich zu freuen; sie haben Schwierigkeiten, sich zu unterhalten; sie ziehen sich aus der Gesellschaft zurück, verlieren die Motivation und werden teilnahmslos; sie hören auf zu planen. Ihre Mitmenschen können sie nicht verstehen. Ich bin weit davon entfernt, alle Jugendlichen als schizophren zu bezeichnen, aber ich sehe deutliche Parallelen zwischen Schizophrenie und den schwierigen Jahren, in denen der jugendliche Cortex um die Entwicklung des erwachsenen Bewusstseins ringt.

Woher also kommt die Schizophrenie, und was können wir daraus über die milderen, verbreiteten Formen jugendlicher Verwirrtheit lernen? Als Erstes will ich feststellen, dass für die Schizophrenie mehr Ursachen vorgeschlagen wurden als für jede andere Krankheit. Die Fachliteratur zu diesem Thema ist schier unübersehbar. Manchmal hat man den Eindruck, es gibt so viele Theorien, wie Spezialisten auf diesem Gebiet arbeiten.

(In einer wissenschaftlichen Arbeit kann man sogar lesen, der Fluch der Schizophrenie liege auf der Menschheit seit der Erfindung der Absatzschuhe.) Die Fülle der Erklärungsversuche deutet auf eines hin: Die Krankheit ist komplex, vielleicht zu komplex für eine einfache, leicht verständliche Theorie. Möglicherweise sind es sogar viele Krankheiten, die zufällig gleich aussehen. Oder die Schizophrenie ist der Ausdruck eines einzelnen schwachen Kettenglieds der Evolution, das durch eine Reihe unterschiedlicher Faktoren gesprengt werden kann. Wie die Wahrheit auch immer aussieht – ich empfehle Ihnen, die folgenden Theorien (und ich stelle Ihnen zehn vor!) unter dem Gesichtspunkt durchzulesen, welche Begründung sie dafür liefern, dass so viel geistiger Ärger im Jugendalter beginnt.

Zehn Theorien über Schizophrenie

1. Die erste Theorie geht davon aus, dass psychische Erkrankungen oder Verwirrung erst richtig beginnen können, wenn die kognitiven Veränderungen des Jugendalters stattgefunden haben. Wie wir in Kapitel 2 gesehen haben, setzt mit dem Ausgang der Kindheit eine vollkommen neuartige Entwicklung des Gehirns ein: Unser Denkorgan hört auf zu wachsen; stattdessen wird das wuchernde Dickicht der Nervenfasern beschnitten, zuvor ungenutzte Bahnen werden mit einer fetthaltigen Myelinschicht isoliert und die Dopaminsysteme werden aktiviert. Im Ergebnis bilden sich neue Formen des Denkens heraus, Selbstbewusstsein, Emotionen und Sozialisation, die in der Kindheit nicht möglich waren. Diese erste Theorie interpretiert die hauptsächlichen psychischen Erkrankungen des Menschen als Versagen der mentalen Fähigkeiten, die wir im Teenageralter erwerben –

der Fähigkeiten also, die uns erst zum Menschen machen. In diesem Sinne wäre die Depression ein Versagen des Aufbaus unseres Selbstbewusststeins; die Schizophrenie könnte auf Fehler bei der Strukturierung der Denkprozesse zurückgeführt werden. Wie die Details auch immer aussehen mögen, jedenfalls besagt die Theorie, dass psychische Erkrankungen erst im Jugendalter zuschlagen, weil wir zuvor noch gar nicht über die geistige Maschinerie verfügen, die da versagt. Kinder sind also weitgehend vor diesen Plagen, vor Schwermut und jugendlicher Verwirrung geschützt, weil sie im geistigen Sinne noch keine fertigen Menschen sind.

2. Die zweite Theorie, die erklären will, warum Schizophrenie und andere psychische Erkrankungen Jugendliche besonders quälen, unterscheidet sich von der ersten in feinen Details. Sie besagt: Psychische Erkrankungen sind im Gehirn schon von der frühen Kindheit an verankert, in Form fehlgestalteter Schaltkreise, die unbemerkt „schlafen", bis sie im zweiten Lebensjahrzehnt in Betrieb genommen werden sollen. Das bedeutet, die Probleme sind von Anfang an da, werden aber durch die Unreife des Kindergehirns nicht sichtbar. Ein Indiz, das dafür spricht, ist die Prodromalphase (das Vorläuferstadium) der Schizophrenie, Monate oder Jahre kaum erkennbarer psychischer Abnormalität in Form von sozialer Zurückgezogenheit, Angststörungen, Depression, Konzentrationsschwäche, Reizbarkeit und Unzufriedenheit. Diese Symptome mögen Ihnen eher unbestimmt vorkommen, aber das Prodrom der Schizophrenie ist unter allen psychischen Erkrankungen am besten aufgeklärt – und es gibt uns einen wichtigen Hinweis auf die Natur der Krankheit selbst: Sie ist latent schon in der Kindheit vorhanden und äußert sich sehr früh durch kleinere psychische Probleme, um dann im Jugendalter mit voller Wucht zuzuschlagen.

3. Kernpunkt der dritten Theorie ist die zeitliche Abfolge der Entwicklungsschritte im Jugendalter. In den ersten beiden Kapiteln dieses Buches haben wir überlegt, dass bestimmte Stadien der körperlichen und hirnstrukturellen Entwicklung „gezielt" aufeinander folgen, weil sie aufeinander aufbauen; bei dieser Abfolge haben wir auch Geschlechtsunterschiede festgestellt und deren Sinn gesucht. Diese Überlegungen lassen sich auf die geistige Entwicklung erweitern: Vielleicht sollen wir auch die sozialen Fähigkeiten in einer bestimmten Reihenfolge entwickeln. Über das Gehirn verteilt finden sich „soziale Schaltkreise", die sich in drei zu unterschiedlichen Zeitpunkten reifende Gruppen einteilen lassen: Erst entwickelt sich die Fähigkeit, die gesellschaftliche Umgebung wahrzunehmen; dann kommt die Fähigkeit, emotional auf diese Umgebung zu reagieren, und schließlich die Fähigkeit, überlegt und planvoll zu antworten. Damit ließe sich erklären, dass wir im mittleren Teenageralter einerseits so ungeniert empfindlich und emotional sind, es andererseits aber nicht schaffen, die eigene gesellschaftliche Situation zu analysieren. Neben dieser normalen Verwirrtheit könnte diese Reihenfolge aber auch das Auftreten von psychischen Erkrankungen erklären. Mit bildgebenden Verfahren hat man tatsächlich herausgefunden, dass bei erkrankten Jugendlichen einige der Bereiche, die mit sozialer Wahrnehmung, Emotion und Analyse zu tun haben, abnormal strukturiert sind. Bei der Interpretation dieser Befunde sollten wir allerdings Vorsicht walten lassen, denn bei Schizophrenen beobachtet man Veränderungen so vieler Hirnbereiche, dass es überraschen würde, wenn ausgerechnet die „sozialen Regionen" *nicht* betroffen wären.

4. Auch die vierte Theorie hat etwas mit der zeitlichen Abfolge der Entwicklung zu tun. Sie besagt, dass die Chronologie

des Jugendalters in der modernen Zeit von Grund auf widernatürlich und schädlich ist. In diesem ganzen Buch argumentiere ich ständig damit, dass das Teenagerstadium, diese sorgfältig geordnete, in wohldefinierter Folge ablaufende Sequenz physischer und geistiger Veränderungen, etwas spezifisch Menschliches ist. Wenn das Timing des Prozesses aber so wichtig ist, was geschieht, wenn es durch das moderne Leben gestört wird? Am besten abgrenzbar ist vielleicht folgendes Beispiel: Heute sind die Menschen wohlgenährter als je zuvor in der Geschichte; dadurch wurden manche Aspekte des Heranwachsens beschleunigt, aber nicht alle. Die Pubertät etwa rückt nachweislich immer weiter nach vorn, was bedeutet, dass die Jugendlichen geschlechtsreif werden, wenn sie die geistige Reife noch vermissen lassen. Ich werde auf diesen Punkt in Kapitel 5 zurückkommen, aber Sie sehen daran sehr deutlich, dass sich heutige Teenager nach einem „unnatürlichen" Zeitplan, in „unnatürlicher" Reihenfolge entwickeln. Was, wenn die vorzeitige Flut von Sexualhormonen das Gehirn anfälliger für Schizophrenie macht? Wenn der Körper voll entwickelt ist, bevor sein Besitzer sein sexuelles Persönlichkeitsbild akzeptiert? Wenn das reichliche Nahrungsangebot die Entwicklung der emotionalen, aber nicht der analytischen Hirnregionen fördert? Das menschliche Gehirn ist ohnehin schwer zu beherrschen und instabil. Vielleicht reichen schon kleine zeitliche Abstimmungsfehler aus, um die Grenze zur psychischen Erkrankung zu überschreiten. Gehen Sie mal in den Zoo und sehen Sie sich an, was gute Ernährung und eine unnatürliche Umgebung aus einst wild lebenden Tieren gemacht haben.

5. Die fünfte Theorie zielt wie die vierte auf die Gefahren des modernen Lebens ab, diesmal aber nicht in biologischer, sondern in soziokultureller Hinsicht. Teenager werden in

soziale Umgebungen und kulturelle Systeme gestoßen, die denen, auf die ihre Entwicklung ursprünglich abgestellt war, überhaupt nicht ähneln. Deshalb sind sie überfordert. Sie versuchen sich trotzdem durchzuschlagen und passen sich an, so gut es geht, aber schließlich wird die Anspannung zu groß, und der Geist versagt. Diese Theorie ist attraktiv, aber schwer zu überprüfen – insbesondere, weil sich kaum definieren lässt, wie die „natürliche" soziokulturelle Umgebung des Menschen aussah. In der Regel stellen wir uns vor, die Menschen lebten vor Beginn des Ackerbaus verstreut in Familien- und Stammesgemeinschaften, aber wir wissen nicht genau, ob es tatsächlich so war. Was „braucht" der Teenager, um sich geistig stabil zu entwickeln: ein Elternteil, eine Kernfamilie, eine Großfamilie oder einen ganzen Stamm? Schränken heutige Eltern Selbstentfaltung, Privatsphäre und Sexualität ihrer Kinder mehr oder weniger ein als ihre Ur-urahnen vor 50 000 Jahren? Wir wissen es einfach nicht. Es ist leicht, das Leben im Stamm der Jäger und Sammler zu idealisieren. Allerdings gibt es tatsächlich ernst zu nehmende Hinweise, dass die Aufgabe dieser Lebensweise mit für die Entwicklung von psychischen Erkrankungen verantwortlich ist. Schizophrenie zum Beispiel tritt in Städten häufiger auf, und dort vor allem in sozialen Problembezirken. War früher – wie auch immer es wirklich war – doch alles besser?

6. Nummer sechs ist eine erstaunlich positive Theorie: Schizophrenie gibt es aus gutem Grund. Ein wesentlicher Aspekt des menschlichen Lebens ist die Schöpferkraft. Ohne sie wären wir niemals so weit gekommen; und außerdem wäre es ziemlich langweilig. Kreativität ist jedoch ein ungewöhnlicher geistiger Prozess, denn sie setzt den Ausbruch aus dem geistigen Hamsterrad voraus und verlangt das Knüpfen merkwürdiger intellektueller Verbindungen. Neue Lösungen für praktische Probleme oder ein neues künstlerisches

Ausdrucksmittel zu finden, erfordert Denken auf verworrenen, sinnfrei erscheinenden Wegen. Der Geist muss frei genug sein, um mit scheinbar unzusammenhängenden Konzepten zu experimentieren; seine Triebkraft muss die ungerichtete, ungeordnete Hoffnung sein, über etwas Unbekanntes, Wunderbares zu stolpern. Evolutionsbiologen halten das regel- und richtungslose Denken deshalb für ein unverzichtbares Element des menschlichen Geistes. Manche Leute tun es selten (die verlässlichen Arbeitstiere), manche häufig (die unberechenbaren Visionäre), aber die Gesellschaft braucht beide Typen. Daraus erwächst der Vorschlag, die Schizophrenie als das obere Extrem der Stufenleiter der Kreativität zu betrachten – Menschen, die so verworren und ungerichtet denken, dass sie nicht mehr „funktionieren". Ihre Gene werden aber in der Population bewahrt, denn sie bringen hin und wieder ein „Genie" hervor. Einige Leute gehen so weit, die religiöse Erleuchtung als Produkt der Evolution zu betrachten. Wer göttliche Stimmen im Kopf hört, ist der Auserwählte – oder leidet an einer Psychose. Je nach Blickwinkel.

7. Jetzt sind wir bei den mechanistischeren Vorstellungen angelangt. Eine Zeit lang hielt man die Schizophrenie für eine genetische Erkrankung, also etwas, was bereits im Erbgut unwiderruflich festgelegt ist. Zur Unterstützung dieser Theorie kann man die lange Entwicklungszeit anführen, die vielleicht schon vor der Geburt beginnt. Die ausgeprägte Prodromalphase habe ich schon erwähnt, aber man kann noch weiter zurückgehen. So gibt es eine statistische Verbindung zwischen Schizophrenie und Geburtsschwierigkeiten. Interessanterweise ist das Gehirn des Babys für eine geburtsgeeignete Lage des Fötus im Mutterleib zuständig. Könnten Lageanomalien, die die Geburt erschweren, dann als erste Anzeichen für Abnormalitäten des Gehirns ge-

deutet werden? Andere Forscher behaupten, in der Vorgeschichte von Schizophreniekranken seien überdurchschnittlich häufig vorgeburtliche Infektionen oder geringfügige körperliche Missbildungen zu verzeichnen. Die genetische Komponente zu beweisen, erweist sich jedoch als schwierig, weil auch die Erziehung als Ursache infrage kommt, und in der Regel werden Kinder von eben jenen Personen erzogen, denen sie auch ihre Gene verdanken. Langsam setzt sich unter den Fachleuten aber die Überzeugung durch, dass die Gene zumindest irgendeine Rolle spielen.

8. Ein Problem, das damit zusammenhängt, ist folgendes: Auch wenn eine genetische Disposition erforderlich ist, reicht sie doch nicht aus, um die Krankheit zwingend ausbrechen zu lassen. Diese Unvorhersagbarkeit deutet darauf hin, dass zu einer erhöhten (genetischen) Anfälligkeit weitere Auslöser kommen müssen („Second-Hit"- oder „Vulnerabilitäts-Stress"-Modell). Dieser Auslöser könnte, wie viele Forscher heute glauben, ein belastendes Ereignis in der Jugend sein. Teenager spalten Stress in zwei Komponenten auf: Sie „erfahren" ihn mit den Amygdalae (den Mandelkernen tief im Gehirn) und verarbeiten ihn mit dem präfrontalen Cortex. Es ist ebenso wichtig, dass die Mandelkerne auf die Belastung reagieren, wie auch dass der präfrontale Cortex die Reaktion steuert: Sorge dich, aber nicht zu viel. Nun gibt es stichhaltige Beweise dafür, dass der präfrontale Cortex bei Schizophrenen weniger aktiv ist, vielleicht, weil aus den Tiefen des Gehirns nicht genügend anregendes Dopamin bereitgestellt wird. Das würde bedeuten, dass manche Jugendliche aufgrund eines Dopamindefizits von Natur aus schlechter mit Stress umgehen können. Sie können belastende Ereignisse nicht einfach abschütteln wie ihre Altersgenossen. Stattdessen werden sie davon in die Schizophrenie getrieben.

9. Auch die neunte Theorie beruft sich auf eine physische, also greifbare Abnormalität des Gehirns, die aber weit komplexer sein kann als ein reiner Dopaminmangel. Wenn man der entscheidenden krankhaften Veränderung aber auf die Spur kommen will, steht man vor dem Problem, dass in einem schizophrenen Gehirn schief geht, was nur schief gehen kann – es gibt kein einzelnes Merkmal, das als sicheres Zeichen herangezogen werden kann. Beobachtet werden geschrumpfte Hippocampi, unterentwickelte Zellschichten in der Hirnrinde, Stimulationsprobleme im präfrontalen Cortex, eine schlechte Kommunikation zwischen den Regionen des Temporallappens, ein Rückgang der grauen Substanz und vergrößerte flüssigkeitsgefüllte Hohlräume im Inneren des Gehirns. Nicht weniger verwirrend sind die Veränderungen der Hirnchemie: Der Dopaminspiegel ist, wie bereits gesagt, abnorm, aber Medikamente, die auf den Serotoninspiegel wirken, unterstützen eine Behandlung; neuerdings als Verursacher in der Diskussion ist auch Glutamat. Um ehrlich zu sein: Das schizophrene Gehirn ist, anatomisch und chemisch betrachtet, ein großes Durcheinander. Ich will nicht sagen, dass es nicht irgendwann gelingt, in einem lebendigen Teenagergehirn die Wurzel der Schizophrenie zu entdecken, aber vorläufig lässt sich kaum entscheiden, was Ursache ist, was Wirkung und was nur eine Folge verzweifelter Kompensationsversuche des Gehirns. Wie auch immer Sie die Sache betrachten: Das jugendliche Gehirn hat so gut wie keine Chance. Es ist verletzlicher als je zuvor; versteckte Fehler treten zutage; zeitliche Verschiebungen der biologischen Änderungen können verheerende Folgen haben; das Gehirn ist dem unnatürlichen modernen Lebensstil ausgeliefert; es kann Stress schlecht bewältigen; chemische Prozesse können aus

dem Ruder laufen. Wundert es Sie noch, dass Teenager von Zeit zu Zeit nicht klar denken? Im Gegenteil: Man muss sich wundern, dass ihre Widerstandskraft so groß ist, dass sie überhaupt rational denken *können*. Das bringt mich zur zehnten und letzten Theorie, die Schizophrenie und Heranwachsen so eng verknüpft wie keine der neun anderen.

10. Theorie Nummer zehn fasst die Schizophrenie als eine verlängerte, übertriebene Periode des Heranwachsens auf. Dass typisches Teenagerverhalten und Schizophrenie ineinander übergehen können, habe ich bereits angedeutet, aber ich gehe nicht so weit, beides gleichzusetzen. Manche Psychologen sind weniger zurückhaltend. Sie weisen darauf hin, dass viele Teenager ihre Lebensphase als belastend empfinden, noch mehr von emotionaler Verwirrtheit berichten und nicht zwischen dem Streben nach Autonomie und wahnhaftem Verhalten unterscheiden können. Andere sind egozentrisch in einem Maße, das in jedem anderen Lebensalter als abnormal gilt, und einige rechtfertigen dies mit wirren, fantastischen Gedankengängen. Ist die Schizophrenie aber tatsächlich eine Art krankhaft verlängertes Teenagerstadium, oder ist die Übereinstimmung reiner Zufall? Die Tatsache, dass bei einem Schizophrenen jene Denkprozesse versagen, die wir uns während des Heranwachsens aneignen, bedeutet noch nicht, dass man das ganze Jugendalter als eine Phase „normaler Psychose" sehen darf. Die jugendtypische Verwirrung ähnelt der Schizophrenie vielleicht in mancher Hinsicht, ist aber nicht dasselbe. Dass die Krankheit bei Jugendlichen gehäuft ausbricht, liegt stattdessen wohl daran, dass wir in dieser Zeit unsere spezifisch menschlichen Fähigkeiten erwerben. Wenn das instabile Denkgebäude einstürzt, funktioniert der Geist nicht mehr.

Warum machen sich Teenager so viele Sorgen?

Teenager sorgen sich ständig um irgendetwas, vor allem um ihre Beziehungen zu anderen Leuten. Je besser sie sich selbst wahrnehmen und sich ihrer im sozialen Kontext bewusst werden, umso mehr Fallen sehen sie, in die sie vielleicht tappen könnten. Ängste sind natürlich etwas sehr Nützliches; sie bewahren uns davor, Dummheiten zu machen. Seit Jahrmillionen schützen sie uns vor Feinden und Unfällen. Feinde und Unfälle sind aber relativ einfache Dinge. Viel komplexer und unberechenbarer sind die Artgenossen. Sich über die Mitmenschen Gedanken zu machen, ist eine verworrene, nervenaufreibende und ermüdende Angelegenheit, besonders für Teenager. Gerade haben sie es geschafft, sich selbst halbwegs zu erkennen und ihren Platz in der Welt zu finden, da wartet schon die größte Herausforderung überhaupt: das Entwickeln von Beziehungen zu anderen Leuten.

Heranwachsen ist anstrengend, wenn auch nicht für alle in gleichem Maße: Diese populäre These wird durch vielerlei medizinische Befunde gestützt. Angststörungen beginnen, wie Depressionen und Schizophrenie, meist im Jugendalter. Immerhin ein Fünftel aller Teenager leidet unter Panikattacken und extremen Ängsten, etwa vor anderen Menschen (Soziophobie), vor öffentlichen Situationen und Orten (Agoraphobie) oder vor Prüfungen. Daraus entwickelt sich ein Vermeidungsverhalten, das die Probleme aber nicht beseitigt, sondern höchstens die geistige und soziale Entwicklung hemmt, wenn zum Beispiel der Kontakt zu anderen Teenagern gemieden wird. Soziale Ängste mindern außerdem das Selbstwertgefühl. Manche Jugendliche, besonders Mädchen, flüchten sich in selbstverletzendes Verhalten (sie schneiden – „ritzen" – oder vergiften sich), um ihre Emotionen irgendwie unter Kontrolle zu bekommen. Schätzungsweise einer von 20 Betroffenen versucht sich umzubringen. Statistisch besteht eine klare Verknüpfung von Angststörungen mit anderen psychischen Erkrankungen wie Depression und Schizophrenie.

Die normalen Alltagssorgen können bei Jugendlichen also vollkommen aus dem Ruder laufen. Aber warum? Und warum passiert das nicht allen? Wenn wir jetzt überlegen, wie Teenager Beziehungen zu ihren Mitmenschen aufbauen und warum dabei Ängste entstehen, wollen wir das aus der Sicht des Evolutionsbiologen tun. Das bedeutet, wir betrachten Teenager als junge Primaten, deren einzige Aufgabe bis vor relativ wenigen Generationen darin lag, in der Savanne zu überleben. Im Unterschied zu Depressionen und Schizophrenie war die Angst in diesem Lebenskampf tatsächlich *hilfreich*. Aus sozialer Sicht ist es durchaus sinnvoll, anderen Leuten mit Misstrauen zu begegnen: Wie sieht mich mein Gegenüber? Hat er etwa vor, mich übers Ohr zu hauen? Angst ist also etwas grundsätzlich Gesundes. Warum nimmt sie bei manchen Teenagern derart übersteigerte Formen an?

Über die Biologie von Stress und Angst weiß man eine Menge, denn beides ist zwar bei Jugendlichen häufig sozial bedingt, lässt sich aber auch durch nicht soziale, viel besser messbare Faktoren auslösen. Das Risiko einer Verletzung, eines Schmerzes oder Angriffes kann man deutlich leichter simulieren als soziale Bedrängnis. Angesichts der Bedeutung der Angst als Schutzmechanismus verwundert es nicht, dass für die Stressforschung, wie sich herausstellte, gleich mehrere Bereiche des Gehirns interessant sind. Bereits erwähnt habe ich die Mandelkerne, mit denen wir Furcht empfinden und uns später daran erinnern. Weiter unten im Gehirn befindet

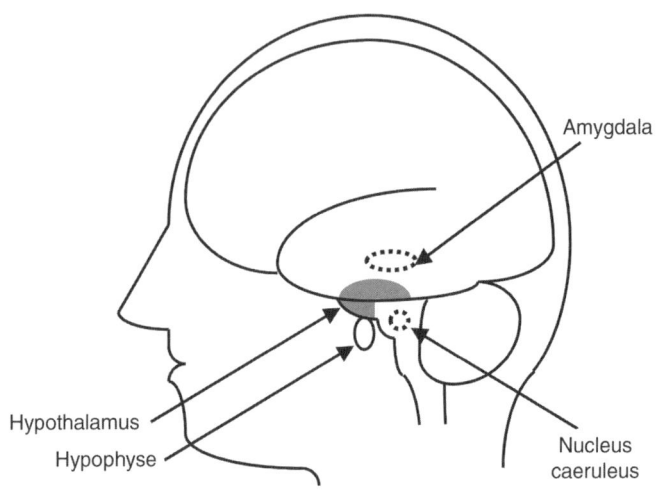

sich der Locus caeruleus („himmelblauer Ort"), der eine Rolle für Wachsamkeit und Schreckreaktion spielt. Mandelkerne und Locus caeruleus können sich in einem Dauerzustand der Unruhe befinden, wobei sie einander wechselseitig durch Neurotransmitter (Noradrenalin, Corticotropin-Releasing-Faktor) stimulieren. Außerdem sind sie mit der Hirnrinde verknüpft, um die bewusste Wahrnehmung von Gefahr und die emotionale Reaktion darauf zu ermöglichen. Auch für körperliche Veränderungen bei gestressten Tieren und Teenagern sind sie verantwortlich.

Körperliche Reaktionen auf Stress können unerklärlich, unkontrollierbar und erschreckend sein. So kann die Ausschüttung von Noradrenalin und Adrenalin (von den Nervenenden oder den Nebennieren) im ganzen Körper in die Höhe schnellen. Dadurch erweitern sich die Pupillen, das Herz schlägt schneller und stärker, der Speichelfluss versiegt und das Blut entweicht aus Haut und Genitalien. Diese Paniksymptome können so ausgeprägt sein, dass Betroffene glauben, einen Herzanfall zu erleiden. Angst regt auch den Hypothalamus, das Kontrollzentrum unseres Hormonhaushalts an der Unterseite des Gehirns, zur Ausschüttung des Corticotropin-Releasing-Faktors an. Diese Substanz gelangt zur Hypophyse und bewirkt die Sekretion eines weiteren Hormons, das schließlich die Nebennieren zur Freisetzung von Cortisol anregt. Cortisol hat seinerseits eine immense Wirkung auf fast alle Systeme des Körpers, zum Beispiel den Stoffwechsel, das Immunsystem oder das Wachstum von Haut und Haar. Aus diesem Grund ist Cortisol für viele Langzeiteffekte chronischer Angststörungen verantwortlich.

Das alles ist unangenehm, hat aber seine Gründe. In den längst vergangenen Zeiten der Jäger und Sammler war es sehr wichtig, dass bestimmte Situationen die ganze Aufmerksamkeit des Menschen auf sich zogen und nachdrücklich nach einer Lösung verlangten, sei es ein angreifender Säbelzahntiger oder eine Stammesstreitigkeit. Wenn es um Leben und Tod geht, ist es gerechtfertigt, dass die Angst den Organismus vollkommen mit Beschlag belegt. Durchaus sinnvoll sind auch die körperlichen Symptome: Wozu sollte man Speichel absondern, Nahrung verdauen oder sexuelle Lüste verspüren, wenn die Situation Wachsamkeit, Flucht oder Kampf verlangt? Das Unnormale ist also nicht die Angst an sich, sondern das Ausmaß, das sie bei Teenagern erreichen kann.

Da die Ängste, wie bereits betont, zu unseren wichtigsten Schutzmechanismen gehören, wird das jugendliche Gehirn auch in dieser Hinsicht neu verdrahtet: Es muss lernen, auf neuartige, bedrohliche Situationen adäquat zu reagieren und mögliche Bedrohungen aufmerksam im Auge zu behalten.

Nun kann man sich vielleicht vorstellen, dass auf diese Weise auch Angst vor irrationalen Gefahren „erlernt" werden kann. Wie ich weiter oben beschrieben habe, lässt sich der Mensch (ähnlich einem Pawlow'schen Hund) nur allzu leicht konditionieren. Der eigentlich harmlose Faktor muss dazu lediglich fest mit einem wirklich bedrohlichen Faktor verknüpft werden. Das einfachste Beispiel sind Phobien: Kinder beginnen, sich extrem vor Spinnen, geschlossenen Räumen oder Ähnlichem zu fürchten; später genügt dann die Vorstellung eines Spinnentiers oder eines kleinen Zimmers, um den Mund trocken werden und das Herz rasen zu lassen. Aus diesem Grund kann man Phobien heilen, indem man die Leute trainieren lässt, den Gegenstand ihrer Ängste mit etwas Angenehmem zu verbinden. Besonders dramatische Beispiele erlernter Stressreaktionen sind Panikanfälle. Ich erinnere mich an erste Anzeichen solcher Attacken mit Wellen von Angst, die über mich hinwegrollten und sich dabei aufschaukelten. Ich konnte nichts tun, nur hilflos abwarten, bis sich der Sturm innerer Spannung gelegt hatte. Eine Panikattacke kann einen zum ohnmächtigen Zuschauer der eigenen körperlichen Reaktionen machen.

Teenager sind ständig damit beschäftigt, Reaktionen auf ihre Umwelt zu erlernen und zu üben. Ich denke, dieser Lerntrieb dominiert ihre ganze psychische Entwicklung. Im zweiten Lebensjahrzehnt kann man sich mit simplen Pawlow'schen Mechanismen Verhaltensweisen antrainieren, die später komplex und unerklärlich erscheinen – und damit meine ich nicht nur Phobien und Panikanfälle, sondern das ganze Spektrum „erwachsenen" Verhaltens. Der Prozess beginnt früh im Leben. Es gibt stichhaltige Hinweise dafür, dass Jungtiere Stressreaktionen von ihren Eltern abschauen. Außerdem konnte man zeigen, dass große Belastungen in der frühen Kindheit spätere Ängste verstärken, als ob der Erwachsene befürchtete, das ganze Leben würde so anstrengend wie die Kindheit. Im Jugendalter üben wir Reaktionen auf vielerlei bedrohliche Situationen ein, zum Beispiel Begegnungen mit Vertretern des anderen Geschlechts, Leistungsabfall oder soziale Verlegenheiten. Genauso „erlernen" kann man umgekehrt auch Hilflosigkeit: Ein vernachlässigter Hund, der immer wieder frierend im Regen stehen gelassen wird, lernt schließlich, diesem Schicksal nicht entkommen zu können, und schlüpft auch dann nicht mehr in die warme Hütte, wenn sie ihm angeboten wird. Ich nehme an, diese gnadenlose, rohe Art des Lernens erklärt merkwürdige Verhaltensweisen, die sich manche Teenager angewöhnen, ohne sie später wieder ablegen zu können: Sie lassen niemanden an sich heran, fühlen sich immer wieder zu Leuten hingezogen, die sie schlecht behandelt haben, und sie tolerieren (oder schätzen gar) Beziehungen mit einseitiger Gewalt.

Was macht das soziale Leben eines Teenagers so kompliziert? Der erste große Umbruch ist der Wandel der Beziehung zu den eigenen Eltern. Wir haben bereits gesehen, dass die Eltern während der Jugendjahre aus dem Mittelpunkt des Lebens eines Kindes hinaus, an den Rand gedrängt werden. Eine grundsätzliche genetische Erklärung dafür – Trennung, um Inzest mit geschlechtsreifen Kindern zu vermeiden – ist bei vielen Tierarten sinnvoll, beim Menschen erscheint sie aber allzu einfach. Schließlich entschwinden die Heranwachsenden nicht still und leise aus dem Leben ihrer Erzeuger, sondern durchleben einen Prozess der aktiven Ablehnung der Eltern, der wahrscheinlich eine Voraussetzung für eine gesunde Persönlichkeitsentwicklung ist. Sie fühlen sich ständig angegriffen, werden aggressiv und benehmen sich geradezu unangenehm, wie übrigens auch jugendliche Primaten anderer Arten.

Diese Abnabelung von den Eltern verläuft bei Mädchen anders als bei Jungen. Jungen entwickeln sich langsamer, wie wir bereits gesehen haben. Deshalb müssen sie länger warten, bis sie die Dominanz ihres Vaters infrage stellen können – eine Tatsache, über die sie sich zwar ärgern, die jedoch den sozialen Frieden in der Familie zu bewahren hilft. Studien deuten allerdings darauf hin, dass den Ansichten junger Männer im Familienkreis deutlich eher Vorrang vor denen der Mutter eingeräumt wird, als es bei jungen Mädchen der Fall ist. Jugendliche Mädchen als geistige Frühentwickler können deshalb in ihren Hoffnungen leicht enttäuscht sein. Das mag erklären, warum sich Mädchen emotional stärker von ihren Eltern abgrenzen als Jungen.

Die Kluft zwischen Teenagern und ihren Eltern kann durch manche Aspekte des modernen Lebens noch verbreitert werden. Wie jeder weiß, reifen junge Leute heute sexuell, möglicherweise auch geistig früher als je zuvor in der Menschheitsgeschichte. Das bedeutet, auch der Zeitpunkt der emotionalen Ablösung vom Elternhaus rückt immer weiter nach vorn. Mütter und Väter empfinden diese Verschiebung als schmerzlich, und damit wiederum kommen die Jugendlichen nicht gut klar. Gleichzeitig bedingt die Struktur der modernen Gesellschaft eine immer längere finanzielle Abhängigkeit des Nachwuchses. Frühere Pubertät und spätere materielle Unabhängigkeit sind zwei Faktoren, die die konfliktbelastete Periode gleichzeitig nach oben und unten verlängern. Hinzu kommt, dass heutige Teenager immer weniger Möglichkeiten haben, sich in die Gesellschaft einzubringen, und spärlicher als jemals zuvor mit Erwachsenen kommunizieren. Schon haben wir mehrere Auslöser für Angststörungen im Jugendalter.

In dem Maße, wie sich Teenager vom Elternhaus ablösen, schließen sie sich ihren Altersgenossen an. Das ist der zweite

Umsturz im sozialen Beziehungsgeflecht, den man in diesem Lebensalter durchmacht. Schätzungen zufolge reden Heranwachsende am Tag viermal so lange mit Gleichaltrigen wie mit Erwachsenen. Es gibt keinen Anlass, diesen Drang, mit Freunden zu kommunizieren, als seltsamen Effekt der modernen Zeit zu betrachten. Unsere jugendlichen Vorfahren haben es in ihren Jäger-und-Sammler-Stämmen vermutlich nicht anders gehalten.

Dabei ist jedoch zu bemerken, dass Freundschaft im Tierreich ein seltenes Phänomen ist. Vertreter anderer Arten schließen sich normalerweise mit Eltern, Nachkommen oder Gefährten zusammen, oder sie leben in Rudeln, weil die Anzahl begleitender Artgenossen dem Einzelnen Sicherheit verspricht. Die Angewohnheit, sich mit Individuen gleichen Alters (in der Regel auch gleichen Geschlechts) zu umgeben, um langwierige Diskussionen und Erörterungen zu führen, ist spezifisch menschlich. Viele Teenager geben tatsächlich an, im Gespräch mit Freunden am glücklichsten zu sein, und viel Unfug, den Jugendliche anrichten, rechtfertigen sie (oft zu Recht) mit Gruppendruck. Was treibt den Menschen dazu, diese speziellen, intensiven, aber nicht offenkundig produktiven Beziehungen im Jugendalter aufzubauen?

Die erste Theorie lautet: Teenager versprechen sich davon einen Vorteil. Dieser Idee zugrunde liegt die Beobachtung, dass außerfamiliäre Bündnisse bei anderen Tierarten zu dem Zweck geschlossen werden, gemeinsam leichter an Nahrung oder andere Ressourcen zu kommen. Das klingt einleuchtend. Welchen unmittelbaren Vorteil hat aber ein Jugendlicher von seinen Freunden? Klar, man hilft einander – aber das geschieht bei näherem Hinsehen erstaunlich selten. Im Gegenteil: Bietet jemand als Gegenleistung für eine Freundschaft materielle Werte, also Geschenke, an, dann wird er misstrauisch beäugt und in der Regel nur so lange in der Gruppe toleriert, wie die Geschenke fließen. Dann lässt man ihn ohne Umstände fallen. Die gegenseitige Hilfe ist trotzdem keine schlechte Idee, wobei Menschen dieses trickreiche Wechselspiel gern hinter der edleren Fassade des Altruismus verstecken. Befragt, was ein „Freund" ist, sagen viele Teenager: jemand, der mir hilft, wenn ich es brauche. Interessanterweise argumentieren manche Psychologen, die soziale Instabilität moderner Teenager sei darauf zurückzuführen, dass ihr Leben nicht schwer genug ist. Wahre Bedrohungen kommen so selten vor, dass die Freunde niemals die Chance bekommen, ihre Unterstützung zu beweisen.

Eine zweite Theorie der Freundschaft zwischen Jugendlichen besagt: Das ist ein Übungsfeld, auf dem man Erfahrungen machen kann. Der Mensch ist ein ausgesprochen soziales Wesen, dessen persönlicher Erfolg in hohem Maße davon abhängt, wie gut er sich in die Gesellschaft einzufügen vermag. Teenagerfreundschaften bieten also die Gelegenheit, Sozialkompetenz in risikoarmer Umgebung zu trainieren, und lassen uns allmählich und so unmerklich in die Welt erwachsener sozialer Interaktion hinübergleiten, dass wir sie meiner Meinung nach oft als selbstverständlich hinnehmen. Der beste Beweis dafür ist die eine Interaktion, auf die uns platonische Freundschaft *nicht* vorbereitet. Können Sie sich noch an die Schauer von Unerfahrenheit und Verletzlichkeit erinnern, die Sie bei den ersten romantischen, sexuellen Beziehungen empfunden haben? Teenagerfreundschaften geben uns noch viel mehr als die Möglichkeit, den Umgang mit anderen zu erlernen. Sie erleichtern uns den Aufbau unserer eigenen kleinen Welt, denn wir sind nicht allein – wir tauschen Erfahrungen und Ansichten über Familien, Freunde, Tätigkeiten, Leben und Tod mit Gleichaltrigen aus und erfahren Zustimmung oder Ablehnung. Teenagergruppen bauen gemeinsam ein Weltbild, das sie ihr ganzes Leben lang begleitet.

Die dritte Theorie zielt auf das Selbstwertgefühl ab. Indem wir uns auf Gleichaltrige einlassen, erfahren wir gesellschaftliche Akzeptanz oder sogar Wertschätzung. So entwickeln wir eine Vorstellung des eigenen gesellschaftlichen Wertes. Ein gesundes Ich-Bewusstsein ist, wie wir bereits gesehen haben, enorm wichtig für eine normale psychische Entwicklung, und das Gefühl, einen Platz in einer Gruppe zu haben, gewissermaßen unersetzlich zu sein, ist zentral für die Herausbildung des Selbstwertgefühls. Angesichts dessen überrascht es nicht, dass ein enger Freundeskreis zu den wichtigsten Faktoren persönlichen Glücks gezählt wird. Manche Psychologen meinen sogar, es gebe eine für die geistige Gesundheit eines Jugendlichen optimale Anzahl an Freunden.

Wir wissen jetzt, warum Aufbau und Pflege von Freundschaften für Teenager so wichtig ist. Der Drang, der Einsamkeit zu entfliehen, ist unglaublich stark. Jugendliche schätzen diese drei Faktoren – Wechselseitigkeit, soziales Lernen und Selbstwertgefühl – so hoch ein, dass sie, wie viele Studien zeigen, Altersgenossen instinktiv auf die entsprechenden äußeren Kennzeichen (gemeinsame Interessen, gegenseitiges Verständnis, positive Kommunikation) hin taxieren.

Die unermüdliche Suche nach Freunden erklärt auch viele scheinbar verrückte Dinge, die Teenager so unternehmen. Viele streben danach, sich Anerkennung in einer Gruppe zu sichern, und investieren in dieses Ziel große Anstrengungen. Äußerlichkeiten sind ihnen wichtig; eine Art, die soziale Stellung öffentlich zu zeigen, ist die Kleidung. Natürlich wählen auch Teenager ihre Klamotten in erster Linie nach ihrer Anziehungskraft auf Konkurrenten und Verehrer aus, aber es steckt noch mehr dahinter. Jugendliche Mädchen wollen auf keinen Fall „niedlich" wirken, junge Männer wollen nicht als „Spießer" daherkommen. Stattdessen wählen sie Kleidungsstücke, die ihrer Meinung nach etwas über sie selbst aussagen, über ihre Zugehörigkeit zu einer sozialen Gruppe, über ihren Modegeschmack oder einen bestimmten Aspekt ihrer Persönlichkeit. Ein Beispiel sind Piercings, eine Form der Selbstverstümmelung, die wahrscheinlich eine gewisse soziale „Stacheligkeit" und die Weigerung, sich anzupassen, symbolisieren soll. Ein anderes Beispiel ist die beständige Anziehungskraft des „Grufti"- oder „Gothic"-Stils (dunkle Kleidung, blasse Haut, grelles Make-up), die sich abgesehen von kleineren Veränderungen der Terminologie schon seit einem Vierteljahrhundert hält. Das ist eine halbe Ewigkeit in der kurzlebigen Welt der Teenagermode. „Grufti" zu sein ist schick und verlockend, nicht nur, weil man damit einen großen Teil der Gesellschaft öffentlich vor den Kopf stoßen kann, sondern auch, weil man im Rahmen einer relativ harmlosen Gemeinschaft so recht im Negativismus baden und damit experimentieren kann. Ich muss es wissen – ich habe so jemanden geheiratet.

Beunruhigender als ein Freundeskreis ist eine andere Spielart der Suche nach Gruppenzugehörigkeit: die „Clique". Der Zusammenschluss zu sozialen Gruppen ist und bleibt aber ein fast unvermeidbarer Teil des Heranwachsens. Als Erwachsener übersieht man leicht, dass viele Teenager in ihrer Freizeit einfach nichts zu tun haben. Sie *müssen* an Straßenecken und Parkbänken herumhängen, denn zu Kneipen, wo es Alkohol gibt, haben sie keinen Zutritt, und die elterliche Wohnung ist wirklich der letzte Ort, wo sie sich aufhalten wollen. Sich gegenseitig „zum Spielen" zu besuchen wäre wirklich kindisch. Ein ähnlicher Trend lässt sich bei Primatenhorden beobachten. Auch dort gibt es Splittergruppen an den Rand gedrängter Jungtiere, die um die Gemeinschaft herumstreichen. Die meisten Menschencliquen sind vollkommen harmlos, nichts weiter als ein passender Hintergrund der sozialen Entwicklung. Natürlich können sich Mitglieder isolierter Gruppen gegenseitig zu Verhaltensweisen anstacheln, die der Einzelne nie zulassen würde, aber wir können es nicht ändern: Der Mensch agiert in sozialen Gruppen, und manchmal tut er eben das Falsche. Leider neigen wir dazu, noch stärker Rückhalt in der Gruppe zu suchen, wenn es gefährlich wird. Das macht uns anfälliger dafür, selbst Teil des Mobs zu werden.

Abgesehen von der generellen Bedeutung der Teenagerfreundschaften muss man hier wieder einmal zwischen Mädchen und Jungen unterscheiden. Meine eigenen Erlebnisse stimmen mit den Ergebnissen einschlägiger Studien offenbar gut überein. Mädchen sind Freundinnen gegenüber offener und tauschen sich freier über intime Details der Gefühlswelt und der biologischen Vorgänge aus. Weil sie deshalb untereinander gut über peinliche Geheimnisse Bescheid wissen, ist Vertrauen ein extrem wichtiger Faktor einer Mädchenfreundschaft. Der Verlust einer Freundin kann eine sehr belastende, beängstigende Erfahrung sein und wird oft als Verrat empfunden. Jungen hingegen geben nur zögerlich Persönliches, insbesondere Emotionen, preis und unterhalten sich im Freundeskreis lieber über gemeinsame Interessen wie Sport und Musik oder über oberflächliche Aspekte weiblicher Attraktivität. Es reizt, Jungenfreundschaften generell weniger Tiefgang zuzubilligen als Mädchenfreundschaften, aber ich bin nicht sicher, ob das gerechtfertigt ist. Freundschaft bedeutet, den Geist seines Gegenübers zu ergründen und umgekehrt den anderen an eigenen Gedanken teilhaben zu lassen. Nur weil Jungen das indirekter tun, kann man ihnen nicht unterstellen, dass ihre Gefühle schwächer oder kühler sind als die von Mädchen (natürlich würden wir das niemals zugeben).

Dieser Unterschied zwischen Jungen und Mädchen ist mir schon immer klar gewesen. Ich erinnere mich gut daran, stets zu meinen weiblichen Freunden gegangen zu sein, wenn ich über Gefühlsdinge reden wollte. Aus diesem Grund frage ich mich, warum Freundschaften zwischen Jungen und Mädchen von den Psychologen so vernachlässigt werden. Schließlich sind sie ein interessantes Gegenstück der Beziehungen zu gleichgeschlechtlichen Altersgenossen. Sicherlich besteht immer die aufregende Gefahr, dass eine platonische Freundschaft unversehens in ein romantisches oder gar sexuelles Verhältnis abgleitet, aber dafür hat man andere Probleme nicht: Ohne die Unsicherheit, die Mädchenfreundschaften verbittern kann, oder die lähmende Indirektheit der Jungenfreundschaft kann eine erfrischend einfache, offene Beziehung wachsen, ganz von den unschätzbaren Einblicken abgesehen, die man in das Fühlen und Denken der „anderen Hälfte" der Menschheit gewinnt.

Die Kehrseite der immensen Bedeutung von Teenagerfreundschaften ist die Katastrophe, wenn das Anknüpfen von Beziehungen misslingt: soziale Ängste, ein geringes Selbstwertgefühl und Depressionen können die Betroffenen völlig aus der Bahn werfen. Wenn Freundschaften in die Brüche gehen, ist das – wie bereits gesagt – oft schwer zu verkraften, besonders für Mädchen. Verlust und Einsamkeit sind für Teenager deshalb so schlimm, weil sie dazu neigen, sie auf sich selbst zu projizieren: Sie meinen, keine Freunde gewinnen oder dauerhaft festhalten zu können, weil irgendetwas mit ihnen nicht stimmt. Erwachsene, die auf eine Erfolgsgeschichte guter Freundschaften zurückblicken können, gehen später entspannter mit Brüchen und Trennungen um.

Neben der Ablösung von den Eltern und dem Schließen von Freundschaften müssen Teenager ein drittes großes so-

ziales Abenteuer bestehen. Die Rede ist vom Konkurrenzdenken. Wie viele andere Tierarten auch, ordnen sich Menschengruppen spontan in Hierarchien. An der Spitze stehen
die Dominanten, unten die Unterwürfigen. Und genau wie
andere Gesellschaftstiere pflegt auch der Mensch sein evo-
lutionäres Erbe – die Freude an einem Platz möglichst weit
oben in der Hackordnung und den Drang, diesen Platz zu
erobern. Wer eine Gruppe von Teenagern beobachtet, muss
unweigerlich feststellen, dass es zugeht wie in einer Affen-
horde. Die Rangordnung wird festgelegt, infrage gestellt,
verteidigt, sie ist ständig in Bewegung. Einzelne Individuen
klettern empor und stürzen wieder ab. Diese Kämpfe sorgen
für Uneinigkeit, denn konkurriert wird mit Freund und Feind.
Zwar können Freunde untereinander stillschweigend eine Art
Waffenstillstand vereinbaren, aber die Ruhe kann trügerisch
sein. Unter der Decke wird weiter gekämpft, weil auch Freunde
in einer Gruppe ihre Claims abstecken müssen. Natürlich gibt
es solche Rangordnungen auch unter Erwachsenen, aber sie
sind dauerhafter und stabiler, weil sich die Beteiligten physisch, geistig und sozial längst nicht so schnell verändern wie
Jugendliche. Es wird nicht so leidenschaftlich geklettert und
seltener gestürzt; das bedeutet weniger Ängste.

Interessant ist, dass sich in gemischten Gruppen getrennte
Hierarchien für Männlein und Weiblein herausbilden, in denen verschiedene Aufstiegs- und Dominanzkriterien gelten.
Jungen wetteifern in den frühen Teenagerjahren offener; zunächst hängt der Status vor allem von Körperkraft und Geschicklichkeit ab, bis zu einem gewissen Grad auch von den
sozialen Fähigkeiten und vom Aussehen. Das Auf- und Ab-
steigen innerhalb der Rangordnung ist klar an Erfolg oder
Versagen bei körperlichen Aktivitäten, unter anderem gele-
gentlichen Prügeleien, gebunden. Bemerkenswerterweise ist

ein hoher Status nicht unbedingt an Führungsqualitäten gebunden. Oft ergreifen Jungen die Initiative, die in der Hackordnung nur an zweiter oder dritter Stelle stehen. Auffällig ist
ebenfalls, dass die Intelligenz für den Status kaum von Bedeutung zu sein scheint. Aus evolutionsbiologischer Sicht ist
das schwer zu erklären – gründet sich der Erfolg der Gattung
Mensch doch gerade auf ihre überragenden Geisteskräfte.

Damit verglichen ist die Rangordnung einer Mädchengrup-
pe komplex und anstrengend. Vieles bleibt unausgesprochen.
Offen dominantes Verhalten ist nicht üblich (vermutlich, weil
Jungen es nicht attraktiv finden) und bleibt Phasen besonders
schmerzlicher sozialer Veränderung vorbehalten. Stattdessen, so wird berichtet, sichern Mädchen ihren Status durch
Kritik, Spott (oft in Form von Nachäffen) und das bewusste
Ausschließen von Gruppenmitgliedern. Eine andere, überraschend häufig angewendet Methode, sich selbst in rechtes
Licht zu rücken, besteht darin, andere Mädchen der sexuellen
Freizügigkeit zu bezichtigen. Unter Jungen hätte diese An-
schuldigung niemals die beabsichtigte Wirkung. Alles in allem
lebt es sich in Mädchenhierarchien manchmal nicht besonders
gemütlich.

Studien zufolge richtet sich der Status in Mädchengruppen
vorrangig nach dem Aussehen; körperliche, intellektuelle und
selbst soziale Fähigkeiten spielen eine Nebenrolle. Diese hohe
Bedeutung des Äußeren kann das Leben heranwachsender
Mädchen grausam überschatten. Während die Mühen der Pubertät die Jungen allmählich (wenn auch spät) an das Idealbild
heranführt, das sich die Gesellschaft von einem Mann macht,
ähneln junge Mädchen den schmalhüftigen, dürren Models,
die alle Medien überschwemmen, immer weniger, je älter sie
werden. In Kapitel 5 werden wir noch darüber sprechen, was
Mädchen und Jungen an weiblichen Formen attraktiv finden,

aber eines ist klar: Zu viele Mädchen denken zu viel übers Abnehmen nach. (Im Gegensatz dazu möchten ungefähr genauso viele Jungen zunehmen wie abnehmen.) Diese zählebige Furcht, zu dick zu werden, könnte ein Faktor sein, der zur Häufigkeit von Essstörungen bei weiblichen Teenagern beiträgt. Wie hoch dieser Beitrag aber wirklich ist, bleibt strittig. Essstörungen – Anorexie, Bulimie und all die anderen Kombinationen von Hungern, Fressen und Übergeben – sind evolutionsgeschichtlich schwer zu erklären. Ein Vorschlag lautet, die Anorexie (Magersucht) sei eine gestörte Form einer natürlichen Enthaltsamkeit unserer Vorfahren, die das Essen vergaßen, um zu werben und sich zu paaren. Exzessive sportliche Betätigung, eine häufige Begleiterscheinung der Anorexie bei jungen Mädchen, wird im Gegenzug als gestörte Form der natürlichen Nahrungssuche bei Hungersnöten interpretiert. Für beide Theorien gibt es kaum Beweise. Vielleicht sollten wir also lieber den modernen Lebensstil betrachten, wenn wir nach Ursachen für die ständigen Sorgen um das eigene Gewicht suchen, die im Extremfall dauernden körperlichen Schaden anrichten können.

Eine Wurzel von Essstörungen könnte die Angst sein, den kulturell bedingten Idealmaßen nicht zu entsprechen. Damit ist es aber noch nicht getan. Aller Vermutung nach spielen auch ein unterentwickeltes Selbstwertgefühl, übermäßige Selbstkritik und Perfektionismus eine Rolle; möglicherweise sehen Teenager darin auch einen Weg, zumindest einen Aspekt ihres Lebens unter Kontrolle zu behalten. In die gleiche Richtung geht die Idee, Essstörungen als Ausdruck der Autonomie gegenüber dominierenden Eltern zu deuten. Dieses „Essen aus emotionalem Beweggrund" scheint mittlerweile weit verbreitet zu sein. Viele Teenager gewöhnen sich an, aus Langeweile, Ärger, Angst oder Trauer zu essen (oder nicht zu essen). Im extremeren Fall wollen sie sich auf diese Weise verletzen oder bestrafen. Abgesehen von diesen psychologischen Erklärungen könnte es auch eine körperliche Komponente geben, genauer gesagt eine genetische Disposition. Verdächtigt werden bereits Gene, die am Hirnstoffwechsel und an der Aktivität der Nervenzellen beteiligt sind. Dazu passt die Beobachtung, dass essgestörte Jugendliche oft weitere kognitive Störungen aufweisen, die zum Beispiel die Wahrnehmung der Außenwelt oder das Abschneiden bei bestimmten Tests betreffen.

Abnabelung von den Eltern, Schließen und Pflegen von Freundschaften, Sichern des Platzes in der Rangordnung ... so vieles kann fehlgedeutet, so viele Verhaltensweisen können falsch eingeübt werden. Es gibt so viel, wovor ein Teenager Angst haben kann. Die Welt kann hart sein für unsere jungen, Zwangsverhalten erlernenden Primaten, und die unnatürliche moderne Umwelt, in die sie hineingeboren werden, setzt all dem die Krone auf. Bevor wir die Diskussion über Ängste abschließen, möchte ich noch einmal klar und deutlich sagen: Wir wissen nicht, warum nur manche Jungendliche mit Angststörungen überreagieren. Alle jungen Leute machen eine aufwühlende Zeit durch, aber nur einige reagieren übermäßig auf Gut und Böse; nur einige versinken in zwanghafter Selbstbeobachtung und Phobien, wenn etwas schiefläuft. Teenager unterscheiden sich offenkundig stark in ihrer Fähigkeit, Beziehungen zu ihren Mitmenschen aufzubauen. Nur einige von ihnen unterliegen im Kampf um den Platz in der Gesellschaft. Warum?

Momentan laufen zahlreiche Studien, mit denen man Risikofaktoren für die Entwicklung von Angststörungen auf die Spur zu kommen hofft. Aussichtsreich sind, wie bereits gesagt, genetische Untersuchungen. Mit bildgebenden Verfahren hat man Abweichungen in der Hirnfunktion gefunden, etwa bei der Reaktion der Mandelkerne und des präfrontalen Cortex auf Bedrohungen oder emotionsauslösende Bilder. Manche Forscher behaupten, die Mandelkerne ängstlicher Teenager seien generell kleiner. Hormonuntersuchungen deuten auf große Aktivitätsunterschiede und funktionelle Besonderheiten des Systems aus Gehirn, Hypothalamus, Hypophyse und Nebenniere bei Teenagern hin.

Darum ist aber noch immer nicht beantwortet, *wozu* es (evolutionsgeschichtlich) gut ist, dass sich die psychische Belastbarkeit individuell so stark unterscheiden kann. Argumente liefert uns neuerdings die Evolution des Temperaments: Tierversuche lassen vermuten, dass messbare charakteristische Eigenschaften wie Aggressivität, soziales Einordnungsvermögen oder Mut wie körperliche Merkmale vererbt werden können und damit der natürlichen Auslese unterliegen. Offenbar war es für die Entwicklung der menschlichen Gesellschaft günstig, dass sich ein möglichst breites Spektrum der Temperamente herausbilden konnte – eine ganze Palette von Strategien, sich in der Gesellschaft zurechtzufinden. Aus einigen Analysen kann man schließen, dass bestimmte Bereiche dieses Temperamentsspektrums besonders anfällig für bestimmte Probleme machen – nicht nur Versagensängste und psychische Erkrankungen, sondern auch Herz-Kreislauf-Erkrankungen, Unfälle und natürlich Angststörungen.

Irgendwie hat die Evolution dafür gesorgt, dass alle Menschen verschieden sind. Ganz bestimmt gleichen wir einander nicht im Aussehen – warum sollten wir uns also geistig, emotional oder sozial gleichen? Natürlich können wir uns unserer Vielfalt freuen. Leider müssen sich die Jugendlichen aber der schrecklichen Aufgabe stellen, ihren Platz im Meer der Variationen zu finden.

Und was ist Liebe?

Sind Sie jetzt selbst schon ganz deprimiert, nachdem ich Sie in diesem Kapitel des Buches mit Problemen überschüttet habe? Dann entschuldige ich mich bei Ihnen. Vermutlich ist das mein Zugeständnis an die öffentliche Meinung, die die Jugend zur negativen und belastenden Erfahrung schlechthin erklärt. Ich stimme dem zwar nicht zu, muss aber eingestehen, dass sich Teenager mit furchtbar viel herumschlagen müssen und wahrscheinlich deshalb oft traurig, verwirrt, ängstlich oder gar psychisch krank sind. Aber natürlich kann auch alles gut gehen. Teenager können glücklich sein in einer Intensität, die sie später nie wieder erfahren. Erinnern Sie sich, dass ich dem Heranwachsen grundsätzlich positiv und optimistisch gegenüberstehe! Und nun habe ich noch ein Phänomen, das ganz klar zugunsten der Jugendjahre spricht. Was sagte doch ein bärtiger Mann vor 2000 Jahren? Es ist die Liebe, die uns alle retten kann.

„Liebe" ist nicht gerade ein wissenschaftlicher Begriff. Liebe ist subjektiv, unbegreiflich und undefinierbar, der streng wissenschaftlichen Untersuchung also nicht zugänglich. (Allerdings hielt dieselbe Schwierigkeit die Forscher nie davon ab, das „Bewusstsein" zu untersuchen.) Ist uns „Liebe" einfach zu vage? Würden wir zur Erklärung trockenere Konzepte bevorzugen, etwa Belohnung, sexuelle Anziehung, Partnerwahl, Familiengründung? Oder sträuben wir uns einfach grundsätzlich dagegen, Liebe wissenschaftlich zu zerpflücken, weil sie dann all ihren Zauber verlöre? Die romantische Liebe (und darum geht es Teenagern vorwiegend) ist aber ein so starkes, unverwüstliches Bedürfnis, dass ich bezweifle, dass es uns den Spaß verdirbt, ihre „Funktionsweise" zu verstehen.

Bis zu einem gewissen Grad lässt sich die romantische Liebe in ihre Bestandteile trennen. Beginnen wir mit einer der klarer abgrenzbaren Komponenten. Die Erfindung der Liebe war kein Akt der Wohltätigkeit der Natur gegenüber der Gattung Mensch, nein: Aller Wahrscheinlichkeit nach kommt den subjektiven Gefühlen die Aufgabe zu, Geschlechtspartner zusammenzubringen und zusammenzuhalten. Partnerschaften, die lange Zeit bestehen, beobachtet man bei vielen Wirbeltierarten. Man spricht dann von „Paarbindung". Natürlich wissen wir nicht, ob die Partner so etwas wie (menschliche) „Liebe" empfinden, aber jedenfalls gibt es das Paar als soziale Erscheinung. Die Paarbindung entsteht nicht aus dem Bedürfnis zu ständiger sexueller Aktivität. Viele Tierpaare kopulieren in der Tat nur selten (der Mensch fällt da etwas aus dem Rahmen). Vermutlich besteht das Ziel dieser Zweierbeziehung eher darin, eine optimale Zusammenarbeit der Eltern bei der Aufzucht der Nachkommen zu gewährleisten. Arten mit Paarbindung setzen dementsprechend oft eine unreife Brut in die Welt, die aufwendig gepflegt werden muss, und zwar in erster Linie vom Vater. Solche Tiere sind meist ausgesprochen sozial, und die Bindung zwischen den Eltern kann sich besonders günstig auf die soziale Entwicklung der Sprösslinge auswirken. Im Kern ist die romantische Liebe also als Mechanismus zu sehen, der uns hilft, unsere langsam wachsenden, im sozialen Umfeld gedeihenden Kinder aufzuziehen. Darum verlieben wir uns nicht vor der Pubertät; dieser Mechanismus hat keinen Sinn, bevor die Partner nicht fähig zu Zeugung oder Empfängnis sind.

Warum es die romantische Liebe gibt, ist also geklärt. Schwieriger wird es, zu erklären, *was* wir da tun. Schon vor der Pubertät experimentieren Kinder mit ihrer Sexualität und spielen auch mit schwärmerischer Vernarrtheit, aber erst bei

Heranwachsenden laufen Sex und Liebe zusammen. Sobald aber den Jugendlichen bewusst wird, dass es da zwei Phänomene gibt, merken sie auch, dass die irgendwie nicht unter einen Hut passen wollen; näher in Erfahrung zu bringen, warum das so ist, möchte ihnen die Gesellschaft am liebsten verwehren. Liebe und Sex sind nicht dasselbe, aber in den Teenagerjahren haben sie vermutlich mehr gemeinsam als im Erwachsenenalter. Sehr viele Jugendliche beschränken ihre sexuellen Aktivitäten auf Leute, in die sie sich verliebt haben. Auch in dieser Zeit kann man sich aber noch anhaltenden Schwärmereien hingeben, die niemals in einen sexuellen Kontakt münden; und auch junge Leute können Spaß an „Gelegenheitssex" haben, manchmal mit Partnern, zu denen sie schon lange eine nicht romantische Beziehung pflegen. So lernen sie den Unterschied zwischen Sex und Liebe begreifen.

Jungen haben das oft früher verstanden als Mädchen, was vielleicht kognitive Ursachen hat. Studien haben gezeigt, dass Jungen die Bedeutung von Sex und Liebe anhand verschiedener einfacher Interaktionen mit ihren Partnern festlegen: Schauen sie auf den Körper, empfinden sie sexuell, schauen sie ins Gesicht, empfinden sie romantisch. Diese Gewohnheit führen sie häufig im Erwachsenenalter fort. Möglicherweise erklärt das die gelegentlich erschreckende Fähigkeit von Männern, Sex und Liebe voneinander zu trennen. Menschen sind jedoch komplizierte Wesen; und auch Mädchen lernen, Sex und Liebe auseinanderzuhalten, wenn auch auf subtilerem Wege. Manchmal versucht man, einen romantischen Kontakt zu knüpfen, um eine liebevolle geistige Vereinigung zu erleben; dann wieder geht es nur um Geschlechtsverkehr, und häufig möchte man etwas erreichen, das zwischen diesen beiden Extremen liegt (oder die Natur der Beziehung ändert sich mit der Zeit).

Teenager müssen also ein Gespür für die romantische Etikette entwickeln, und das ist beileibe keine einfache Aufgabe. Liebe ist ein brodelndes Gemisch aus Hingabe, Nötigung, Hinwendung, Schüchternheit, Vergnügen, Angst und Humor – und das ist, wohlgemerkt, der normale Lauf der Dinge! Gibt es nun grundlegende Unterschiede zwischen „jugendlicher" und „erwachsener" Liebe? Die Psychologie hatte zunächst nicht viel zur Jugendliebe zu sagen, denn die frühen Psychoanalytiker vernachlässigten die Jugend als eine vermeintliche Übergangsphase. Sie erkannten nicht, dass es sich um ein eigenständiges Stadium des Lebensplans mit ganz bestimmten Eigenschaften handelt. Ein Grund dafür ist vielleicht, dass Teenager so intensive Gefühle entwickeln können, dass es den Psychoanalytikern nicht gelang, ihren erwachsenen Patienten ein Eingeständnis zu entlocken. Die Intensität ist vermutlich das entscheidende Merkmal der Jugendliebe, ob vollzogen oder nicht (Romeo und Julia waren Teenager). Über einen Zeitraum von ungefähr drei Jahren werden romantische Bindungen so intensiv empfunden, dass sie als körperlich schmerzhaft beschrieben werden. Nach dieser schwärmerischen Phase ist das Bedürfnis, dem Objekt des sinnlichen Begehrens nahe zu sein, immer noch stark, aber es belegt nicht mehr alle Tagträume mit Beschlag. Dieses Schwinden schwärmerischen „Verfallenseins" ist ein bekanntes psychologisches Phänomen, das sich mittlerweile, wie wir noch sehen werden, sogar mit biochemischen Fakten stützen lässt.

Eine weitere einzigartige Eigenschaft romantischer Beziehungen zwischen Teenagern ist ihre Neuartigkeit. Woher sollen die Erfahrungen auch kommen? Zumindest beim ersten Mal fühlt sich alles reizvoll – oder erschreckend, je nachdem – ungewohnt an. Den Grund dafür habe ich schon genannt: Auf die romantische Liebe bereiten uns die platonischen Jugendfreundschaften nicht vor. Aus diesem Grund zeigen Studien auch kaum einen Zusammenhang zwischen der Empfindung von Sicherheit und Getragensein in einer romantischen Beziehung einerseits und der Stabilität freundschaftlicher Beziehungen zu Altersgenossen andererseits. Freundschaft und Liebe sind eben nicht das gleiche. So erklären sich die emotionalen Missklänge, von denen der Übergang einer zuvor platonischen Bindung in eine romantische Beziehung oft begleitet ist. Überraschenderweise gibt es aber doch eine soziale Interaktion, die uns auf die Liebe vorbereitet, und das ist die Beziehung zu unseren Eltern: Das Sicherheitsgefühl in romantischer Hinsicht korreliert erstaunlich oft mit dem empfundenen Rückhalt im Elternhaus. Das mag ein weiterer Ansporn für die Eltern unter Ihnen sein, sich um ein möglichst gutes Verhältnis zu den jugendlichen Sprösslingen zu bemühen, auch wenn vorübergehend nicht allzu viel zurückzukommen scheint.

Aber, natürlich: Liebe ist unerbittlich. Ihre schwierigen, schmerzlichen Seiten können unerfahrene, verletzliche Teenager hart treffen. Eine Begründung dafür ist, dass uns die Liebe „auffrisst" und „wahnsinnig macht" – wissenschaftlich ausgedrückt, unsere kognitiven Funktionen untergräbt. Verliebte Teenager schlafen wenig, können aber trotzdem ausgeruhter aufwachen und tagsüber munterer sein als sonst, und natürlich (wen überrascht das) können sie sich schwerer konzentrieren. Manche Jugendliche sind fälschlicherweise davon überzeugt, eine andere Person würde sie lieben. Bei Erwachsenen gilt diese „Erotomanie" als abnorm. Die Teenagerliebe wurde sogar als Zustand gestörter Stimmung bezeichnet und damit in die Nähe der psychischen Erkrankung gerückt. Das starke Bedürfnis nach romantischer Erfüllung kann nicht nur die Vernachlässigung aller anderen Lebensbereiche nach sich ziehen, sondern auch Probleme wie unbeabsichtigte Seitensprünge oder die Ansteckung mit sexuell übertragbaren Krankheiten. Diese Verwirrung der Gedanken ist es aber selbstverständlich auch, was die Liebe so angenehm macht: Man lässt sich fallen und versinkt hilflos in einem neuen mentalen Zustand. Was als hinnehmbar gilt, wird von sozialen Normen bestimmt. Niemand findet etwas dabei, wenn erwachsene verheiratete Partner sexuell und emotional voneinander besessen sind.

Eine andere unangenehme Begleiterscheinung der Liebe ist die Eifersucht. Romantische Liebe ist fast immer mit Beschützer- und Besitzverhalten verbunden, auch wenn es nie deutlich ausgesprochen wird. In der rasanten, schnelllebigen Welt von Teenagern schaukelt sich die normale sexuelle Eifersucht oft so weit auf, dass es zu Konflikten zwischen den Partnern kommt. Jugendliche finden einander einfach schrecklich attraktiv; viele Zweierbeziehungen werden deshalb ständig von Angreifern bedrängt. Noch hinzu kommt, dass der Mensch, wie berichtet wird, auch innerhalb einer Beziehung durchaus in der Lage ist, sich um die Anziehungskraft und Verfügbarkeit anderer Partner zu kümmern. Die Eifersucht gehört so untrennbar zur Jugendliebe, dass manche Teenager behaupten, sich Sorgen zu machen, weil der Partner *nicht* eifersüchtig ist. Andere beunruhigt es, wenn offenbar niemand sonst ihren Partner attraktiv findet. Es ist zum Verzweifeln – wir Menschen sind schon ein komischer Haufen.

Romantische Beziehungen zwischen Teenagern wirken sich unmittelbar auf das geistige Wohlbefinden aus. So heftig, wie man eine Welle schwärmerischer Verliebtheit empfindet, so niederschmetternd kann das Ende einer Beziehung sein. Eine verlorene Liebe kann klinische Angststörungen und Depressionen auslösen, vermutlich, weil sie in der Regel mit einer Phase intensiver Selbstbeobachtung und innerer Einkehr einhergeht. In den meisten Fällen fällt es schwer zu erklären, warum eine Beziehung in die Brüche gehen musste, selbst vom Standpunkt des Partners aus, der den Bruch herbeigeführt hat. Wenn aber keine objektiven Ursachen zu benennen sind, suchen viele Teenager die Schuld bei sich selbst; sie vermuten, irgendetwas in ihnen sei nicht in Ordnung. Wie wir bereits gesehen haben, kann diese Selbstbezichtigung das ohnehin zerbrechliche Selbstwertgefühl zerstören. Der gerade Weg führt dann in die Depression. Ich glaube, dass viele Teenager durch solche Prozesse auch erlernen, zukünftige Beziehungen zu ertragen, die oberflächlich romantisch und dauerhaft wirken, im Kern aber zerstörerisch und gewalttätig sind und nur dazu dienen, die eigenen Vorstellungen von „dem, was man verdient hat" immer wieder zu bestätigen.

Liebe ist also eine enorme produktiv-destruktive geistige Kraft, die jedem Teenager von Natur aus innewohnt. Welche biologischen Prozesse liegen ihr zugrunde? Offensichtlich eignet sich „Liebe" nicht besonders gut für Laboruntersuchungen. Immerhin einen kleinen Einblick in das flüchtigste aller Phänomene können wir uns mit modernen bildgebenden Verfahren verschaffen. Die Versuchung ist groß, einen „Liebesmechanismus" unter Beteiligung der Tegmentum-Nucleus-accumbens-Bahn zu suchen, die, wie wir in Kapitel 2 besprochen haben, auch für andere Belohnungen wie Essen und Trinken, ein Dach überm Kopf, Drogen und Videospiele zuständig ist. Vielleicht spielt diese Bahn für das sexuelle Verlangen tatsächlich eine Rolle, aber die Beweise, dass Liebe hier tatsächlich „entsteht", sind nicht überzeugend. Möglicherweise hängt Liebe nicht so unmittelbar mit Abhängigkeit zusammen, wie man vermuten könnte. MRT-Untersuchungen, bei denen Probanden Bilder attraktiver Personen betrachten, Fragebögen über leidenschaftliche Liebe ausfüllen oder von der letzten gescheiterten Beziehung reden mussten, deuten darauf hin, dass an der „Konstruktion" von Liebe mehrere Hirnregionen beteiligt sind. Während das Tegmentum von äußerlicher Anziehungskraft beeindruckt ist – Stalking kann tatsächlich mit einer Überaktivität des Belohungssystems in Zusammenhang gebracht werden –, aktiviert das Nachdenken über Liebe den Nucleus caudatus, den Gyrus angularis und den Gyrus fusiformis. Liebe ist schließlich nicht weniger als „alle Herrlichkeit auf Erden". Kein Wunder, dass man viele Regionen des Gehirns benutzen muss, um sie zu produzieren.

In jüngerer Zeit haben die Forscher bemerkenswerte Erkenntnisse über die Neurochemie der Liebe gewonnen, charmanterweise durch Studien an Präriewühlmäusen. Diese grauen Nager, wohnhaft in den weiten Graslandschaften des nordamerikanischen Binnenlandes, sind eine äußerst soziale Truppe mit strengen Paarbindungen und ausgeprägter Brutpflege. Wie man herausfand, wird die Paarbindung bei diesen Wühlmäusen im Wesentlichen von zwei ähnlichen Neurotransmittern gesteuert: Oxytocin und Argininvasopressin. Die erstgenannte Substanz fördert die Paarbindung zwischen Männchen und Weibchen, die zweite sorgt für Wachsamkeit und Beschützerverhalten des Männchens. Mit Sicherheit laufen diese Mechanismen nicht nur bei Präriewühlmäusen in dieser Weise ab, sondern bei allen Wirbeltieren (allerdings, je nach Art, in unterschiedlichen Hirnregionen). Um drei belegte Beispiele herauszugreifen: Oxytocin und Argininvasopressin steuern die Eiablage bei Landschildkröten, das Sexualverhalten von Salamandern und das soziale Netzwerk von Goldfischen.

Einige Biologen gehen sogar so weit, Oxytocin und Argininvasopressin als „Liebeshormone" des Menschen zu bezeichnen. Zweifellos schütten wir beide Substanzen aus. Oxytocin bewirkt die Kontraktionen der Gebärmutter während der

Geburt und den Milcheinschuss beim Stillen, während Argininvasopressin, wie das Leben so spielt, die Konzentration des Urins steuert. Eine Vielzahl von Studien deutet aber auf eine zusätzliche Rolle dieser Substanzen im Zusammenhang mit Liebesangelegenheiten hin. Nasenspray mit Oxytocin stärkt das Vertrauen; Argininvasopressin ist vermutlich an Aggressivität zwischen Männchen (wie bei den Wühlmäusen) und sexueller Erregung des Mannes beteiligt. Außerdem schütten beide Geschlechter bei einem Orgasmus reichlich Oxytocin aus. Es kann bis zu 30 Minuten dauern, bis der Spiegel wieder auf das normale Niveau abgesunken ist. Im Gehirn bewirken diese Substanzen vielleicht ein „Hingezogensein" zu anderen Personen, und sie könnten emotionale Bindungen zwischen Eltern und Kind oder bei Liebespaaren fördern.

Wie wir bereits gesehen haben, sind die Neurotransmitter Dopamin und Serotonin wahrscheinlich an den Mechanismen beteiligt, die unsere Stimmung steuern. Es ist deshalb nicht verwunderlich, dass sich auch die Spiegel dieser Substanzen ändern, wenn man sich verliebt: Dopamin schnellt nach oben, Serotonin sinkt ab. Dies könnte, so spekulieren manche, die Aktivität der Hirnrinde beeinflussen, und schon haben wir die Ursache des kognitiven Durcheinanders, das Verliebte „den Verstand verlieren" nennen. Nehmen wir noch Oxytocin und Argininvasopressin hinzu, dann stellen wir fest, dass Liebe in der Tat eine tiefgreifende Umstellung des Neurotransmitterhaushalts im Gehirn bewirkt. All dies sorgt dafür, dass zwei Leute einander finden, aneinander hängen bleiben, aufeinander unwiderstehlich wirken, sodass alle Hemmungen fallen gelassen werden, die Wahrnehmung getrübt ist und das Urteilsvermögen verloren geht. Der chemische Cocktail der Liebe zwingt uns aber auch zur Vorsicht, wenn wir mit der Hirnchemie anderer Leute herumspielen. Die selektiven Serotonin-Wiederaufnahmehemmer, die Sie bereits als Medikamente gegen Depressionen kennengelernt haben, wirken nicht nur auf Serotonin, sondern auch auf Dopamin, Oxytocin und Argininvasopressin. Vielleicht ist der Behandlungserfolg zum Teil dadurch begründet, dass diese Wirkstoffe auch das Empfinden von Eifersucht, Aggression und Liebe verändern?

Zum Schluss dieses Kapitels verrate ich Ihnen, dass offenbar endlich ein Bluttest auf Liebe entwickelt wurde. Der Nervenwachstumsfaktor (NGF) ist ein Protein, das an der Bildung und Wartung des Nervensystems beteiligt ist. Dass diese Substanz wichtig ist, weiß man schon geraume Zeit – für ihre Entdeckung gab es 1986 einen Nobelpreis –, aber erst unlängst wurde auch seine erotische Seite entdeckt. Bei Verliebten steigt der NGF-Spiegel im Blut an, und zwar netterweise in einem Maße, das dem Grad der romantischen Gefühle entspricht. Das bedeutet nicht, dass ein erhöhter NGF-Spiegel Liebe hervorruft; genauso gut kann es sein, dass Liebe den NGF-Spiegel steigen lässt. Auffallenderweise fällt der NGF-Spiegel nach ein bis zwei Jahren unweigerlich wieder ab. Das könnte bedeuten, der ersten Gefühlsaufwallung einer neuen Beziehung ist eine hirnchemische Grenze gesetzt. (Wie Sie sich erinnern, hält die Phase der jugendlichen Schwärmerei ebenfalls nur zwei bis drei Jahre an.) Es leuchtet ein, dass die Natur intensive romantische Liebe zeitlich begrenzt; schließlich besteht der eigentliche Zweck des Verliebens im Zeugen von Babys. Wenn das Neugeborene auf der Welt ist, sollen sich die Eltern gefälligst darum kümmern, statt nur Augen füreinander zu haben. Die jugendliche romantische Besessenheit macht später vermutlich einer reiferen, dauerhaften Partnerbeziehung Platz. Die Gründe dafür sind aber noch nicht geklärt.

Was also ist Liebe? Jahrhundertlang hat sich die Menschheit an der Antwort auf diese Frage die Zähne ausgebissen: Gefühl, Begierde, Hingabe, innerer Kampf mit sich selbst, sozialer Vertrag? Oder gar eine Strategie, um mit der Gewissheit des

Todes leben zu können: Nur die Liebe lässt uns die schreckliche Tatsache der eigenen Sterblichkeit vorübergehend vergessen. Die Antwort der modernen Wissenschaft lautet: Liebe ist eine Veränderung im Gehirn mit dem Zweck, die Paarbindung zu festigen und die Aufzucht sozial kompetenten Nachwuchses zu fördern. So kann man es auch sehen – indem wir reichlich Nachkommen zeugen, schlagen wir dem Tod ein Schnippchen. Wir lösen das Problem der Sterblichkeit durch die eigene Vervielfältigung.

Und aus allen möglichen Gründen ist die Jugendliebe ein Thema für sich. Heranwachsende stellen zum ersten Mal fest, dass uns allen ein unbeherrschbarer Zwang eigen ist, die Zuneigung eines Fremdlings zu gewinnen. Im Unterschied zu den meisten anderen Bedürfnissen, die sich irgendwie befriedigen lassen – etwa durch das Erlangen von Nahrung, Annehmlichkeiten oder Sex –, ist unser Liebesbedarf niemals zu decken. Wir können immer nur einen Teilerfolg erringen, indem wir eine Beziehung zu dem kompliziertesten Wesen eingehen, das wir uns vorstellen können: einem anderen Menschen. Da wir aber diesen anderen Menschen prinzipiell nicht „besitzen" können – er bleibt autonom, unabhängig und unberechenbar –, bleibt der Liebesdurst ungestillt. Je mehr wir von einem Partner Besitz ergreifen, ihn in seiner Freiheit einschränken, desto weniger begehrenswert ist er. Das Pendel einer romantischen Beziehung schwingt hin und her zwischen warmer Gemeinsamkeit, die beklemmend werden kann, und erfrischendem Getrenntsein, das schlimmstenfalls in Einsamkeit umschlägt. Die Liebe ist nie endgültig erfüllt, weil man den Partner nicht „haben" kann. Wenn es sich schon einmal lohnt, etwas zu besitzen, dann ist es etwas, das man nicht wirklich besitzen kann.

5

Freuden der Jugend

*Ob, wann und warum Teenager
Sex haben (sollen)*

> *Er küsse mich mit dem Kusse seines Mundes; denn deine Liebe ist
> lieblicher als Wein. Es riechen deine Salben köstlich; dein Name ist
> eine ausgeschüttete Salbe, darum lieben dich die Mädchen.*
> (Hohelied 1, 2–3)

Sex zwischen Teenagern ist von einer gewissen dramatischen Spannung umgeben. – Alle wissen, dass „es" passiert. Aber wer redet schon gern darüber? Unser Bauchgefühl sagt, wir müssten uns Sorgen darüber machen. Aber eigentlich ist den meisten aus Erfahrung klar, dass „es" ein lohneswerter, erfüllender Bestandteil des Heranwachsens sein kann. Wir (Erwachsenen) gehen in unserer Inkonsequenz so weit, uns gelegentlich zu wünschen, unsere Söhne und Töchter kämen irgendwie als sexuell selbstbewusste und verantwortungsvolle Menschen im 20. Lebensjahr an, ohne jemals wirklich Sex gehabt zu haben.

Über Sex redet man heute viel mehr als früher. Die öffentliche Einstellung zu diesem Thema in den westlichen Industrienationen wechselte sozusagen übergangslos von der „Verstopfung" zum „Durchfall". Trotz all der Bilder, von denen wir nun tagtäglich umgeben sind, hat das Thema Sex noch Aspekte, die an der Grenze zum Tabu liegen. Sex zwischen

Teenagern gehört dazu: Er ist weder so zweifellos verwerflich wie Sex im Kindesalter noch so fraglos akzeptabel wie Sex zwischen Erwachsenen. Wieder ist es die Jugendzeit, dieses Stadium des Lebensplans, in dem sich alle Wege kreuzen, die unsere Ansichten über „richtig" und „falsch" durcheinanderwirft. Teenagersex bedeutet: Unreife Menschen experimentieren mit etwas Erwachsenem, Intensivem und potenziell Gefährlichem. Und zu allem Überfluss suchen sie sich dazu auch noch ältere Partner aus.

Aus diesem Grund habe ich Teenagersex oben als Fast-Tabu beschrieben: Manchmal redet man gern darüber, dann wieder empfindet man die Grenze als eindeutig überschritten. Einen wahren Sturm der Entrüstung entfachte kürzlich ein höherer britischer Polizeibeamter mit der Forderung, Sex mit strafunmündigen Jugendlichen (in Großbritannien sind das die unter 16-Jährigen) solle erlaubt werden, wenn der Altersunterschied der Partner ein bestimmtes Maß nicht übersteigt. Die Medien reagierten darauf mit wütender Kritik – kaum nachvollziehbar, wenn man bedenkt, dass in vielen Ländern solche „Abstandsregelungen" schon lange in Kraft sind.[1] Viele Teenager haben Sex, untereinander und oft auch mit Partnern, die ein paar Jahre älter sind. Hier mit dem Strafrecht zu drohen, wirkt nicht gerade angemessen.

Ich meine, die negative Einstellung der Gesellschaft zum Teenagersex kann nur schaden. Die eigentlich „schönste Sache der Welt" wird kriminalisiert und muss im Verborgenen stattfinden; das mag ihr einen gewissen zusätzlichen Reiz verleihen, trägt

---

[1] In Deutschland beginnt die Strafmündigkeit mit Vollendung des 14. Lebensjahrs. Sex zwischen unter 14-Jährigen ist verboten, kann aber strafrechtlich nicht verfolgt werden. Strafrechtlich als Pädophilie verfolgt wird unter anderem Sex mit unter 14-Jährigen, wenn der Altersabstand zum Täter (immer der ältere Partner) mehr als sechs Jahre beträgt. (Anm. d. Übers.)

aber kaum dazu bei, einen reifen Umgang mit diesem Thema zu entwickeln. Viel hilfreicher wäre es, Teenagersex als freiwilliges, im gegenseitigen Einvernehmen stattfindendes Element des Erwachsenwerdens zu begreifen. Die Folge eines solchen positiven Herangehens wäre nicht etwa, dass Teenager dann mehr Sex haben, im Gegenteil: Betont man die freie Entscheidung und nicht die versteckten Risiken, kommt es vermutlich sogar seltener zum Äußersten. Sex ist kein fürchterlicher biologischer Trieb, von dem sich die armen Jugendlichen irgendwie befreien müssten. Sex hat etwas mit den wichtigsten zwischenmenschlichen Beziehungen zu tun, die wir im Leben knüpfen.

Ich habe mir den Sex aus zwei Gründen für das letzte Kapitel dieses Buches aufgehoben. Erstens: Aus evolutionsbiologischer Sicht ist Sex das Wichtigste überhaupt. Schließlich beruht die natürliche Auslese auf der Vermehrung der Individuen durch das Ausbrüten einer zahlreichen Nachkommenschaft. Sex ist also die Krönung der Evolution und verdient deshalb diesen gewissermaßen dramatisch exponierten Platz im Text. Zweitens: Über Sex kann man sinnvoll nur im Kontext aller anderen Facetten des Teenagerlebens reden. Viele Bücher über Jugendliche konzentrieren sich auf Sex und vernachlässigen darüber den Rest, aber welchen Sinn hat es denn, den Akt an sich zu besprechen, ohne über die körperlichen Veränderungen, das Wachstum, die Entwicklung von Beziehungen, die geistigen Stolpersteine und all die giftigen Drogen nachgedacht zu haben? Alle diese Faktoren gemeinsam machen das Besondere der Jugendzeit aus. Sex kann ein Ausdruck aller Wünsche, Hoffnungen, Angst und Selbstberuhigung sein. Unser Geistesapparat hat den evolutionären Fortpflanzungstrieb für sich vereinnahmt.

Wenn es um Sex geht, steht also viel auf dem Spiel. Irgendwo im vorderen Teil dieses Buches habe ich behauptet, vieles, was wir als Teenager tun, und viele Entscheidungen, die wir in diesem Alter treffen, hätten nicht unbedingt einen bleibenden Einfluss auf das weitere Leben. Jugendliche Unbesonnenheit führt zu nichts weiter als zu Fehlern, die wir in einem Stadium begehen, in dem solche Fehler vorgesehen sind. Viel wichtiger, als niemals Fehler zu machen, ist zu lernen, wie man sich verhält, insbesondere gegenüber seinen Mitmenschen – denn diese Verhaltensweisen begleiten uns tatsächlich durchs Leben. Sex ist, nun ja, eine Ausnahme von dieser Regel als eine der wenigen Gelegenheiten, bei denen ein junger Mensch seinem Leben eine unwiderrufliche Richtung geben kann. Eine winzige Fehleinschätzung, und ein Kind wird gezeugt; ein ungeschütztes Experiment, und die Fruchtbarkeit ist dahin. Wahrscheinlich ist das der Grund dafür, dass uns Teenagersex so aus der Ruhe bringt: Hier pfuschen unreife junge Menschen mit einer der stärksten Naturkräfte herum, die es gibt.

Warum haben Teenager Sex?

Um herauszufinden, woher diese gewaltige Kraft kommt, müssen wir in unsere Vergangenheit zurückblicken, so weit es irgend geht. Das sexuelle Erbe eines Teenagers ist das Produkt einer Jahrmilliarden dauernden Evolution. Sex ist nicht nur an sich eine extrem alte Erfindung, sondern auch die dazu notwendigen biologischen Utensilien waren im Großen und Ganzen schon lange vorhanden, bevor unsere Vorfahren halbwegs menschenähnlich aussahen. Die schlichte Antwort auf die Frage oben lautet: Teenager haben Sex, weil die Evolution das so vorgesehen hat. Damit Sie verstehen, warum dies wiederum so kommen musste, lade ich Sie zu einem Kurs in Urweltzoologie ein.

Jeder kennt die grundsätzlichen biologischen Unterschiede zwischen den Geschlechtern: Männchen haben Hoden zur Produktion von Spermien (winzigen, umherschwimmenden „Keimzellen"), Weibchen haben Eierstöcke zur Herstellung von Eizellen (großen, unbeweglichen „Keimzellen"). Selbst diese ganz einfachen Tatsachen bergen aber ihre Geheimnisse. Keiner weiß zum Beispiel, warum die Spermien so extrem klein sind (mit die kleinsten Körperzellen überhaupt), die Eizellen hingegen so extrem groß (mit die größten Körperzellen). Immerhin haben wir eine leise Ahnung, warum wir Sex brauchen, um Babys zu machen.

Alles irdische Leben beruht auf genetischer Information, die in Molekülen der Desoxyribonucleinsäure (DNA), manchmal auch in ähnlichen Molekülen namens RNA enthalten ist. Die DNA ist ein ungeheuer langes Molekül und sieht aus wie eine in sich verdrehte Strickleiter (die berühmte Doppelhelix). Die Erbinformation steckt in den Sprossen der Leiter, von denen es vier Typen gibt, die in beliebiger Reihenfolge angeordnet werden können. Die DNA enthält also einen digitalen Code, den Sie sich so ähnlich vorstellen können wie den aus Nullen und Einsen bestehenden Binärcode, mit dem Ihr Computer arbeitet, nur dass die Basis hier nicht zwei, sondern vier verschiedene „Ziffern" umfasst. Weitere bemerkenswerte Eigenschaften machen die DNA zum Fundament des Lebens. Erstens wird der Code vom Organismus zur Synthese nützlicher Dinge benutzt, zum Beispiel der Proteine, auf denen ein sehr großer Teil der Funktionalität von Lebewesen beruht. Zweitens lassen sich die beiden langen Seitenstangen der Leiter voneinander trennen; jede der beiden Hälften dient dann als Vorlage zur Vervollständigung einer neuen Leiter, die exakt die gleichen Informationen enthält wie ihr Vorbild. Deshalb können Zellen sich teilen und Organismen sich vermehren.

Bei jeder Teilung wird das Betriebshandbuch in der Mitte durchgetrennt und neu ergänzt.

Da wir nun also wissen, was „Leben" ist, können wir darüber nachdenken, woher der Sex kam. Viele Arten vermehren sich ungeschlechtlich: Sie teilen schlicht ihre DNA-Leiter und statten ihre Nachkommen mit Kopien davon aus. Das ist gut und schön, bringt aber Probleme mit sich. Die DNA ist an sich ein recht robustes Molekül, aber nichts ist perfekt: Hin und wieder kommen giftige Chemikalien oder kosmische Strahlen des Wegs und zerstören einen Teil der Leiter. Der Organismus muss sich dann furchtbar anstrengen, um den Schaden zu beheben, und nicht immer gelingt das ganz exakt. Schlimmstenfalls wird die codierte Erbinformation bei der Reparatur verändert. Solche Veränderungen bedeuten normalerweise, dass fortan irgendetwas nicht mehr so funktioniert wie vorher. Eine Mutation ist aufgetreten. Pflanzt sich das Lebewesen nun ungeschlechtlich fort, so gibt es diese abgewandelte Information treu und brav an die nächste Generation weiter. Der bekommt das gar nicht gut; viele Individuen dieser Arten sterben, weil sie beschädigte Erbsubstanz übernehmen.

Der Sex wurde erfunden, um dieses System auszutricksen. Anstatt ihre kaputte DNA einfach nur zu spalten und damit genauso kaputte Nachkommen in die Welt zu setzen, gehen Lebewesen, die sich geschlechtlich vermehren, mutig ein Risiko ein. Sie packen die zufällig ausgewählte Hälfte ihres Erbguts in eine Ei- oder Samenzelle, die dann mit der Samen- oder Eizelle eines Partners verschmilzt. Auf diese Weise erzeugen sie einen Haufen ganz verschiedener Sprösslinge, alle mit einer individuellen Mischung aus väterlicher und mütterlicher DNA ausgestattet. Manche Kinder erben natürlich auch defekte DNA und haben Pech, aber alle anderen, die unbeschädigtes Erbgut bekommen, gedeihen prächtig. Im Laufe vieler Generationen gehen die Unglücklichen unter und die Glücklichen überleben. So wird der Genpool der Population ständig gesäubert. Der paarweise Zusammenschluss erhält unsere Lebenskraft und verhindert die allmähliche genetische Degeneration.

Sex hat aber auch noch andere unschätzbare Vorteile. Ganz selten wird die DNA in einer Weise beschädigt, die der Funktion des Organismus zugute kommt. Ein geschlechtliches Lebewesen, dem dies widerfährt, produziert fröhlich besonders viele Nachkommen, die den Vorteil erben und sich ihrerseits weiter stürmisch vermehren. Vorteilhafte Mutationen verbreiten sich auf diese Weise schnell über die ganze Population und sorgen dafür, dass die Art gedeiht und neue Lebensräume erobern kann. Beim Sex geht es um Überleben und Veränderung. Genau deswegen machen wir ihn. Vermutlich hat Sex noch mehr gute Seiten, aber die lesen Sie bei Bedarf am besten in meinem Buch *A Visitor Within* nach.

Wir halten also fest: Männlein produzieren Spermien, Weiblein Eizellen. Von dieser Tatsache ausgehend ist es leichter, einige der Unterschiede zwischen den Geschlechtern zu begreifen. Erstens: Spermien und Eizellen erklären die Existenz eines seltsamen Dinges namens Penis. Entstanden ist der Penis in ferner Vergangenheit bei unseren im Wasser lebenden, im Schlamm wühlenden Wirbeltiervorfahren – nach der Erfindung des Sex, aber lange vor der Evolutionsgeschichte des Menschen, um die es im Großteil dieses Buches ging. Vor etlichen Millionen Jahren lebten unsere Urahnen als Fische im Wasser. Für die Herstellung von Penissen hatten sie keine Zeit. Wie die meisten Fische es heute immer noch tun, spritzten sie Eier und Samen einfach aus den entsprechenden Körperöffnungen ins Wasser. Die Spermien mussten dann losschwimmen und zusehen, wie sie ein Ei finden und befruchten konnten.

Einige wenige Jahrmillionen ist es her, dass unsere Vorfahren an Land krabbelten. Die alte Gewohnheit des Herumspritzens von Samen und Eiern führte auf einmal nicht mehr zum Ziel, vor allem, weil Spermien schnell absterben, wenn sie der trockenen Luft und der heißen Sonne ausgesetzt sind. Sollen die Eier wiederum widerstandsfähig genug sein, um das auszuhalten, müssen sie dicke Schalen bekommen, die kein Spermium je durchdringen kann. Unsere reptilienartigen Ahnen fanden eine Lösung dieses Problems: die „innere Befruchtung". Das Männchen spritzte seine Spermien nun direkt in den Körper des Weibchens, eine warme, feuchte und angenehme Umgebung, in der das Ei wartete und befruchtet werden konnte, bevor es seine harte Schale bekam. So entstand die „schönste Sache der Welt" – die Paarung.

Für die innere Befruchtung brauchen Sie aber nicht unbedingt einen Penis. Viele Tierarten bringen schlicht die geeigneten Körperöffnungen eng aneinander, damit die Spermien in den weiblichen Organismus gelangen können. So machen es zum Beispiel die meisten Vögel – damit wissen Sie, warum Hähnchen nicht mit einem kleinen Penis herumlaufen, der zwischen ihren Beinen schaukelt. (Eine hübsche Ausnahme sind übrigens Erpel und Ganter. Sie haben einen niedlichen, zwischen all den Federn versteckten Phallus.) Wir Säugetiere hingegen haben uns einen ganz ordentlichen, außen am Körper befestigten Penis zugelegt. Das gab den Männchen ein wundervolles Gefühl der Sicherheit: Jetzt wussten sie genau, dass ihr Sperma dort ankommt, wo es ankommen soll. Über Penisse verfügen auch andere Arten im Tierreich, zum Beispiel Insekten, aber die von Säugetieren sind natürlich die besten. Ein Blauwalpenis kann drei Meter lang werden.

Ohne eine passende Innovation am weiblichen Körper hätte der Penis aber keinen Sinn gehabt. Wenn Männchen sich zur inneren Befruchtung entschließen, müssen die Weibchen dazu bereit sein. Dafür entwickelten sie die Scheide (Vagina). Die Vagina ist der unterste Teil des weiblichen Fortpflanzungssystems und darauf spezialisiert, den männlichen Penis aufzunehmen. Außerdem ist sie mechanisch sehr belastbar und nichtsteril, um das ganze schmutzige Paarungsgeschäft aushalten zu können.

Zu diesem Zeitpunkt der Evolution – Penisse und Scheiden waren vorhanden – verfügten wir schon fast über das komplette moderne Genitalsystem, mit einer Ausnahme. Die gerade entdeckte innere Befruchtung eröffnete eine interessante neue Möglichkeit, Babys wachsen zu lassen. Befruchtete Eier, einfach auf der Erde abgelegt, sind Hitze Kälte, Nässe, Dürre und Feinden ausgeliefert. Ein großes Risiko für den lange ersehnten Nachwuchs! Deshalb wurde die Schwangerschaft erfunden, die viele unserer näheren Verwandten (einige Fischarten, Amphibien, Eidechsen und Schlangen, aus irgendwelchen Gründen aber nicht Vögel, Krokodile und Schildkröten) für sich erobert haben. Durch die Schwangerschaft können die Weibchen ihre kostbare Babyfracht in sich herumtragen, bis sie bereit zur Geburt ist, ohne Schale und sofort lebendig. Die Säugetiere haben sich zu wahren Schwangerschaftsexperten ausgebildet (nur Schnabeltier und Schnabeligel hatten offenbar keine Lust dazu). Um das Austragen der Babys zu erleichtern, verfügen die Weibchen über ein besonderes Organ, die Gebärmutter (Uterus). Sie entwickelte sich vermutlich aus einem Teil des alten Fortpflanzungskanals, in dem das Eidotter ursprünglich mit Eiweiß und Schale umgeben wurde.

Damit ist geklärt, woher die Genitalien kommen. Weibchen haben Eierstöcke, um ihre großen Eizellen zu produzieren, eine Scheide, in die ein Penis passt, und eine Gebärmutter, in der Babys wachsen. Männchen haben Hoden, um ihre kleinen

Samenzellen zu produzieren, und einen Penis, um ihn in ein Weibchen zu stecken. Ich möchte noch betonen, dass mein Bericht nur auf Indizien beruht. Natürlich haben die Biologen noch nie direkt beobachtet, wie sich bei einer Tierart die innere Befruchtung, der Penis, die Scheide, die Gebärmutter oder die Schwangerschaft herausgebildet haben. Betrachten wir aber die Fortpflanzungssysteme aller Arten des Tierreichs, dann finden wir eine Gruppe, die die innere Befruchtung praktiziert, innerhalb dieser Gruppe finden wir Arten mit Penis und Vagina und unter diesen wiederum solche mit Gebärmutter und Schwangerschaft. Die Evolution geht unglaublich langsam vonstatten, so langsam, dass wir auf ihren Verlauf in aller Regel nur aus den Endprodukten schließen können.

Eine der Seltsamkeiten des Lebens, die wir nicht auf Anhieb erklären können, ist, dass Menschenjungen ihre Hoden außen tragen. Hier fehlen uns sachdienliche Hinweise. Eine Frau ist da anscheinend viel sinnvoller gebaut: Da sie ihre beiden Eierstöcke unbedingt braucht, um Nachkommen zu zeugen, verpackt sie sie sorgsam an einer der geschütztesten Stellen ihres Körpers, nämlich zwischen Nieren und Gebärmutter. Aus diesem Grund kommen Eierstockverletzungen nur sehr selten vor. Von Hodenverletzungen kann man das leider nicht sagen. Die Hoden sind der Welt in besorgniserregender Nacktheit ausgeliefert, „geschützt" nur durch den dünnen Hodensack. Ist das nicht eine sehr riskante anatomische Konstruktion?

Um die Hoden wenigstens ein bisschen zu schützen, können Jungen sie nach oben ziehen: Sie sind an der Bauchdecke mit einem kleinen Flaschenzugmuskel, dem „Hodenheber" befestigt, der sich zusammenzieht, wenn sein Besitzer ejakuliert, friert oder in den Unterleib getreten wird. Die Hodenheber haben einen eigenen Reflex („Kremasterreflex"), wovon Sie sich leicht überzeugen können: Fahren Sie sacht mit einer

Fingerspitze über die Innenseite des Oberschenkels eines Mannes, und der Hoden auf der entsprechenden Seite hebt sich ein Stückchen an. Der Schutz, den dieser Flaschenzug bietet, ist allerdings begrenzt; und angehobene Hoden fühlen sich nach einer Weile lästig an, wie die zahlreichen Männer, die unter (harmlosen) „Pendelhoden" leiden, beim Schwimmen oder Fußballspielen bestätigen werden. Übrigens hat die Legende, Sumo-Ringer würden ihre Hoden vor dem Kampf einziehen, einen wahren Kern: Sie massieren sie in ihre fettreichen Leisten, allerdings nicht wirklich „in den Bauch" hinein.

Aber wieso sind die Hoden überhaupt außen angebracht? Zoologen – genauer gesagt die Sorte, die sich von Berufs wegen nur für die Unterseite von Tieren interessiert – verraten uns, dass die außerhalb der Bauchhöhle liegenden Hoden eine Spezialität der Säugetiere sind, während Fische, Amphibien, Reptilien und Vögel sie bescheiden innen tragen. Das trifft für die beiden großen Gruppen der Säugetiere zu, nämlich Plazentatiere, die (wie der Mensch) lebensfähige Nachkommen zur Welt bringen, und Beutelsäuger (Kängurus; der Beutel des weiblichen Kängurus ist vermutlich eine modifizierte Form des Hodensacks). Zu den bekannteren Ausnahmen von dieser Regel zählen Delfine, Wale, Robben und Seelöwen. Vielleicht ist es im Wasser einfach zu kalt für außen liegende Hoden, oder das herumbaumelnde Organ würde das Gleiten durch die Fluten erschweren. Gestützt wird diese Überlegung durch die Tatsache, dass auch Klippschliefer, Elefanten und Seekühe innere Hoden haben. Finden Sie, diese Kollektion von Felsenflitzern, Rüsselriesen und Meeresbummlern ist eine seltsame Zusammenstellung? Durchaus nicht. Ihre Familien sind eng miteinander verwandt, und ihre Vorfahren machten wahrscheinlich eine Phase durch, in der sie im Wasser lebten – der Elefant bekam seinen Schnorchel, und die Seekühe kamen nie

darüber hinaus –, und in der sich die Hoden in den Bauchraum zurückzogen. Ein Tiefschlag für diese Theorie ist die Beobachtung, dass die Hoden von Ameisenigeln (ganz bestimmt
keine Wassertiere!) innen liegen, bei Ottern aber außen, dafür
bei Faultieren innen … und so weiter.

Auch eine nähere Betrachtung des Menschen hilft uns
bei der Lösung des Außen-Hoden-Rätsels nicht weiter. Die
häufigste sexuelle Entwicklungsstörung beim Mann ist der
Hodenhochstand oder „Kryptorchismus" (*orchis* ist das grie-
chische Wort für „Hoden" – denken Sie lieber zweimal nach,
wenn Sie das nächste Mal mit Ihrem Blumenhändler reden!).
Normalerweise müssen die Hoden bis zum ersten Geburtstag in den Hodensack abgestiegen sein. Manchmal bleiben sie
unterwegs, im Bauchraum oder in der Leiste, hängen. Man
weiß, dass eine solche Lageanomalie vermehrt zu bösartigen
Tumoren führt und jedenfalls die Produktion lebensfähiger
Spermien stark herabsetzt. Daraus entstand die Theorie, Männer trügen ihre Hoden außen, weil die empfindlichen Organe
keine Hitze vertragen. In der Tat funktionieren die menschlichen Hoden am besten bei 32 °C statt bei der normalen
Körpertemperatur von 37 °C, aber das kein überzeugendes
Argument. Dass die Hoden heute bei geringen Temperaturen
besser arbeiten, bedeutet nicht, dass unsere Vorfahren sie aus
eben jenem Grund aus dem Bauchraum herausgequetscht haben. Es überrascht nicht besonders, dass die Hoden an ihre
äußere Position gut angepasst sind. Und dass ihnen eine höhere Temperatur grundsätzlich nichts ausmacht, sieht man am
Elefanten oder noch viel dramatischer am Kolibri, dessen Hoden tägliche Temperaturschwankungen zwischen 18 °C und
44 °C ohne weiteres verkraften.

Wir nähern uns dem Ende unseres Ausflugs in die Zoologie und halten fest: Die absolut unabdingbaren körperlichen

Unterschiede zwischen Mann und Frau sind ziemlich geringfügig. Die Evolution musste nur kleine Änderungen der Installation bewerkstelligen, um die Geschlechter zur Erzeugung von Nachkommen auszurüsten. Wie aber jeder weiß, sind die tatsächlichen Differenzen weit größer. Viele der großen Werke der Weltkultur widmen sich gerade der Beschreibung dieser wunderbaren zusätzlichen Unterscheidungsmerkmale. Warum sehen Jungen anders aus als Mädchen? Warum sieht eine Männerhand anders aus als eine Frauenhand? Die breiten Schultern eines jungen Burschen, die zarte Haut am Oberschenkel eines jungen Mädchens – vielleicht ist es kein Zufall, dass wir ausgerechnet diese eigentlich überflüssigen Unterschiede besonders aneinander mögen. Die menschliche Erotik ist eine komplexe, indirekte Angelegenheit. Sie beschränkt sich nicht auf das Ineinanderstecken der Fortpflanzungsorgane, sondern sie erfasst den ganzen Körper und durchtränkt unser riesiges Gehirn.

Im Laufe dieses Buches haben wir immer wieder gesehen, dass es einzigartig menschlich ist, wie fast alle unsere Körperfunktionen im Gehirn zusammenlaufen. Nirgends trifft das mehr zu als beim Sex. Die meisten Tiere, auch die meisten Säugetiere, haben nur Sex, um sich fortzupflanzen. Viele Arten haben eine begrenzte „Brutzeit", in der die äußeren Bedingungen die Aufzucht der Jungtiere begünstigen, und paaren sich deshalb auch nur zu bestimmten Jahreszeiten (manche nicht mehr als ein- bis zweimal im Jahr). Zu den Ausnahmen zählen viele Primatenarten, die Geschlechtsverkehr (vaginalen und analen, heterosexuellen und homosexuellen) aus einer Reihe sozialer Gründe betreiben, etwas zum Festigen von Bindungen, als Ausdruck von Überlegenheit oder zum Anmelden von Ansprüchen. Mitglieder mancher Arten paaren sich ganz selbstverständlich mehrmals am Tag. Dabei werden aber nur selten Nachkommen gezeugt. Je leistungsfähiger das Affengehirn wurde, umso mehr verschob sich der Sinn des Sexes von der Biologie zur Gesellschaft.

Anthropologen haben versucht, in Listen zu verzeichnen, aus welchen Gründen Menschen Sex haben, aber unser Einfallsreichtum kennt offenbar keine Grenze. Man macht „es" aus Neugier, als Geste der Zuneigung, zur gegenseitigen Bestätigung, zum Trost, zur Verdrängung von Leid, um Kontakte zu knüpfen, um Schmerzen zu verringern, als sportliche Übung, aus materiellen Gründen, um die emotionale Einheit zu besiegeln, um Vergnügen selbstsüchtig zu empfangen oder selbstlos zu bereiten, gegen die Langeweile, weil man glaubt, es tun zu müssen, oder weil man einfach Lust darauf hat. Sex ohne Fortpflanzung spielt im menschlichen Zusammenleben eine große Rolle. Welche andere Art käme auf die lächerliche Idee, sich zu paaren, während das Weibchen trächtig ist?

Der heutige Teenager steht am Ende eines unglaublich langen sexuellen Entwicklungsweges. Er trägt den Rucksack der alten biologischen Notwendigkeit (zum Schutz des Genpools) mit sich herum und obendrauf das Päckchen des viel neueren, äffischen Trends zum zweckentfremdeten Sex aus seelischen und sozialen Beweggründen. Und jeder Teenager muss wieder neu lernen, dass man Sex zwar mit dem Unterleib macht, aber mit dem Gehirn steuert.

Wann sollen Teenager Sex haben?

Die simple Antwort: Wir wissen es nicht. Vielleicht hat die Evolution die Pubertät mit elf Jahren vorgesehen, sodass 13-Jährige ihr erstes Baby zur Welt bringen sollen. Vielleicht soll die Geschlechtsreife auch erst mit 18 einsetzen und das erste Kind mit 21 kommen. Das vielleicht größte Problem, das die Gesellschaft mit den Teenagern hat, liegt darin, dass keiner weiß, was wann getan werden „soll". Wir wissen nicht, was am gesündesten ist, und nicht, was am besten ist. Vielleicht stören die kulturellen Normen von Schule und Familienleben die natürlichen biologischen Abläufe? Vielleicht passen sie auch ganz gut zu den Absichten der Evolution? Oder sind sie einfach eine Notlösung, um die Jugendlichen vor den allzu unnatürlichen Einflüssen des modernen Lebens zu schützen? Mit Sicherheit wissen wir nur zweierlei. Teenagersex ist individuell stark verschieden, und er hat sich im Laufe der Menschheitsgeschichte verändert.

Bevor Teenager freiwillig Geschlechtsverkehr haben, müssen sie in der Regel die Pubertät hinter sich gebracht haben. In Kapitel 1 habe ich die Mechanismen der Pubertät und die vorhersagbare zeitliche Abfolge der einzelnen biologischen Veränderungen diskutiert. Mag die Reihenfolge auch recht zuverlässig sein, der Zeitpunkt, zu dem sie startet, ist völlig ungewiss. Angesichts der Bedeutung des Phänomens ist die Zeitplanung der Pubertät erstaunlich variabel. Man könnte fast denken, die Evolution habe sich etwas dabei gedacht.

Wenn man das zeitliche Regime der Pubertät untersucht, fällt vor allem eines auf: In den westlichen Industrieländern hat sich ihr Beginn im Laufe der letzten Jahrhunderte deutlich nach vorn verschoben. Das ist kein „Bauchgefühl", sondern handfest zu beweisen. Oft zitiert werden Berichte von Kantoren aus dem 17. und 18. Jahrhundert, in denen zu lesen ist, der Stimmbruch bei den Knaben setze um den 18. Geburtstag herum ein – viel später als heute. Aufschlussreich sind insbesondere Daten medizinischer Karteien aus den USA und Europa für das 20. Jahrhundert: Zwar diskutieren die Forscher noch über Differenzen zwischen einzelnen Staaten, aber die meisten sind sich einig, dass die Pubertät zwischen 1900 und 2000 um etwa drei Jahre nach vorn gerutscht ist.

Diese Zahl klingt noch viel eindrucksvoller, wenn man einen anderen Bezug wählt: Mit *jedem Jahr* begann die Pubertät *zwölf Tage* früher. Für biologische Veränderungsprozesse dieser Art ist das rasend schnell, ganz sicher zu schnell, um mit der Evolution erklärt werden zu können. Ein Jahrhundert entspricht nicht mehr als vier bis fünf Generationen. Das genügt bei weitem nicht zur Festigung neuer genetischer Dispositionen. Ja, man hat Gene gefunden, die viel mit dem Zeitpunkt der Pubertät zu tun haben. Die meisten davon sind an der Synthese oder dem Transport von Hormonen beteiligt, und sie sind wichtig, weil man mit ihrer Hilfe vielleicht die große Variationsbreite des Startpunkts der Pubertät in der Bevölkerung erklären kann. Es ist aber nicht anzunehmen, dass sich ihre Verteilung unter den Individuen innerhalb eines Jahrhunderts deutlich geändert hat. Hier müssen andere Kräfte am Werk sein.

Auf der Suche nach nichtgenetischen Faktoren stoßen wir darauf, dass Bauern schon seit Jahrhunderten wissen, dass man den Zeitpunkt der Geschlechtsreife bei Tieren durch die äußeren Bedingungen beeinflussen kann. Als „Auslöser" der Pubertät kommt der Kontakt mit geschlechtsreifen Männchen oder menstruierenden Weibchen infrage, außerdem eine reichliche Fütterung, um das Pubertätsgewicht eher zu erreichen. Es überrascht nicht, dass ähnliche Maßnahmen auch beim Menschen funktionieren.

Die populärste einschlägige Theorie lautet: Die Vorverlegung der Pubertät kommt durch die immer bessere Ernährung der Bevölkerung in jüngerer Zeit zustande. Jahrhundertelang hatten die meisten Europäer nicht genug zu essen, neuerdings haben die meisten zu viel – das ist in der Tat ein dramatischer

Wandel der Erfahrung. Nach Beweisen muss man in den Industrieländern nicht lange suchen: Leicht übergewichtige Kinder kommen besonders früh in die Pubertät, etwas zu schlanke Kinder später als der Durchschnitt. Bei wirklicher Mangelernährung ist die Pubertät stark verzögert, und Essstörungen können sie „rückgängig machen" (bei Mädchen hört oft der Zyklus auf). Heute bekommen mehr Mädchen als früher ihre erste Regel im Winter, weil das die Zeit ist, in der man bei reichlichem Nahrungsangebot schneller an Gewicht zulegt. Ganz besonders auffällig ist die sprunghafte Vorverlegung der Pubertät, die man beobachtet, wenn Mädchen in der Kindheit aus Entwicklungsländern in Industrieländer einwandern.

Wir können also davon ausgehen, dass Ernährung und Startzeitpunkt der Pubertät eng miteinander zusammenhängen. Trotzdem gibt es eine Menge, was wir nicht wissen. Verschiedentlich wurde ein „Schwellengewicht" für den Eintritt in die Pubertät diskutiert (etwa 47 Kilogramm bei Mädchen und 55 bei Jungen). Damit sind allerdings Mittelwerte gemeint. Individuell kann das Gewicht stark schwanken, weshalb inzwischen Einigkeit besteht, dass es keine starre Gewichtsgrenze gibt, die man unbedingt überschritten haben muss, um geschlechtsreif zu werden. Vermutlich hat eher jedes Individuum eine eigene, eingebaute Grenze. Andere vermuten, der entscheidende Faktor sei nicht das Gewicht am Ende der Kindheit, sondern die Wachstumsrate des Kleinstkindes – und die ist zum Beispiel oft besonders hoch, wenn nicht gestillt, sondern Fertignahrung gefüttert wird. Überhaupt ist es schwierig, einen Kausalzusammenhang zwischen Körpergewicht und Pubertät herzustellen. Es könnte nämlich genauso gut sein, dass die Gewichtszunahme selbst das erste Anzeichen der einsetzenden Pubertät ist, während die offensichtlicheren körperlichen Veränderungen noch auf sich warten lassen. Abgesehen von all diesen Ungewissheiten leuchtet es aus evolutionsbiologischer Sicht ein, dass ein bestimmtes Gewicht die Voraussetzung für die Geschlechtsreife ist: Die Individuen, insbesondere die Mädchen, sollen sich den Härten der Fortpflanzung erst aussetzen müssen, wenn sie körperlich dazu in der Lage sind und über genügend Energiereserven verfügen. Vielleicht versucht der Körper sogar, biologisch zu „extrapolieren": Das Nahrungsangebot, das ihn in der Kindheit so gut wachsen ließ, wird doch sicherlich auch weiterhin, während der ersten Versuche der Aufzucht eigener Kinder, zur Verfügung stehen?

In den zurückliegenden Jahren wurden die Mechanismen, die die Pubertät am Körpergewicht ausrichten, möglicherweise aufgedeckt. Menschliche Fettzellen produzieren das Hormon Leptin. Andere Körperzellen lesen am Leptinspiegel im Blut wahrscheinlich den Körperfettgehalt ab. So vermutet man, dass Leptin die Appetitzentren des Hypothalamus steuert; Labormäuse, deren Leptinproduktion gestört ist, überfressen sich hemmungslos. In ähnlicher Weise könnte Leptin die Ausschüttung des Gonadotropin-Releasing-Hormons (GnRH) kontrollieren, das, wie Sie aus dem ersten Kapitel dieses Buches wissen, den Startschuss für die Pubertät gibt. Wieder ein erster Beweis: Leptinfreie Mäuse kommen überhaupt nicht in die Pubertät. Höchstwahrscheinlich wirkt Leptin nicht direkt auf die GnRH-Neuronen, sondern verändert eher den Spiegel des Neuropeptids Y, das an sie andockt. Wenn beim Menschen die Pubertät naht, steigt der Leptinspiegel allmählich an. Das könnte einer der auslösenden Faktoren sein, wobei vermutlich weitere hinzukommen. Interessanterweise ist der Verlauf des Leptinspiegels nach Einsetzen der Pubertät geschlechtsspezifisch: Bei Mädchen steigt er weiter, während die weiblichen Fettpölsterchen angesetzt werden, und wahrscheinlich ist er auch für einen normalen Zyklus von Bedeutung. Bei Jungen hingegen fällt er; junge Burschen sind oft auffällig dürr und schlaksig. Es ist also nicht ganz klar, wozu Jungen den hohen Leptinspiegel vorübergehend brauchen. Wie auch immer die Einzelheiten vor sich gehen mögen, Leptin ist ein guter Kandidat für unser Hirnbarometer, nach dem sich der Beginn der Pubertät vorhersagen lässt.

Da wir gerade von Vorhersage sprechen: Es gibt eine weitere, weniger erwartete Korrelation zwischen Pubertät und Gewicht, diesmal dem Geburtsgewicht. Seltsamerweise beschleunigt ein langsames vorgeburtliches Wachstum die Pubertät ähnlich wie ein schnelles nachgeburtliches Wachstum. Der Zusammenhang ist statistisch einwandfrei belegt: Ein niedriges Geburtsgewicht verlegt die Pubertät im Schnitt um zehn Monate nach vorn. Dieser scheinbar paradoxe Effekt ist in zweierlei Hinsicht faszinierend: Erstens deutet er darauf hin, dass Ereignisse und Umstände im Mutterleib Gehirn und Fortpflanzungssystem in einer Weise „programmieren" können, die sich noch zehn Jahre später, beim Anbrechen der Teenagerzeit, bemerkbar machen. Die zweite Folgerung lautet, es muss für Individuen mit niedrigem Geburtsgewicht in der Evolutionsgeschichte günstig gewesen sein, möglichst bald Nachkommen in die Welt zu setzen. Über die Ursachen können wir nur spekulieren. Vielleicht mussten die winzigen Babys einfach das Beste draus machen – die pränatalen Mangelerscheinungen könnten auf widrige Umweltbedingungen hindeuten, die das Leben verkürzen. Und was tut man, wenn man erwartet, jung zu sterben? Natürlich: Man pflanzt sich fort, und zwar schleunigst.

Faktoren, die weder mit Genen noch mit Essen zu tun haben, könnten sowohl zu den großen individuellen Unterschieden des Startzeitpunkts der Pubertät als auch zur Vorverlegung in den vergangenen Jahrzehnten beitragen. So hat sich nicht nur der Ernährungszustand dramatisch verbessert, sondern auch die Hygiene. Vermutlich wird deshalb auch das Zurückdrängen von Kinderkrankheiten und Parasiten eine Rolle spielen, ebenso der sozioökonomische Status. (Je höher der Status, desto eher die Pubertät – allerdings dürfte hier wieder die Ernährung hineinspielen.) Bisher unerklärlich sind die Differenzen zwischen Nord- und Südeuropa: In Finnland kommt man im Schnitt ein Jahr eher in die Pubertät als in Griechenland. Vielleicht sind genetische Besonderheiten dafür verantwortlich, vielleicht aber auch die Tageslänge und der Jahreszeitenwechsel. Falls Letzteres der Fall ist, sind wir damit nicht die Einzigen: Es gibt auch Tiere, deren Fortpflanzungsmuster vom Breitengrad abhängt, nämlich zumindest Ziegen und Katzen.

Ein letzter Faktor ist besonders umstritten: Stress kann die Geschlechtsreife bei Mädchen ebenfalls nach vorn verschieben. Dem stimmen nicht alle Forscher zu, aber es gibt Datenmaterial, das einen Zusammenhang insbesondere mit belastenden Familienverhältnissen belegt. Im Tierreich findet man viele Beispiele dafür, dass Stress zu früherer Fortpflanzung führt, selbst dann, wenn dabei Wachstum und körperliche Reifung aufs Spiel gesetzt werden. Diese reproduktiv bedingte Stressantwort könnte ein weiteres Exempel für die biologische Extrapolation der momentanen Lage sein: Vielleicht nehmen Mädchen soziale Turbulenzen, Vernachlässigung und Mangel an paarungswilligen Partnern als Zeichen dafür, dass ihre Lebenserwartung gering und die Chancen für die Fortpflanzung schlecht sind, man sich deshalb tunlichst beeilen sollte. Ist es sinnvoll, möglichst schnell Kinder in die Welt zu setzen, wenn man nicht einmal sicher sein kann, lange genug zu leben, um für sie sorgen zu können? Wenn diese Strategie tatsächlich biologisch in uns verankert ist, dann müssen die

Mädchen in der Evolutionsgeschichte wahrhaftig raue Zeiten durchgemacht haben; die Gefahr, vor der Geschlechtsreife zu sterben, muss ziemlich groß gewesen sein. Eine langlebige Art wie unsere würde ein paar widrige, aber nicht lebensbedrohliche Jahre sonst einfach aussitzen und mit der Paarung warten, bis die Zeiten wieder besser sind.

Wir kennen nun eine ganze Reihe von Faktoren, die das Einsetzen der Pubertät steuern, darunter solche, die die rasche Vorverlegung des Startzeitpunkts in jüngerer Zeit erklären können. Am Anfang dieses Abschnitts wollten wir wissen, wann die Evolution den Start der Pubertät vorgesehen hat. Sind wir jetzt in der Lage, eine Antwort darauf zu geben? Offenbar nicht. Ein Problem besteht noch darin, dass wir fast nichts darüber wissen, wann die Urmenschen – unsere Vorfahren, die noch keinen Ackerbau kannten – geschlechtsreif wurden. Früh, meinen manche; die Menstruation könnte zwischen sieben und zwölf eingesetzt haben. Die Beweise dafür sind mager und beschränken sich weitgehend auf die Übertragung der Daten von Schimpansen. In diesem Zusammenhang wird auch diskutiert, dass der Beginn der Landwirtschaft verheerende Auswirkungen auf die Gesundheit der Nachkommen hatte: Immer mehr Kinder pro Familie wurden in verdreckten Siedlungen zusammengepfercht und viel zu schlecht ernährt. Das könnte so gewesen sein – den möglichen Einfluss des Ackerbaus auf die Lebenserwartung habe ich schon in Kapitel 1 diskutiert –, aber es ist nicht im Geringsten bewiesen. Wir mögen uns für das ursprüngliche Leben von Jägern und Sammlern entwickelt haben, sollten uns aber hüten, es zu idealisieren. Ohne Zweifel kann es scheußlich, brutal und kurz gewesen sein.

Nachgedacht wird auch über die Auswirkungen der Landwirtschaft auf das Familienleben. Die Menschen banden sich an ihre Äcker und wurden sesshaft; Kinder erbten das

Land der Eltern, weshalb die Familie viel länger beisammenblieb. Das hatte den großen Vorteil, dass die Teenagerzeit zur Unterweisung in Ackerbau und Viehzucht genutzt werden konnte. Schob sich in jener Periode die Pubertät weiter nach hinten, um den Zeitraum der Zusammenarbeit möglichst zu verlängern? Das klingt nicht abwegig, aber ich kann nicht erkennen, wie das Bedürfnis nach technischen Tipps und Tricks praktisch eine Verschiebung der Pubertät *verursachen* sollte. Eine andere Idee ist, die späte Pubertät sollte in den plötzlich ortsfesten Familienverbänden Inzest verhindern. Auch das kann ich kaum glauben. Der Mensch hat eine starke, vernunftgebundene Aversion gegen den Geschlechtsverkehr mit nahen Verwandten. Eine verspätete Geschlechtsreife halte ich deshalb für eine unnötige Vorsichtsmaßnahme.

Wenn wir auch kaum etwas über den Zeitplan der Pubertät bei unseren „natürlich" lebenden, nomadisierenden Vorfahren wissen, eines können wir nach unserem heutigen Kenntnisstand folgern: Es gibt offenbar keinen „richtigen" Zeitpunkt. Die Pubertät ist kein Fixpunkt des menschlichen Lebensplans, der für ein bestimmtes, optimales Lebensalter vorgesehen ist. Im Gegenteil: Sie haben erlebt, dass fast alle denkbaren Umstände – Ernährung, Körpergewicht, vorgeburtliche Entwicklung, Gene, sozialer Stress – das Erreichen der Geschlechtsreife nach Belieben hin- und herschieben. Und so ist es auch *gedacht*. Aus diesem Grund kann der Zeitplan individuell so unterschiedlich sein, wie wir es beobachten, ohne dass es auf lange Sicht schadet. Selbst das eine von 5000 Kindern, dass tatsächlich im klinischen Sinne vorzeitig pubertiert, hat vielleicht vorübergehend mit Anpassungsproblemen zu kämpfen, wird aber in aller Regel ein sexuell und körperlich normaler Erwachsener, der sich nicht anders verhält als seine Mitmenschen. Wir alle müssen irgendwann geschlechtsreif werden, so wie wir laufen lernen müssen; nur wann das stattfindet, ist nicht festgelegt. Damit haben wir endlich eine Antwort auf unsere Frage: Die Pubertät beginnt genau dann, wenn ihre Zeit gekommen ist.

Diese Tatsache hat Konsequenzen für die Zukunft der Pubertät. Viele Biologen machen sich Gedanken darüber, ob es einen frühestmöglichen Zeitpunkt gibt oder ob der Start immer weiter nach vorne rücken wird. Einer der besten Hinweise, die wir in diesem Zusammenhang haben, ist das offenbare Abflauen der Entwicklungsbeschleunigung in den Industrieländern. Vernünftige Schätzungen liegen bei momentan drei Tagen pro Jahr, aber es gibt auch Forscher, die überzeugt sind, der Prozess sei völlig zum Erliegen gekommen. Warum das so ist, wissen wir nicht. Vielleicht kann der Ernährungsstatus nicht mehr besser werden, als er jetzt schon ist, oder es ist eine Art volkswirtschaftliches Ertragsgesetz am Werk (der Effekt der Erhöhung eines Faktors nimmt mit der Gesamtmenge dieses Faktors ab). Bis jetzt sieht es jedenfalls nicht so aus, als ob es eine absolute Altersuntergrenze für die Geschlechtsreife gäbe, denn man beobachtet nach wie vor Individuen, die viel früher in die Pubertät kommen als der Durchschnitt der Bevölkerung.

Die Geschlechtsreife ist natürlich nicht die einzige Voraussetzung für Geschlechtsverkehr. Um eine Antwort auf die Frage zu finden, wann Teenager ihren ersten Sex *haben* sollen, müssen wir darüber nachdenken, warum sie entweder plötzlich so erpicht darauf sind oder dazu gezwungen werden. Bei der sozial komplexen Gattung Mensch ist die Grenze zwischen Begierde und Zwang gar nicht so leicht zu ziehen. Manche Teenager sehnen sich verzweifelt nach dem ersten Mal, obwohl ihre Freunde und Familienmitglieder sie davon abbringen wollen. Andere erleben ihr erstes Mal als Vergewaltigung. Für viele liegt die Realität irgendwo dazwischen: Sie haben Sex, weil sie denken, alle anderen machen es auch, weil ihre Freunde sie dazu überreden oder ihr Partner es von ihnen verlangt.

Weltweit scheint das Alter beim ersten Geschlechtsverkehr eine relativ stabile Größe zu sein. Da Ehen jedoch immer später geschlossen werden, muss man davon ausgehen, dass der Anteil des vorehelichen Verkehrs zunimmt. In Großbritannien zum Beispiel fiel zwischen 1966 und 1996 das Durchschnittsalter beim „ersten Mal" von 16 auf 14 (Mädchen) bzw. von 15 auf 13 (Jungen). Nur noch etwa ein Prozent der Frauen macht die ersten sexuellen Erfahrungen in der Ehe. 1950 waren es noch 40 Prozent. Verwirrend ist der Altersunterschied zwischen Jungen und Mädchen angesichts dessen, dass Jungen jeden Alters wesentlich mehr sexuelle Kontakte angeben als Mädchen und in den meisten heterosexuellen jugendlichen Pärchen der Junge älter ist als das Mädchen. Wo die vielen älteren Mädchen herkommen sollen, mit denen die jungen Burschen Sex gehabt haben wollen, ist unklar. Es reizt zu vermuten, dass Jungen bei Befragungen die Anzahl der Sexualpartner überschätzen und das Alter beim ersten Verkehr unterschätzen, während es bei Mädchen gerade andersherum ist.

Andere Studien konzentrieren sich darauf, wie Jungendliche ihr „erstes Mal" erleben. Jungen berichten, Neugier oder sogar Alkohol habe ihnen den letzten Schubs gegeben; Mädchen sprechen häufiger von Liebe. Daraus ist zu schließen, dass die Absichten, mit denen sich heterosexuelle Partner auf den ersten Verkehr einlassen, nicht unbedingt übereinstimmen müssen. In den Vereinigten Staaten wurde eine Kohorte (statistisch definierte Gruppe) von Afroamerikanerinnen gebeten, die ersten sexuellen Erfahrungen einzuschätzen. Verblüffende 78 Prozent meinten, zu jung gewesen zu sein; nur 22 Prozent hielten den Zeitpunkt im Rückblick für gerade richtig. (Sollte tatsächlich gar kein Mädchen meinen, zu spät mit dem Sex begonnen zu haben?)

Die eigene Einstellung zum Sex ist das Wichtigste, denn wir schlauen Menschen sind nicht Sklaven unserer Hormone. Wir können die Geschlechtsreife ignorieren, so lange wir wollen, und mit dem Sex beginnen, wann wir wollen. Angesichts dieser kognitiven Dimension von Teenagersex will ich Ihnen nicht verschweigen, dass Jugendliche mit niedrigerem IQ zum früheren Sex neigen.

Damit will ich den Bogen zur Überschrift dieses Abschnitts schlagen: (Ab) wann sollen Teenager Sex haben? Unsere Jäger-Sammler-Vergangenheit lässt sich als Maßstab nicht heranziehen, weil wir nicht wissen, wann Pubertät und Sex damals begannen. Verschwitzte Fummeleien hinterlassen leider keine Fossilien. Die Pubertät ist ein so offensichtlich beweglicher Feiertag (Sie entschuldigen den Ausdruck), dass die Frage nach einem „normalen" Zeitpunkt unsinnig ist. Ich würde sagen: Menschen sollen zum ersten Mal Sex haben, wenn sie zum ersten Mal Sex haben wollen. Wie wir gesehen haben, fällt ungefähr in die Mitte der Teenagerzeit eine Phase verliebter Schwärmerei und sexuellen Experimentierens. Vermutlich gibt die Natur damit das Signal: Es kann losgehen. Wenn diese Phase endet, sollten Jugendliche zur Kenntnis genommen haben, dass vom Sex die Babys kommen. Was auch immer wir uns wünschen: Ich halte Sex im Jugendalter für den Dreh- und Angelpunkt all unserer sexuellen Erfahrungen. Wie wir damit umgehen, ist unsere Sache.

Warum bekommen Teenager Geschlechtskrankheiten?

Schätzungsweise über die Hälfte der sexuell aktiven Jugendlichen unter 16 Jahren haben ungeschützten Verkehr. Neben ungewollter Schwangerschaft sind sexuell übertragbare

Krankheiten (abgekürzt oft mit STD nach dem englischen Fachbegriff *Sexually Transmitted Disease*) einer der wichtigsten Gründe, Teenager zu ermahnen, beim Sex Vorsicht walten zu lassen. Es scheint, als hätten diese Warnungen kaum einen Effekt. Bis zu einem Viertel der US-amerikanischen Erwachsenen könnten mit einer Geschlechtskrankheit infiziert sein. Tatsächlich finden sich auf der Hitliste der zehn häufigsten Krankheiten in den Vereinigten Staaten fünf STD (Chlamydien, Gonorrhö, HIV, Syphilis, Hepatitis B). Noch schlimmer ist, dass rund die Hälfte der Infektionen wahrscheinlich nicht bemerkt wird. Die Zahlen sind dann noch wesentlich höher, als die Statistik angibt, und vor allem bleiben sehr viele Fälle unbehandelt, wodurch sich die Krankheiten ungehindert ausbreiten können.

Die übliche Reaktion auf diese steigende Flut geschlechtskranker Jugendlicher ist verständlicherweise Panik. Dabei sind die STD alles andere als neu; man begegnet ihnen überall in der Geschichtsschreibung, und wahrscheinlich gab es sie auch vorher schon. Es ergibt auch mehr Sinn, sie nicht als unberechenbare, bösartige Geißel der heutigen Jugend zu betrachten, sondern als Produkt einer Jahrmillionen dauernden Evolution – der Erreger ebenso wie seiner Wirte. Die Mikroben haben sich nach denselben Gesetzmäßigkeiten entwickelt wie wir Menschen, und ihre Ursprünge reichen genauso weit zurück wie unsere. Sie sind ein bunter Haufen – Viren, Bakterien, Protozoen und hier und da sogar eine Laus –, deren Gemeinsamkeit darin besteht, in unseren Fortpflanzungsorganen eine gemütliche Nische gefunden zu haben. Wie wir noch sehen werden, folgt die Ausbreitung der STD einigen besonderen Regeln. So reagieren die Krankheiten besonders schnell auf Veränderungen der Gewohnheiten der Wirte, was vielleicht erklärt, warum STD bei Jugendlichen in den vergangenen Jahren zu einer dramatischen Bedrohung werden konnten. Außerdem können sie die Menschheit aussterben lassen.

Nicht nur Menschen bekommen Geschlechtskrankheiten, auch andere Säugetiere, Vögel, Reptilien, Spinnen, Insekten und sogar Rundwürmer. Das mag beruhigend sein; wir sind nicht allein, und wir haben ein paar Tiermodelle, um die Krankheiten in Ruhe und objektiv zu untersuchen. Die verschiedenen Mikroben, die für STD bei Tieren verantwortlich sind, haben nicht viel gemeinsam außer eben ihrer Vorliebe für die Genitalien.

Einer der ungewöhnlichsten Aspekte der STD bei Tieren ist die Arithmetik ihrer Ausbreitung in der Population. Die meisten Infektionen breiten sich mit einer Geschwindigkeit aus, die proportional zur Populationsdichte ist. Leben die Mitglieder einer Art weit verstreut, dann ist die Ausbreitung schwierig. Ein gutes Beispiel dafür ist die Influenza: Solange der Mensch in nomadisierenden Kleingruppen lebte, war die Virusgrippe nie eine ernste Gefahr. Heute ist sie eine Plage, weil immer mehr Menschen dicht gedrängt leben und diese Ansammlungen auch noch global vernetzt sind. Die Abhängigkeit von der Populationsdichte hat eine gute Seite, denn sie verhindert, dass eine Art völlig ausstirbt. Greift ein neues bösartiges Vieh an, dann tötet es schnell so viele Individuen, dass sich seine Ausbreitung selbst begrenzt.

Anders ist es bei Geschlechtskrankheiten. Ihre Ausbreitung hängt weniger von der Bevölkerungsdichte ab als vom Anteil der Individuen, die bereits infiziert sind. Tiergruppen können sich weit zerstreuen, wenn eine Infektion droht, aber irgendwann müssen sie zusammenkommen, um sich zu paaren. Sie müssen sich treffen und eine Ansteckung riskieren. Dabei verlieren sie den Schutz, den ihnen die Verteilung in der Umgebung bieten konnte. Aus diesem Grund können STD tatsächlich ganze Arten auslöschen. Es gibt kein Entrinnen. Auch unsere Jäger und Sammler konnten den Geschlechtskrankheiten nicht entkommen, indem sie in ihren isolierten Stammesgruppen blieben; verhängnisvolle Inzucht wäre die Folge gewesen. Um dies zu vermeiden, so nimmt man an, handelten die Stämme mit ihren Mitgliedern. Vor- oder frühpubertäre Jugendliche zu tauschen, war sicher die beste Strategie, wenn man sich nicht gleichzeitig Geschlechtskrankheiten einhandeln wollte.

Beim Thema STD liegen Sex und Risiko, wie Sie sehen, gefährlich nahe beieinander. Wenn es ums Überleben geht, kann es eine Schicksalsentscheidung sein, sich auf Sex und das dazugehörige Infektionsrisiko einzulassen. STD gefährden die Fruchtbarkeit oder sogar das Leben; deshalb sind sie die finsteren Geister, die hinter den sexuellen Ambitionen vieler Arten lauern. Man glaubt, dass das Auftreten von Geschlechtskrankheiten das Fortpflanzungsmuster einer Art dauerhaft ändern kann. In Abhängigkeit davon, welche Individuen sich am leichtesten anstecken und am meisten unter den Symptomen leiden, flüchten sich manche Arten in Formen von Sex, die nicht der Fortpflanzung dienen, oder neigen zur Monogamie, Polygamie oder dem Gegenteil, Polyandrie (stabile Sexgemeinschaften mit einer Frau und vielen Männern).

Jedes Individuum muss Pro und Contra für sich allein abwägen. Stellen Sie sich vor, Sie sind ein erfolgreiches Männchen. Wenn Sie sich mit vielen Weibchen paaren, haben Sie die Chance, in der Lotterie der natürlichen Auslese den Jackpot abzuräumen. Andererseits riskieren Sie, sich selbst und Ihre Nachkommen mit einer verheerenden Krankheit anzustecken. In diesem Kontext gibt es stichhaltige Hinweise darauf, dass sich die Infektionsabwehr von Primaten selbst auf die sexuellen Strategien zugeschnitten hat. Einige Eigenschaften des Immunsystems lassen sich mit der Vorliebe mancher Arten für einen häufigen Partnerwechsel in Zusammenhang bringen. Vielleicht ist das Sexualverhalten des modernen Menschen sogar unsere Antwort auf die Bedrohung durch Geschlechtskrankheiten: Kulturell und biologische erzwungene dauerhafte Monogamie ist schließlich keine schlechte Vorbeugungsmaßnahme. Am Ende müssen wir uns noch bei Bazillen für den Segen des Ehestands bedanken.

Es ist aber nicht etwa so, dass die STD „versuchen", uns Böses zu tun. Die kleinen Lebewesen wollen sich, soweit wir wissen, einfach nur schnell ausbreiten. Ihren Wirt umzubringen, bevor sie weit vorankommen konnten, sollte kaum in ihrem Interesse liegen, und es gereicht ihnen ebenso wenig zum Vorteil, die Paarung zu unterbinden. Zwar haben sie es noch nicht geschafft, alle unerwünschten Nebenwirkungen abzuschütteln, aber sie kommen schon recht gut mit uns aus. Ein gutes Beispiel ist die frühe Geschichte der Syphilis in Europa. Das europäische „Jahr null" dieser Krankheit lag um 1500. Zuvor war die Syphilis entweder noch gar nicht bekannt oder extrem selten. Eine Theorie lautet, der Erreger sei auf Columbus' Segelschiffen von Haiti aus über den Atlantik geschwommen. Später schloss sich die Flotte den Truppen des französischen Königs Karl VIII. an; die Soldaten verbreiteten die Syphilis bei den Plünderungen im Anschluss an die Belagerung Neapels. Nicht alle Historiker können sich mit dieser Theorie anfreunden, aber fest steht, dass die Krankheit um diese Zeit von *irgendwo* gekommen ist und sich bald zu wandeln begann. In aufschlussreichen Berichten von Zeitgenossen kann man nachlesen, dass die Schwere der Erkrankung während ihres Beutezugs durch Europa im nachfolgenden Jahrhundert allmählich abnahm. Stämme des Erregers, die weniger Unheil anrichteten, breiteten sich schneller aus und schlugen ihre virulenteren Konkurrenten aus dem Feld. Ähnliche Effekte hat man auch bei anderen STD beobachtet: Sie töten selten und richten oft kaum unmittelbaren Schaden an. Außerdem lernen sie, dem Immunsystem ihres Wirts zu entkommen, sodass sie lange Zeit im Körper überleben können – viele STD schaffen das jahrelang, was ihre Chancen erhöht, andere Opfer zu erwischen.

Das plötzliche Auftauchen der Syphilis zeigt, wie sehr die Tätigkeit der Menschen entscheidet, welche Geschlechtskrankheiten sich ausbreiten und welche wieder verschwinden. Das Schicksal der STD ist fest an die Wechselhaftigkeit des menschlichen Verhaltens gebunden. Das ist für moderne Teenager genauso wichtig wie in der gesamten Evolutionsgeschichte. STD kamen und gingen mit dem Wandel des Lebensstils. Heute versuchen die Epidemiologen herauszufinden, wie die Zivilisation die Geschicke von Krankheiten bestimmte und noch bestimmt.

Vor ungefähr 50 000 Jahren machte sich der Mensch auf, um die meisten Gebiete der Erde zu besiedeln, in denen er heute noch wohnt. Wie bereits gesagt, lebte er damals vermutlich in Gruppen, die aus mehreren Großfamilien bestanden und durch die schiere geografische Entfernung voneinander vor den meisten Infektionskrankheiten geschützt waren. Die Gruppen mussten sich aber sexuell durchmischen; das heißt, STD konnten weitergegeben werden. Es wurde sogar behauptet, Mädchen reifen körperlich schneller als Jungen, damit man in möglichst jungem Alter (vor dem ersten Sexualkontakt) ihre geistigen und körperlichen Attribute, also ihren Handelswert, abschätzen konnte. So war die sexuelle Durchmischung zwischen den Gruppen streng kontrolliert; niemand weiß aber, inwieweit Inzesttabus und Monogamiegewohnheiten die Promiskuität innerhalb einer Gruppe verhindern konnten. Wie auch immer: STD waren unter diesen Bedingungen wohl sehr viel seltener. Einige von ihnen gab es sicher noch gar nicht.

Der nächste große Umbruch kam vor etwa 10 000 Jahren, als die Menschen in Siedlungen sesshaft wurden und begannen, Landwirtschaft zu betreiben. Was das für die Gesundheit insgesamt bedeutet haben mag, haben wir weiter oben schon besprochen. Wahrscheinlich waren auch die Geschlechtskrankheiten betroffen. Lebt eine große Zahl von Menschen dicht beieinander, dann bieten sich mehr Gelegenheiten zum Sex und damit zur Weitergabe der Infektion. Vermutlich haben sich unter diesen beengten Wohnverhältnissen auch die sozialen Bräuche geändert. Die steigende Kindersterblichkeit und die geringere Lebenserwartung könnten die Akzeptanz von Sex im Jugendalter verbessert haben. Sex jeder Art wirkt attraktiver, wenn es darum geht, die eigene Familie vor dem Aussterben zu bewahren. Die neuen Siedlungen waren keine Städte im modernen Sinn, sondern eine Art Dörfer auf dem Land, und das brachte eigene Risiken mit sich. Die Dorfbewohner kamen ständig mit der Wildnis in Berührung; wahrscheinlich sammelten sie weiterhin Wildpflanzen und jagten ungeachtet der Entwicklung von Ackerbau und Viehzucht. Das bedeutet, sie waren nach wie vor ständig in Gefahr, sich bei wild lebenden Tieren anzustecken. Waren diese Infektionen in den alten Stammensgruppen noch im Sande verlaufen, konnten sie sich in den neuen, überfüllten Siedlungen wunderbar ausbreiten. Und die schreckliche Erfahrung, dass man sich eine Geschlechtskrankheit tatsächlich von Wildtieren einfangen kann, haben wir erst in jüngster Zeit machen müssen – denken Sie an die nahezu gesicherte Historie von HIV.

Der Zug der Geschichte ratterte unerbittlich weiter, und im brodelnden Kessel der Infektionskrankheiten wurde fleißig gerührt. Vor 2000 bis 3000 Jahren hatten sich die großen

Zivilisationen so weit entwickelt, dass sie wieder Kontakt zueinander aufnahmen, sei es durch Handel oder Kriege. Nun
konnten sie auch Krankheitserreger tauschen; das wird wohl
die Quelle der Seuchen der Antike sein, zum Beispiel der Pest,
die von Zentralasien aus Europa überrollte. Weltweiter Handel und weltweite Pandemien haben zwei sehr unterschiedliche Konsequenzen, und beide fördern die STD. Erstens
nimmt in Zeiten des wirtschaftlichen Wohlstands meist die
sexuelle Freizügigkeit zu. Leute, denen es gut geht, haben
mehr Freizeit und sehen verführerischer aus. Mittelalterliche
Autoren berichten oft, die Seuchen hätten die Menschen dazu
gebracht, für den Augenblick zu leben. Das bedeute vor allem:
mehr Sex. Selbstverständlich hatte es die Hälfte der englischen
Bevölkerung, die die Pest überlebte, gut: Arbeit war reichlich
vorhanden, der Wohlstand wuchs, und das entvölkerte Land
rief nach neuen Generationen. Geschlechtsverkehr muss
unter diesen Umständen eine schätzenswerte und erfreuliche
soziale Pflicht gewesen sein.

Neu aufgefüllt und wieder kräftig umgerührt wurde der
Mikrobenkessel mit dem Beginn der Kolonialzeit, als die
europäischen Mächte ihre Arme nach Übersee auszustrecken
begannen. Von Columbus und der Syphilis habe ich schon
gesprochen; in entgegengesetzter Richtung mussten sich die
Ureinwohner Afrikas, Amerikas und Australiens plötzlich mit
Krankheiten auseinandersetzen, die sie nie zuvor erlebt hatten.
Mit den Kolonien kam die Globalisierung, ein Prozess, der unvermindert anhält. Heute können die Erreger bequem mit dem
Flieger um die Welt reisen. Mehr Leute als je zuvor verreisen
im Urlaub in ferne Länder, um sexuelle und nichtsexuelle Er-
holung zu suchen. Kriege mit ihrer schlimmen Begleiterscheinung, massenhaften Vergewaltigungen, sind allgegenwärtig. In
Afrika hat die Urbanisierung Millionen von Menschen, die aus

Gebieten stammen, wo Primaten leben – unsere nächsten Verwandten und damit wahrscheinlichsten Zulieferer neuer Infektionskrankheiten – in überfüllte Städte und Slums gebracht, wo STD getauscht, gemischt und weitergegeben werden. Vielleicht können wir uns glücklich schätzen, dass bisher nicht mehr als eine Geschlechtskrankheit aus dieser Quelle ihren Beutezug angetreten hat. Es gilt nahezu als gesichert, dass HIV erstmals um 1950 am Cananga-Fluss im Südosten Kameruns von einem Schimpansen auf einen Menschen übertragen wurde. Das Virus, das den Menschen befällt, ähnelt stark einem Virus (SIV), das in dieser Gegend bei Schimpansen eine Immunschwächekrankheit auslöst, die aber nicht tödlich verläuft. Ein Biss, ein Schnitt mit dem Schlachtmesser kann ausgereicht haben, und eine Plage, die zuvor nur wenige wild lebende Tiere befallen hatte, sollte die Geschicke der Menschheit ändern.

Wir halten also fest: Die Geschlechtskrankheiten, die uns bedrohen, sind ein Produkt unseres eigenen Verhaltens. Sie reagieren extrem empfindlich darauf, was wir tun und mit wem. Wie erfolgreich sich ein bestimmter Erreger ausbreitet, hängt von einer Reihe miteinander wechselwirkender Faktoren ab, nämlich der Anzahl der Infizierten, der Dauer der Erkrankung, den Übertragungswegen, dem Grad der körperlichen Schädigung, der Häufigkeit des Geschlechtsverkehrs, der Anzahl der Intimpartner und der Häufigkeit des Partnerwechsels. Es besteht also kein Grund anzunehmen, wir hätten inzwischen eine Art stabiles Gleichgewicht erreicht, im Gegenteil: Soziale Situation, Umweltbedingungen und sexuelle Gewohnheiten ändern sich gegenwärtig schneller denn je, sodass es nicht überraschen sollte, wenn auch die Geschlechtskrankheiten immer wieder ein anderes Gesicht zeigen.

Viele der Verhaltensänderungen, die ich oben gemeint habe, betreffen Teenager in den Industrieländern unmittelbar.

Sie haben immer eher Sex, und zwar im Schnitt mit mehr Partnern als früher. Oft sind ihre Beziehungen nur von kurzer Dauer, die Intimpartner wechseln also häufig; das ist einer der wichtigsten Faktoren bei der Ausbreitung von STD. Es ist natürlich sehr zu begrüßen, dass Mittel zur Schwangerschaftsverhütung immer leichter erhältlich sind, nur handelt es sich in der Hauptsache um Hormonpräparate, die nichts gegen die Ansteckung mit Geschlechtskrankheiten ausrichten. Den besten Schutz bieten in dieser Hinsicht Kondome, aber sie müssen richtig angewendet werden; außerdem verhindern sie bis zu einem gewissen Grad „spontanen" Sex, und viele Anwender stört, dass sie die Berührungsempfindlichkeit herabsetzen. All diese Punkte halten sexuell ungeduldige Teenager eher vom Gebrauch ab. Impfstoffe gegen Chlamydien und das Papillomvirus (HPV) kommen gerade auf den Markt oder werden zumindest erforscht; es ist jedoch zu befürchten, dass sie Teenagern ein Gefühl falscher Sicherheit vermitteln, denn sie schützen nicht gegen die anderen Infektionen. Zu bemerken ist neuerdings, dass viele Jugendliche Geschlechtskrankheiten für gut behandelbar halten. Das stimmt aber erstens nicht in allen Fällen, und zweitens hat die Medizin zunehmend mit Therapieversagern zu kämpfen, beispielsweise mit Gonorrhöerregern, die allmählich resistent gegen Antibiotika werden.

Wie soll sich ein Teenager angesichts dessen verhalten? Leider weiß man über die Ausbreitung von STD unter Jugendlichen noch weniger als über die entsprechenden Vorgänge bei Erwachsenen. Überall stoßen die Forscher auf Hindernisse, etwa die Symptomlosigkeit mancher Infektionen oder die mangelnde Bereitschaft der Betroffenen, ihr Sexualleben offenzulegen. In erwachsenen Populationen breiten sich Geschlechtskrankheiten nach gegenwärtigem Wissen etwa so aus: Zunächst beschränken sie sich auf relativ kleine, abgeschlossene Kreise von Leuten, die regelmäßig ihre Intimpartner tauschen. Dort nimmt die Zahl der Ansteckungen sehr schnell zu. Aus diesem Kreis beginnt der Erreger dann in die restliche Bevölkerung zu sickern, und zwar umso langsamer, je dünner das Geflecht der Sexualkontakte der Beteiligten untereinander wird. Ob sich dieses „Zwei-Phasen-Modell" auf Teenager übertragen lässt, wissen wir nicht; vielleicht ist das Ausbreitungsmuster dann variabler oder viel chaotischer. Man darf auch nicht vergessen, dass Jugendliche oft Sex mit Älteren haben und dann in deren Beziehungsnetz spurlos mit aufgehen. Tatsächlich ist Sex zwischen Jugendlichen und Erwachsenen ein sehr effektiver Ausbreitungsweg für STD: Der ältere Infizierte steckt einen jungen Menschen an, vor dem noch viele Jahre liegen, in denen er die Krankheit weitergeben kann. Schlussendlich können auch Jugendliche untereinander solche sexuell dicht vernetzten Gruppen bilden, in denen Partnertausch an der Tagesordnung ist und Geschlechtskrankheiten einen üppigen Nährboden finden.

Bei alldem sind junge Menschen diejenigen, die am meisten zu verlieren haben, wenn sie sich anstecken. Die Symptome können in Gesellschaft und bei Intimkontakten so beschämend sein, dass der Betroffene in eine klinische Depression abstürzt. STD verursachen Schmerzen und unschöne äußerliche Erscheinungen, und sie können zu psychischem Ekel vor Sex führen. Manche Erkrankungen lassen sich behandeln, wie Gonorrhö oder Syphilis; andere begleiten einen das ganze Leben, wie Genitalherpes. Manche machen sich zunächst wenig bemerkbar, können aber später zu Unfruchtbarkeit (Chlamydien) oder Krebs (Papillomviren) führen. Weil sich die Gewohnheiten in den Industrieländern ändern, verschiebt sich auch der Schwerpunkt der Geschlechtskrankheiten von den früher häufigeren, akuten (Syphilis) zu denen mit anfangs unauffälligem Erscheinungsbild (Chlamydien und Papillomviren).

Wie in so vielen Situationen ist der beste Schutz gegen Ansteckung Aufklärung und Einsatz des Verstandes. Die Infektionshäufigkeit korreliert hervorragend mit dem Gebrauch von Kondomen und der Kenntnis der relativen Gefährlichkeit von Oral-, Vaginal- und Analverkehr. Viele Studien beweisen, dass das Einbeziehen solcher Themen in den Schulunterricht sehr gute Wirkung zeigt. Abgesehen davon gibt es (auch wenn manche Teenager das nicht erwarten) einen nachgewiesenen Zusammenhang zwischen dem Gebrauch von Kondomen einerseits und dem Selbstwertgefühl und der emotionalen Vertrautheit in einer Partnerschaft andererseits. Kondome sind kein Zeichen von Misstrauen. Auch das Elternhaus kann seinen Teil beitragen. Die Ansteckungszahlen sind niedriger, wenn die Jugendlichen den Eindruck haben, die Eltern achten darauf, was sie tun. Liebe und Verlangen werden immer versuchen, vernünftige Entscheidungen über Safer Sex auszuhebeln; die Zahlen zeigen aber, dass es aufgeklärte Teenager in glücklichen und entspannten Beziehungen auch auf dem Höhepunkt der Erwartung eher schaffen, eine Pause einzulegen, und das Sinnvolle zu tun.

Das ist also die gute Nachricht: Dass die Ausbreitung der STD vom Verhalten abhängt, gibt den Jugendlichen selbst die Macht, sich dagegen zu wehren. Vielleicht spielen Teenager eine so zentrale Rolle in der Ausbreitungskette, dass sie es sogar in der Hand haben, diese Plagen für die ganze Menschheit zu mildern. Aber die eigentliche Frage an die Evolution bleibt bestehen: Wenn es sich dieser bunte Haufen von Erregern schon seit Jahrmillionen bei uns und unseren Vorfahren bequem macht und unsere Art mit dem Aussterben bedroht, warum haben sich dann nicht von selbst Mechanismen entwickelt, um dies zu unterbinden? Warum fühlen sich nicht alle 13-Jährigen unwiderstehlich getrieben, sich mit einem ebenfalls 13-Jährigen Partner ein für allemal in einer keuschen Ehe zusammenzufinden? Das wäre unweigerlich das Ende aller sexuell übertragbaren Krankheiten. Aber es passiert nicht. Junge Menschen wollen experimentieren, herumspielen, Spaß haben, auch wenn es gefährlich werden kann. Ich halte diese sexuelle „Unverantwortlichkeit" für ein Produkt unserer Vergangenheit. Der Mensch entwickelte sich in einem sozialen Umfeld, das sich von unserer Welt stark unterscheidet. Damals, in den kleinen Gruppen, spielte das Sexualverhalten Jugendlicher keine Rolle, weil Isolation und Mangel an Gelegenheit dafür sorgten, dass sich STD nicht ausbreiten konnten. Heute müssen wir eigenverantwortlich dafür sorgen.

Was ist so besonders an Teenagerschwangerschaften?

Der Begriff „Teenagerschwangerschaft" hat eine erstaunliche Macht. Man kann ihn kaum hören, ohne emotional zu reagieren – mitfühlend, verärgert, besorgt, enttäuscht. Angesichts dessen, dass es sich um ein ganz natürliches Phänomen handelt, ist der deutlich negative Beigeschmack bemerkenswert. Jugendliche werden seit Jahrtausenden schwanger, früher wahrscheinlich noch viel häufiger als heute. Ohne jeden Zweifel sind Teenager biologisch in der Lage, Kinder zu bekommen. Und trotzdem erwarten die meisten modernen Gesellschaften, dass sie es tunlichst vermeiden. Eine Schwangerschaft im Teenageralter gilt als Zeichen sozialen Versagens, das die Zukunftsaussichten von Eltern und Kind gleichermaßen beschädigt. So war es aber nicht immer. In vielen Kulturen begeht man ein Fest, wenn ein Mensch „erwachsen" ist, und zwar viel eher, als es der westlichen Etikette gefällt – bei der ersten Regelblutung etwa oder am zwölften oder 13. Geburtstag. Viele Ehen werden weltweit noch immer in ungefähr diesem Alter geschlossen.

Was machen wir aber mit der Teenagerschwangerschaft, diesem uralten, plötzlichen, normalerweise durchaus erfolgreichen Phänomen? Können wir sie irgendwie in unser modernes Streben nach Bildung, Karriere und Familie einpassen? Oder sollten wir sie, da der Mensch ja nun einmal dazu fähig ist, einfach hinnehmen und unterstützen? Die Teenagerschwangerschaft trifft den Kern unseres ewigen Dilemmas – evolutionsgeschichtliches Erbe hier, modernes kulturelles System dort –, und dazu birgt sie, wie wir gleich sehen werden, auch manche biologische Gefahr. Einfach ausgedrückt: Die Schwangerschaft einer 15-Jährigen ist mit der Schwangerschaft einer erwachsenen Frau biologisch nicht zu vergleichen. Erstere als Perversion der Humanbiologie zu begreifen, ist zwar übertrieben, aber etwas anderes ist es schon.

Die Häufigkeit von Teenagerschwangerschaften variiert in den einzelnen Ländern stark. In manchen ist sie fast gleich null, in anderen hat über die Hälfte der 18-Jährigen Frauen schon mindestens ein Kind geboren. In den Vereinigten Staaten werden jährlich etwa 5,3 Prozent der Mädchen zwischen 15 und 19 schwanger, in Großbritannien 2,0 Prozent, in Deutschland 1,6 Prozent, im Niger 23,3 Prozent und in Japan 0,2 Prozent. Diese Zahlen können nur grobe Schätzungen sein, denn vermutlich endet mindestens ein Drittel (in Deutschland über die Hälfte) aller Teenagerschwangerschaften mit einer Abtreibung und ein Neuntel mit einer Fehlgeburt (beide Anteile sind weit größer als bei Erwachsenen). Die Anzahl der Teenagerschwangerschaften ging, so nimmt man an, in den meisten Industrieländern im Verlauf des letzten Jahrhunderts zurück, obwohl die Anzahl der sexuellen Kontakte Jugendlicher gleichzeitig zunahm. Das ist ein ziemlich eindeutiger Effekt der Verhütung.

In den Industrieländern beobachtet man eine deutliche statistische Korrelation zwischen Teenagerschwangerschaften und sozialem Milieu. In Großbritannien zum Beispiel lebt die Hälfte der jugendlichen werdenden Mütter nachweislich in Armut. Weitere Zusammenhänge bestehen mit Drogenmissbrauch. Schätzungsweise zehn Prozent der schwangeren US-amerikanischen Teenager nehmen Kokain, eine Substanz, die das Ungeborene schädigt. Wenig Punkte bekommen die jungen Schwangeren auch, wenn nach Selbstwertgefühl, Bildungswillen und schulischen Leistungen gefragt wird, wobei im letzteren Fall nicht immer klar ist, ob der Leistungsabfall durch die Schwangerschaft verursacht wurde oder umgekehrt. Weitere Faktoren sind eine mangelnde sexuelle Aufklärung und Kommunikationsprobleme im Elternhaus. Nicht wenige schwangere Teenager halten es für ein Zeichen der Liebe und Hingabe, auf Verhütung zu verzichten. Häufiger als im Bevölkerungsdurchschnitt sind Teenagerschwangerschaften auch bei Töchtern Alleinerziehender oder bei Mädchen, die selbst von minderjährigen Müttern geboren wurden (was darauf hindeutet, dass hier eine Einstellung oder Gewohnheit über Generationen weitergegeben wird).

Sehr viel weniger erforscht sind die dazugehörigen Väter. Das liegt einerseits natürlich daran, dass man sie schwer zu fassen kriegt; andererseits macht die Gesellschaft aber nach wie vor die Frau für die Schwangerschaft (oder deren Verhütung) verantwortlich. Einige förderliche Faktoren, die man inzwischen herausgefunden hat, gleichen denen, die ich oben für die Mädchen aufgezählt habe: niedrige Bildungsabschlüsse, niedriges Einkommen, Drogen, Straffälligkeit. Sehr erschreckend ist die Tatsache, dass Studien zufolge zwischen 10 und 20 Prozent aller Schwangerschaften minderjähriger Mädchen durch Vergewaltigungen entstehen; noch weiter gehen Forscher, die bis zu 60 Prozent aller dieser Schwangerschaften auf (etwas vager ausgedrückt) „ungewollten Geschlechtsverkehr" zurückführen. Wie man die beiden Zahlen auch immer einordnet, das Bild, das sie von den Aktivitäten und der Haltung mancher jungen Männer zeichnen, ist schlimm genug.

Zwar sind Schwangerschaften bei Teenagern mit größerer Wahrscheinlichkeit unbeabsichtigt als bei erwachsenen Frauen, aber das sollte uns über eines nicht hinwegtäuschen: Viele sind trotz alledem geplant oder zumindest erwünscht. Nicht wenige junge Mädchen sehen den eigenen Nachwuchs als Mittel, sich von der Familie unabhängig zu machen, in der Regel auszuziehen und zu heiraten. Genau das passiert auch sehr häufig. Übersehen darf man dabei nicht, dass junge Mädchen, die gern schwanger werden möchten, in dieser Erwartung oft radikal ihren Lebensstil ändern. Sie greifen statistisch seltener zu Entspannungsdrogen – seltener als zuvor und auch seltener als ihre Altersgenossinnen. Sie achten auf ihre Ernährung und lassen das teenagertypische wahllose „Herumfressen" und Naschen sein. Auffallend viele schwangere Teenager geben an, sich Sorgen über ihre Fruchtbarkeit gemacht zu haben. Das klingt so, als hätten sie die Schwangerschaft herbeigesehnt, weil sie fürchten, nicht lange fortpflanzungsfähig zu sein, und deshalb so früh wie möglich anfangen wollten. Aber selbst unter diesen etwas überlegter handelnden jungen Leuten gibt es besorgniserregend viele mit geringer Bildung und unzureichender Aufklärung. Besonders ins Auge fällt die Korrelation zwischen der Absicht von Jungen, die Freundin zu schwängern, und dem niedrigen Bildungsabschluss der eigenen Mutter.

Bevor wir also versuchen, Teenagerschwangerschaften in den Lebensplan einzuordnen und ihre Risiken zu bewerten, müssen wir uns klarmachen: Sie sind nicht generell ungewollt, unerwünscht und alleingelassen. Angesichts des eindeutigen Zusammenhangs zwischen der Häufigkeit von Schwangerschaften Minderjähriger und widrigen sozioökonomischen Bedingungen müssen wir uns aber darauf einstellen, dass es nicht leicht ist herauszufinden, welche Risiken von der Schwangerschaft selbst verursacht werden und welche von den Umwelteinflüssen. Armut, soziale Unruhe und Drogenmissbrauch können schließlich auch den Ausgang der Schwangerschaft einer erwachsenen Frau beeinträchtigen. Ist die Jugend der werdenden Mutter nun ein eigenes Risiko oder nicht?

Die Antwort lautet: Offenbar ja, bis zu einem gewissen Grad. Das erhöhte Risiko für Schwangerschaftskomplikationen ist zum Teil auf das Alter, zum Teil auf die Umstände zurückzuführen. Jugendliche Schwangere leiden häufiger an Anämie. Die Ursache könnte eine Kombination aus unausgewogener Ernährung und einer normalen biologischen Anpassung sein. (Durch die Anämie fließt das Blut leichter durch die Plazentagefäße.) Eine andere Komplikation, die bei jungen Schwangeren öfter auftritt, ist die Präeklampsie, ein seltsames Syndrom mit plötzlichem starkem Blutdruckanstieg und Funktionausfällen der Plazenta. Der hohe Blutdruck kann den Fötus schädigen; bei der Mutter kann es zu Wassereinlagerungen in Händen, Füßen und Gesicht kommen, zu Leberproblemen, Sehstörungen (flackernde Pünktchen vor den Augen) und Krämpfen. Die Präeklampsie ist in manchen Industrieländern die Hauptursache der Müttersterblichkeit. Jugendliche Schwangere, die sich zur Abtreibung entschlossen haben, scheuen in manchen Ländern die öffentliche Aufmerksamkeit und lassen den Abbruch überproportional häufig illegal vornehmen – mit allen damit verbundenen Risiken.

Wenn die Geburt heranrückt, wird es auch nicht besser. Werdenden Teenagermüttern drohen vorzeitige Wehen, Geburtsstillstand und sogar der Tod während der Entbindung (in Industrieländern bis zu fünfmal häufiger als bei erwachsenen Frauen). Während Schwangerschaft und Wochenbett treten Depressionen um die Hälfte häufiger auf. Junge Schwangere werden zudem öfter Opfer häuslicher Gewalt. Ein zugegeben sehr oberflächlicher Blick auf das Datenmaterial lässt außerdem vermuten, dass die Kinder sehr junger Mütter keine besonders rosige Zukunft erwartet. Sie werden mit größerer Wahrscheinlichkeit vernachlässigt, körperlich missbraucht oder krank, sterben überdurchschnittlich oft an plötzlichem Kindstod, sterben vor Erreichen des Schulalters, zeigen schlechte schulische Leistungen – und werden selbst wieder im Teenageralter Eltern. Es gibt auch Studien, die behaupten, sehr junge Mütter wurden ihre Kinder seltener berühren, ansehen und anlächeln.

Das sieht alles ziemlich trübe aus. Strittig ist nach wie vor, inwieweit die aufgezählten Probleme dem Alter oder den misslichen Umständen zuzuschreiben sind. Jeder Punkt auf der Liste kann von beiden Seiten betrachtet werden. Wenn man die Risiken vergleicht, die jugendliche Mütter eingehen, stellt man allerdings erstaunliche regionale Unterschiede fest, etwa zwischen den USA und Großbritannien. Natürlich kann man das auf genetische Differenzen schieben, aber es wurde auch behauptet, die nachweislich geringeren Risiken in Großbritannien gingen auf eine bessere gesellschaftliche, ökonomische und medizinische Unterstützung der jungen Schwangeren zurück. Da erhebt sich die unbequeme Frage: Ließe sich das zusätzliche Risiko der Teenagerschwangerschaft vielleicht beseitigen, wenn man die jungen Mädchen in keiner Weise anders behandelte als erwachsene Mütter? Könnte also die Teenagerschwangerschaft eher ein sozioökonomisches Problem sein als ein medizinisch-biologisches?

Zumindest ein Aspekt der Teenagerschwangerschaft scheint aber ein vollkommen biologischer zu sein – einer, das tatsächlich in der Biologie der Gattung Mensch verankert ist: das Geburtsgewicht der Babys. Sehr junge Mütter bringen im Mittel kleinere Kinder zur Welt als erwachsene Frauen, und das scheint sich nicht allein mit sozialen und ökonomischen Nachteilen erklären zu lassen. Ein geringes Geburtsgewicht ist ein Risikofaktor für Krankheiten und Säuglingssterblichkeit; das sollte für Babys von Teenagern genauso gelten wie für alle anderen. Dass junge Mädchen kleinere Kinder gebären, klingt ganz einleuchtend. Schließlich sind sie körperlich noch nicht ausgewachsen und haben noch nicht so viele Reserven angelegt wie Erwachsene. Studien an Tieren und Menschen legen dennoch nahe, dass die Dinge nicht so einfach sind. Die Wechselbeziehung zwischen einer schwangeren Mutter und ihrem Fötus ist komplex, gewachsen in Jahrmillionen der Evolution unter belastenden äußeren Bedingungen. Eine werdende Mutter, die selbst noch wächst, ist ein sehr ungewöhnliches Wesen.

Die wenigen Daten, die bislang von schwangeren Teenagern vorliegen, lassen vermuten, dass hier etwas Seltsames passiert. Zu den unregelmäßigen Essgewohnheiten junger Mädchen und ihren mangelnden Kenntnissen über ausgewogene Ernährung hatte ich weiter oben schon etwas gesagt. Beides könnte natürlich einen Einfluss haben; der Nährstoffbedarf eines Mädchens ist nach Einsetzen der Menstruation nicht geringer als der einer erwachsenen Frau. Ausführliche Studien deuten aber zudem auf eine ungemütliche Konkurrenz zwischen dem unreifen Mädchenkörper und dem fötalen Organismus hin. Ob die untersuchten werdenden Mütter noch im Wachstum waren, beurteilte man danach, ob die Höhe des Kniegelenks über dem Boden noch zunahm (Form und Haltung des Oberkörpers werden zu sehr von der Schwangerschaft beeinflusst). Dabei stellte sich heraus, dass sich der Körper wachsender werdender Mütter im letzten Schwangerschaftsdrittel sehr eigennützig verhält. Obwohl der Fötus noch (zu) klein ist, lagert er weiter selbst Fett ein wie jeder Teenager im Wachstum. Der Organismus einer älteren Mutter dagegen leitet in einem solchen Fall alle verfügbaren Reserven des Stoffwechsels auf das Baby um, um den Wachstumsrückstand wettzumachen. Werdende Teenagermütter scheinen das nicht zu können. Für erwachsene Frauen steht immer das Baby an erster Stelle; bei Jugendlichen konkurriert das eigene Wachstum mit der Gewichtszunahme des Ungeborenen.

Bei dem Versuch, soziale und ökonomische Faktoren aus der Risikosumme herauszurechnen, sind die Forscher ausgerechnet bei Schafen gelandet. Mit Schafen können wir Versuche anstellen, die an jungen Mädchen nicht erlaubt sind. Wir können bewerkstelligen, dass sich Jungschafe zu jedem beliebigen Zeitpunkt nach Erreichen der Geschlechtsreife paaren, und wir können ihre Nahrung vor, während und nach der Trächtigkeit modifizieren. Dabei hat sich jedoch kein einfacheres Bild der Teenagerschwangerschaft ergeben. Stattdessen fanden die Forscher ein komplexes Netzwerk von Kontroll- und Ausgleichsmechanismen, das sich entwickelt hat, um die Verteilung der Ressourcen zwischen Mutter und Ungeborenem zu regeln. Wird zum Beispiel ein selbst noch wachsendes Jungschaf während der gesamten Trächtigkeit zu wenig gefüttert, um es daran zu hindern, selbst zuzunehmen, dann produziert sein Organismus weniger Glukose, die durch die Plazenta zum Fötus transportiert werden könnte. Das Geburtsgewicht des Lamms ist dann geringer. Gibt man dem Jungschaf hingegen vor der Paarung und dann wieder in der Mitte der Trächtigkeit zu wenig zu fressen, dann ist das neugeborene Lamm auch zu leicht, jetzt aber, weil die Plazenta zu klein ist. Anders ausgedrückt: Es gibt ein Zeitfenster in der frühen Trächtigkeit, in der Wachstum und Blutversorgung der Plazenta vom Ernährungszustand des Muttertiers abhängig sind. Was die Plazenta bis zum Ende dieses Zeitraums „versäumt" hat, kann sie später nicht mehr aufholen. Letzte, absolut unerwartete Beobachtung: Wird das noch nicht ausgewachsene Jungschaf die ganze Trächtigkeit über *zu viel* gefüttert, dann legt es selbst an Gewicht zu, bringt aber trotzdem ein zu kleines Lamm (mit einer kleinen Plazenta) zur Welt.

Diese verwirrenden Ergebnisse zeigen eines: Das Wechselspiel zwischen der unreifen werdenden Mutter und dem ungeborenen Kind ist komplexer als bei einer Trächtigkeit ausgewachsener Tiere. Dass nicht wenige Tiere und Menschen Nachwuchs austragen, noch bevor sie selbst aufgehört haben zu wachsen, ist aber der natürliche Lauf der Dinge. Daraus muss man schließen, dass diese komplizierte Wechselbeziehung im Laufe der Evolution in unseren Genen verankert wurde. Die Prioritäten des heranwachsenden Fötus sind schnell genannt: Ein gutes, gesundes Geburtsgewicht (weder zu niedrig noch zu hoch) ist die beste Voraussetzung für eine unbeschadete Geburt und das Überleben in der Welt. Ein junges schwangeres Mädchen jedoch ist von der Evolution hin- und hergerissen: Natürlich will sie so viele Nachkommen in die Welt setzen wie möglich, aber dieses Baby wird nur das erste von ihnen allen sein. Es soll überleben, gewiss, aber auch all die nachfolgenden Babys sollen die besten Chancen haben. Deshalb ist es evolutionsbiologisch nicht sinnvoll, wenn die jugendliche Schwangere das eigene Wachstum einstellt, nur um dieses einen, ersten Kindes willen. Ihr Körper muss seine Aufmerksamkeit zwischen dem Gedeihen des Fötus und den Aussichten der Mutter teilen, einen hohen sozialen Status mit unbeschränktem Zugriff auf paarungswillige Partner zu erlangen und die eigene Fruchtbarkeit zu erhalten. Einfach gesagt: Das Ungeborene konkurriert nicht mit der Mutter, sondern mit seinen zukünftigen Geschwistern.

Diese verwickelte Rangelei um Ressourcen während einer Teenagerschwangerschaft kann Langzeitfolgen haben. Wie schon gesagt, bringen sehr junge Mütter überdurchschnittlich oft Babys mit geringem Geburtsgewicht zur Welt. Noch weiter vorn haben Sie gelesen, dass ein geringes Geburtgewicht mit einer Neigung zum frühen Einsetzen der Pubertät verbunden ist. Teenagerschwangerschaften bedeuten leichte Babys, leichte Babys bedeuten frühe Pubertät: Ist das ein biologischer Teufelskreis, mit dem wir eine frühe Pubertät der eigenen Tochter quasi erzwingen können, indem wir das Nahrungsangebot in der Schwangerschaft beschränken?

Es mag sehr merkwürdig klingen, aber diese bizarre, nicht genetische, generationenübergreifende Methode, den Zeitpunkt der ersten Schwangerschaft zu steuern, könnte auf den zweiten Blick durchaus Sinn haben. Unterernährte Menschenmütter „warnen" auf diese Weise vielleicht ihr Kind: Das Leben ist hart, beeil dich und pflanze dich fort, sobald du kannst. Die Töchter geben diese Botschaft wieder an ihre Töchter weiter. Es ist aber nicht gesagt, dass der Kreis sich so schließen muss. Erstens könnte es Arten geben, bei denen dieser Mechanismus gar nicht funktioniert. Junge Mäuse bringen kleinere Babys zur Welt, diese hingegen kommen *später* in die Pubertät als normalgewichtige Jungtiere. Mäuse „warnen" also nicht. Andere Faktoren können den Kreis unterbrechen.

Wie bereits gesagt, kann ein langsames Wachstum des *geborenen* Kindes die Pubertät wieder verzögern und damit den Einfluss des geringen Geburtsgewichts ausgleichen.

All diese unbehaglichen Gefahren und einander widersprechenden Einflüsse vermitteln den klaren Eindruck, der Zeitpunkt der ersten Schwangerschaft einer Frau *soll* von den Umweltbedingungen vorgegeben werden, damals so wie heute. Das leuchtet viel eher ein als ein willkürlicher, unverrückbarer, biologisch „eingebauter" Zeitpunkt. Mädchen könnten schwanger werden, sobald sie fruchtbar sind. Das würde aber ihre eigene körperliche und geistige Entwicklung beeinträchtigen. Alternativ könnten sie warten, bis sie völlig ausgereift sind (was auch immer man darunter verstehen mag), doch damit würden Jahre verschwendet, in denen schon reichlich Nachwuchs zur Welt kommen könnte. Gefragt ist die goldene Mitte: Die Nachteile der zu frühen Schwangerschaft müssen sich mit den Vorteilen, Mutter zu werden, mindestens die Waage halten. Vor 10 000 Jahren mag dieser goldene Zeitpunkt um den 13. Geburtstag herum gelegen haben, aber seitdem hat sich die Welt verändert. Ungeachtet der früheren Pubertät werden junge Frauen in sozialer, kognitiver und technischer Hinsicht später reif, insbesondere, weil sie sich in einer komplexen, anspruchsvollen, erfolgsorientierten Welt zurechtfinden müssen. Ganz einfach: Weil sie mehr lernen müssen, ist es gut, wenn sie sich mit dem ersten Baby ein bisschen Zeit lassen.

Fassen wir zusammen: Ein schwangerer Teenager ist nicht nur ein biologisches „Problem", sondern muss auch seinen Platz in unserer modernen sozialen, medizinischen und ökonomischen Umgebung finden. Wir raten den jungen Mädchen nicht von frühen Schwangerschaften ab, weil sie biologisch „unnormal" wären, sondern weil sie nicht zu unserer Auffassung von der Stellung des Teenagers in der Gesellschaft passen. Der Gattung Mensch ist die einzigartige Chance gegeben, die eigene Zukunft zu planen; indem wir gesellschaftliche Normen entwickeln, die Teenagerschwangerschaften ablehnen, tun wir genau das. Schließlich hat unser riesiges Gehirn die Kontrolle über sämtliche Bereiche unseres Lebens übernommen – warum dann nicht auch über die Entscheidung, in welchem Alter wir Babys bekommen sollen?

Warum sollen Teenager Sex haben?

Obwohl die Evolution offenbar Schwangerschaften in der frühen Jugend zulässt, empfinden wir sie in der modernen Zeit, wo der persönliche Erfolg stark von Bildung und Berufsweg abhängt, als unerwünscht. Tief drinnen möchten Teenager gern Babys haben, aber die Gesellschaft warnt sie davor. Wenn die Gründe, die erste Schwangerschaft noch ein paar Jahre hinauszuschieben, aber so dringend sind, was ist dann mit dem Sex? Jetzt, wo ich mich dem Ende dieses Buches nähere, möchte ich es klar sagen: Ich meine, romantische und sexuelle Beziehungen zwischen Jugendlichen, vorzugsweise ohne Zeugung von Nachkommen, spielen eine zentrale Rolle für das Heranwachsen. Sexuelle Sicherheit im Erwachsenenalter ist nicht ohne Übung und Lernen zu erreichen. Natürlich muss Übung und Lernen nicht notwendigerweise in der Teenagerzeit stattfinden, aber unser evolutionsbiologisches Erbe sorgt dafür, dass es in der Regel so kommt.

Der vielleicht wichtigste Aspekt des ganzen Themas, über den man sich zumeist in der Jugendzeit klar wird, ist die sexuelle Orientierung – vom Erlernen unbedeutender Vorlieben bis zur Entdeckung der geschlechtlichen Neigung. Meiner Ansicht nach deuten die vorhandenen Forschungsergebnisse darauf hin, dass schon beim Eintritt in die Pubertät feststeht, ob der junge Mensch homo- oder heterosexuell ist. Das heißt aber nicht, dass es nichts mehr zu lernen gäbe. Da Homosexualität erstens seltener vorkommt als Heterosexualität und zweitens häufig von den Mitmenschen missbilligt wird, sind viele Homosexuelle am Beginn der Pubertät fest davon überzeugt, heterosexuelle Neigungen zu besitzen. Umfragen zeigen, dass viele von ihnen mit heterosexuellen Beziehungen experimentieren (wobei der Grad der Erfülltheit stark variiert), bevor sie sich schließlich dazu bekennen, das eigene Geschlecht zu bevorzugen. Umgekehrt machen Heterosexuelle auch homosexuelle Erfahrungen, aber seltener – wahrscheinlich, weil es nicht den Erwartungen der Gesellschaft entspricht.

Ein Teenager, der dazu „bestimmt" ist, homosexuell zu sein, kann sich dessen eine ganze Weile nicht bewusst sein. Die Erkenntnis, wenn sie dann kommt, kann traumatische Auswirkungen haben, denn sie kehrt oft die Ansprüche und Erwartungen an das eigene Leben von oben nach unten. Die Jugend ist selbst dann eine sozial anstrengende Zeit, wenn alles glatt läuft; viele homosexuelle Teenager verbergen deshalb von vornherein ihre Orientierung aus Scham oder Angst. Jugendliche, die entdecken, dass es im Freundeskreis einen Homosexuellen gibt, wissen oft nicht, wie sie reagieren sollen: Ein großer Teil des sozialen Lebens dreht sich in dieser Phase um den Aufbau (heterosexueller) Rangordnungen unter Jungen und Mädchen. Kommt ein homosexueller Mensch daher, weiß ihn niemand so recht in dieses Schema einzuordnen. Hinzu kommt noch die unreife Ansicht vieler Jugendlicher, alle Homosexuellen wären unterschiedslos hinter jedem Angehörigen des eigenen Geschlechts her. Schon sehen Sie: Schwule oder lesbische Teenager können einen sehr schweren Stand haben. Ob die Ursache Ignoranz, Feindseligkeit oder einfach Ratlosigkeit ist – vieles deutet darauf hin, dass homosexuelle Heranwachsende größere Probleme haben. Sie leiden häufiger unter Depressionen, werden Opfer von Gewalttaten oder obdachlos. Bis zu zehn Prozent von ihnen, so schätzt man, begehen mindestens einen Selbstmordversuch. Rückhalt im Elternhaus zu finden, kann hier ganz wichtig sein, weil alle anderen Menschen die Unterstützung versagen können.

Ob man nach einer „Ursache" für Homosexualität fragen sollte, ist umstritten. (Manche Leute meinen, diese Frage impliziere, dass es sich um einen Defekt oder eine Krankheit handelt.) Eines aber ist klar: Homosexualität ist eine sehr ungewöhnliche Laune der Evolution des Menschen. Erstens ist die lebenslange gleichgeschlechtliche Ausrichtung im Tierreich sehr selten zu finden (obwohl es sie gibt), und tritt dann nur bei einem winzigen Bruchteil der Population auf. Zweitens hat die Homosexualität einen sozusagen dramatischen Einfluss auf die Chance, Gene weiterzugeben; aber dies ist der Mechanismus, auf dem die natürliche Auslese beruht. Ungeachtet intensiver Forschung auf diesem Gebiet kennen wir weder den Grund dafür, warum dieses evolutionsbiologisch kontraproduktive Phänomen beim Menschen so häufig auftritt, noch, warum es einige Individuen betrifft, andere aber nicht. Einige mögliche Wurzeln der Homosexualität habe ich in meinen früheren Büchern diskutiert, aber dieses Thema ist ein wahres Minenfeld von Behauptungen, Gegenbehauptungen und Widersprüchen.

Eines ist sicher festzustellen: Soziale Faktoren oder die Erziehung haben kaum einen Einfluss auf die sexuelle Orientierung. Welche anderen Faktoren kämen dann infrage? In Kapitel 2 habe ich erwähnt, hetero- und homosexuelle Gehirne könnten sich in Form und Größe bestimmter Regionen unterscheiden. Angesprochen habe ich auch die relative Länge von

Zeige- und Ringfinger und das Wachstum der langen Röhrenknochen. Alle diese Punkte haben vermutlich mit der Hormonausschüttung in der Kindheit zu tun. Die Forscher haben
bei ihrer Suche sogar noch weiter zurückgeblickt, bisher aber
keine genetische Basis der Homosexualität dingfest machen
können (obwohl das „*gay*-Gen" immer einmal wieder durch
die Medien geistert). Einleuchtender sind da Theorien, die
sich auf andere frühkindliche Faktoren berufen, zum Beispiel
den Einfluss des Immunsystems der Mutter auf das Gehirn
eines männlichen Fötus. Damit ließe sich vielleicht erklären,
warum Jungen mit mehreren älteren Brüdern statistisch gesehen häufiger homosexuelle Neigungen entwickeln (das Immunsystem der schwangeren Mutter „lernt" jedes Mal, wenn
es Fremdstoffen – in diesem Fall den „männlichen Molekülen" – ausgesetzt ist, etwas dazu). Es gibt auch soziologische
Erklärungsansätze, zum Beispiel, Homosexualität als überbor-
dende Form der Neigung des menschlichen Gehirns zu sehen,
soziale Bindungen zum gleichen Geschlecht zu knüpfen, oder
als Versuch, Aggression abzubauen. Die wissenschaftliche
Entscheidung ist noch nicht gefallen. Es festigt sich aber die
Überzeugung, dass die sexuelle Orientierung tatsächlich lange
vor der Pubertät feststeht. Wie auch immer: Teenager sind es,
die mit den Folgen zurechtkommen müssen.

Ein nächster Aspekt der Sexualität, mit der Teenager umgehen lernen müssen, ist die sexuelle Anziehung. Einige evo-
lutionsbiologische Fortpflanzungstheorien sehen die Dinge
sehr einfach: Männer suchen sich junge, treue, gutaussehende,
fruchtbare Partnerinnen, und Frauen wählen ältere, größere, dominante Partner, die sich ungefähr so verhalten wie sie
selbst. Offenbar hat unser Gehirn die Sache aber doch komplizierter gestaltet. Sexuelle oder romantische Anziehungskraft erleben schon Kinder, die sich oft spontan zu „netten

Herren" oder „hübschen Damen" hingezogen fühlen. Im Jugendalter jedoch kann man diese romantischen Ideen unmittelbar ausleben, mit realen sexuellen Entschlüssen experimentieren. Um dies zu fördern, meinen manche Evolutionsbiologen, ist in unserem Lebensplan eine Phase des romantischen und sexuellen Ausprobierens enthalten. Jugendliche können ihre Partner mal nach diesem Kriterium auswählen, mal nach jenem und jeweils schauen, was dabei herauskommt. Obwohl die durchschnittliche statistische Stichprobe wohl nicht sehr umfänglich sein wird, lässt sich auf diese Weise doch bis zum gewissen Grad herausfinden, ob der aufregendste Partner auch derjenige ist, der ein langes Glück garantiert, oder ob man sich bald sexuell langweilt, wenn man einen netten, aber schlichten Partner wählt. Die Jugend ist also die Zeit, in der das kindliche Begehren auf den Prüfstand der Erfahrung gestellt wird. Manche lernen dabei sogar, sich den Partner nach dem Zweck auszusuchen, den sie der Beziehung geben möchten. So wurde gezeigt, dass ältere Teenager verschiedenartige Wunschpartner für eine längere Bindung und für einen One-Night-Stand favorisieren.

Es gibt eine kleine Anzahl von Merkmalen, die einen Menschen sexuell attraktiv machen. Dabei wissen wir bei keinem von ihnen, warum wir ihn mit Begehren verbinden; außerdem wissen wir nicht, ob diese Vorlieben angeboren oder von der Gesellschaft geformt werden. Das äußere Erscheinungsbild ist extrem wichtig, bei der ersten Begegnung wahrscheinlich sogar vorrangig. Auch später noch geben viele Leute an, der äußerlichen Attraktivität des Partners große Bedeutung beizumessen. Einige Studien zeigen, dass die Menschen Partner bevorzugen, die ungefähr auf der gleichen Stufe der Attraktivität stehen (beurteilt durch unvoreingenommene Zuschauer). Deshalb gleichen Ehepartner einander äußerlich vermutlich mehr als in jeder anderen Hinsicht. Die meisten Leute beten die Schönheit an, aber aus evolutionsgeschichtlicher Sicht ist nicht klar, wieso. Das Aussehen ist, wenn überhaupt, ein sehr indirekter Indikator für Gesundheit oder Erfolg. Was finden wir also daran? Ist Schönheit irgendwie wichtig, oder lassen wir uns allesamt hinters Licht führen? Einige Neurowissenschaftler behaupten sogar, unser Schönheitsempfinden sei nichts anderes als ein sonderbares Nebenprodukt der hirninternen Verarbeitung von Informationen über Körper und Gesichter. Und wenn alle unsere Gehirne in dieser Weise verdrahtet sind, werden schöne Menschen *gewiss* gut durchs Leben kommen, weil jeder nett zu ihnen ist.

Obwohl Schönheit, wie jeder weiß, im Auge des Betrachters liegt, haben Psychologen und Neurowissenschaftler ein paar reizvolle Entdeckungen über Details gemacht, die ein Gesicht „schön" wirken lassen. Schönheitskriterium Nummer eins ist (überraschenderweise) Durchschnittlichkeit. Manche Leute haben eine Vorliebe für hervorstechende Merkmale, aber im Allgemeinen schätzt man es, wenn das Gesicht des Intimpartners der „Norm" möglichst nahe kommt. Dabei müssen wir natürlich bedenken, dass die Gattung Mensch im äußeren Erscheinungsbild ungewöhnlich variabel ist. Wir scheinen in dieser Fülle der Variationen aber gut die Übersicht zu behalten und uns sehr einig zu sein, welches Gesicht nur „sonderbar" ist und welches einfach „hässlich". Vielleicht wird ein der Norm entsprechendes Gesicht als Zeichen für gesunde Gene und gesunde Entwicklung interpretiert; das sind wichtige Entscheidungshilfen, wenn es um die Wahl des Vaters oder der Mutter der zukünftigen Kinder geht. Die Rolle der Durchschnittlichkeit wird allerdings dadurch kompliziert, dass die Menschen die Abwechslung lieben. Meist sucht man bewusst nach einem Intimpartner, der dem verflossenen Liebhaber *nicht* besonders ähnlich sieht. Ich glaube sogar, viele Leute schätzen dieses visuelle Experimentieren. Haben Sie auch schon einen Freund belächelt, der immer wieder mit demselben Typ Frau daherkommt?

Kriterium Nummer zwei ist die Symmetrie oder Ebenmäßigkeit. Zwei nahezu gleiche Gesichtshälften sind ein unerwartet wichtiger Anhaltspunkt bei der Bewertung der Schönheit, wie Studien mit computererzeugten symmetrischen und asymmetrischen Versionen derselben Gesichter zeigten. Auch hier könnte man spekulieren, die Symmetrie sei ein Indikator für eine ungestörte Embryonalentwicklung und damit eine Garantie dafür, dass es bei der Fortpflanzung nicht zu unschönen genetischen Überraschungen kommt. Wieder scheinen wir aber fähig zu sein, kleine Abweichungen vom Ideal zu tolerieren oder sogar zu begrüßen. Kein Gesicht ist vollkommen symmetrisch. Kleine Unregelmäßigkeiten von Mund oder Augen übersehen wir, oder wir finden sie hübsch. Möglicherweise sind ausgeprägt asymmetrische Frisuren deshalb so beliebt, weil das Ebenmaß zu langweilig ist. Die Bewertung der Symmetrie von Gesichtern ist im Gehirn fest verankert. Es gibt sogar Hinweise darauf, dass sie von den Fortpflanzungshormonen beeinflusst wird. Frauen können die Gesichtssymmetrie zu bestimmten Zeiten des Menstruationszyklus besser einschätzen. Aus irgendeinem Grund ändern sich die Vorlieben dabei aber nicht mit.

Kriterium Nummer drei ist der Sexualdimorphismus – das ausgesprochen männliche oder weibliche Erscheinungsbild. Wie wir bereits gesehen haben, sind die Unterschiede bei Kindern bereits vor der Pubertät vorhanden und werden durch die sexuelle Reifung weiter verstärkt. Jungengesichter ändern sich stärker als Mädchengesichter; in der Tat ist vieles, was ein Gesicht klassisch „weiblich" macht, eigentlich „kindlich".

Frauen bevorzugen die eher derbe Form des Männerkopfes mit auffallenden Augenbrauen und vorspringendem Kinn. Die Gesichter junger Männer sind ausdrucksvoller – zumindest schneiden sie dramatischere Grimassen –, was erklären könnte, warum Mimikfältchen bei Männern als attraktiver gelten als bei Frauen. Der Sexualdimorphismus gehört sicherlich zur genetischen Blaupause, aber wir wissen nicht, ob er sich entwickelt hat, um die Individuen in ihrer geschlechtsspezifischen Rolle in einer Gesellschaft von Jägern und Sammlern besonders erfolgreich zu machen, oder ob hier sexuelle Auslese am Werk war: Schätzte das eine Geschlecht ein bestimmtes Merkmal, so bildete das andere Geschlecht dieses Merkmal bevorzugt aus. Wo auch immer die Ursache der Geschlechterunterschiede liegt, fest steht, ihre Anziehungskraft hängt vom Blickwinkel des Betrachters ab. Frauen wenden sich eher „männlichen" Männern zu, wenn sie sich selbst attraktiv finden. Aus einem unbekannten Grund entscheiden sich Leute, die früh sexuell aktiv werden, besonders oft für den „typischen" Mann oder die „typische" Frau.

Das letzte, umstrittenste Schönheitskriterium ist die Körperform. Unter einem sexuell verführerischen Körper können wir uns alle etwas vorstellen, aber wie sieht die „ideale" Körperform aus? Um zu erkennen, wo das Problem liegt, müssen Sie nur in einen Zeitschriftenladen gehen und die Models auf den Covers von Männer- und Frauenmagazinen miteinander vergleichen. (Halten Sie sich damit aber nicht *zu* lange auf.) Ein Parameter des Frauenkörpers, der als Attraktivitätskriterium für Männer gilt, ist das Verhältnis zwischen Taillen- und Hüftumfang. Offenbar gilt die schmale Mitte bei ausladender Hüfte als Quintessenz des Weiblichen, ungeachtet der absoluten Maße. Diese Form hat sogar einen eigenen Namen, „gynoider Typ" (auch „Birnentyp"). Es gibt Studien, die sich mit den regionalen Unterschieden in der Vorliebe der Männer für den gynoiden Typ befassen. Diese Vorliebe leuchtet durchaus ein, deutet eine ausgeprägte gynoide Figur doch darauf hin, dass eine Frau in der Lage ist, Energiereserven für künftige Schwangerschaften anzulegen. Insbesondere der Fettvorrat, der zum Aufbau großer Babygehirne gebraucht wird, ist gut im Gesäß einzulagern. Dabei frage ich mich, ob die gynoide Figur den meisten Männern als Maß für den Sexualdimorphismus ausreicht. Schließlich sehen nur sehr wenige Männer „gynoid" aus.

Als geeigneteres Attraktivitätsmerkmal des weiblichen Körpers wurde der BMI (Body-Mass-Index) vorgeschlagen, weil er Fruchtbarkeit und Gesundheit besser widerspiegelt. Studien in den USA zeigten, dass Männer gegenwärtig Frauen bevorzugen, deren BMI im Durchschnittsbereich oder knapp darunter liegt. Ich zweifle aber an der universellen Gültigkeit dieses Maßstabs, weil die Vorlieben nicht nur zwischen den einzelnen Kulturen der Gegenwart stark variieren, sondern sich auch im Laufe der Geschichte immer wieder geändert haben. In der westlichen Welt lag das „ideale" Niveau zu Beginn des 20. Jahrhunderts weit oben, erreichte Mitte des Jahrhunderts einen Tiefpunkt und steigt seitdem wieder an. Deshalb halte ich die diesbezüglichen Vorlieben für eine kulturelle Frage anstatt für eine fest im Gehirn eingebaute Angelegenheit; abgesehen davon ist auch der BMI nichts anderes als ein Ausdruck für „Durchschnittlichkeit". Außerdem fürchte ich, dass viele Männer, nach dem bevorzugten BMI einer Partnerin befragt, eher so antworten, wie es der kulturellen Norm und nicht ihren eigenen geheimen Begierden entspricht.

Wenn man die Frage von der anderen Seite untersuchen will, stellt man fest, dass es überraschend wenige Studien gibt, die danach fragen, was Frauen und Mädchen an männlichen Körpern anzieht. Das mag daran liegen, dass Männer und Jungen generell weniger Probleme mit ihrem äußeren Erscheinungsbild haben. Offenbar wichtig ist die Körpergröße; das „Idealmaß" kann aber relativ sein, denn Frauen suchen sich nicht Partner mit einer bestimmten festen Größe, sondern solche, die sie um ein bestimmtes Maß überragen.

Wenn Teenager sich also ihren eigenen Standpunkt zur sexuellen Anziehungskraft bilden, müssen sie alle drei genannten Kriterien irgendwie unter einen Hut bringen. Zunächst haben sie sicherlich „eingebaute" Präferenzen, die ohne Zweifel wichtig sind. Weiterhin orientieren sie sich an kulturellen Idealen. So finden Jugendliche heute Angehörige anderer ethnischer Gruppen attraktiver, als es vor 100 Jahren „schick" war; Nahrungsmangel oder -überfluss kann sich auf die Einstellung zu übergewichtigen Partnern auswirken. Und schließlich können die Teenager aus ihren sexuellen Kontakten lernen, wie es sich anfühlt, wenn das eine oder andere Gesicht einem verliebte Blicke zuwirft, oder wenn man verschieden geformte Körper berührt. Vor allem können sie entscheiden, was ihnen wichtig ist, und überlegen, was sie wahrscheinlich „abkriegen" werden: Studien belegen, dass besonders attraktive Menschen wählerischer sind, wenn es um Äußerlichkeiten des Partners geht.

Als ob die Analyse des Aussehens nicht kompliziert genug wäre, müssen Jugendliche auch lernen, die kognitiven Fähigkeiten und Schwächen ihres Gegenübers einzuschätzen. Der äußere Eindruck bringt die Partner zusammen. Dann aber folgt eine längere Phase des Flirtens, in der man einander mental umkreist, um die intellektuellen und emotionalen Reaktionen zu taxieren. Diese sehr angenehme Phase dient wahrscheinlich mehreren Zwecken. Erstens wird vermutet, dass Teenager Partner mit ähnlichen Charakterzügen aussuchen. Anfänglich verhalten sie sich vielleicht so, weil sie ihr eigenes, gerade geformtes Weltbild hochhalten, aber später kann es dazu kommen, dass Partner sich in ihren Eigenheiten gegenseitig bestärken. Man nennt das charmant „Verhaltensansteckung"; alleinstehende Zuschauer im Freundeskreis können das höchst seltsam finden (und es könnte auch der Grund dafür sein, dass langverheiratete Paare meistens ein bisschen schrullig wirken).

Zweitens kann es sein, dass Teenager flirten, um die kognitiven Eigenschaften des möglichen Partners zu testen. Vielleicht suchen sie jemanden, der ihnen geistig ähnelt, oder jemanden, der intelligenter (oder weniger intelligent) ist. Studien deuten darauf hin, dass die Leute das aus ganz persönlichen Gründen tun. Eine besonders bilderstürmerische Theorie besagt, der Mensch habe seine Fähigkeiten zu Konversation, Musik, Humor und Kunst nur entwickelt, um seine Verehrer mit intellektuellem Scharfsinn zu beeindrucken. Wenn es nun vorwiegend die Frauen sind, die aktiv einen Partner wählen, haben wir dann den Grund dafür gefunden, dass die meisten „großen" Künstler, Musiker und Schauspieler Männer sind? Nicht wenige Frauen geben zu, sich in ihren Mann verliebt zu haben, weil er sie zum Lachen bringt oder mit seiner E-Gitarre so gut aussieht. Wie auch immer: Ich fände es ganz entzückend, wenn die sogenannte Hochkultur den einzigen Zweck hätte, andere Leute ins Bett zu kriegen.

Neben der äußeren Erscheinung und der geistigen Zuneigung gibt es einen dritten Attraktivitätsfaktor, der reichlich primitiv wirken mag: den Geruch. Dass Mäuse ihre Partner nach dem Geruch aussuchen, ist schon seit Jahrzehnten bekannt. Inzwischen nimmt man an, dies gilt genauso für Menschen. Was die romantischen Gefühle von Mäusen betrifft, haben Studien jedenfalls gezeigt, dass das Erschnüffeln des Erwählten einer unbestreitbaren Logik folgt.

Der Geruch, anhand dessen eine weibliche Maus ihren Partner wählt, hängt zusammen mit einer Gruppe von Genen mit dem sperrigen Namen Haupthistokompatibilitätskomplex, abgekürzt (nach dem englischen Fachbegriff) MHC. Der MHC wurde ausführlich untersucht, weil er eine wichtige Rolle für das Immunsystem spielt. Das ungewöhnlichste Merkmal des MHC besteht darin, dass seine einzelnen Gene innerhalb der Population (von Menschen genauso wie von Mäusen) sehr stark variieren, was man bei den meisten anderen Genen nicht beobachtet. Es gibt hunderte Varianten jedes MHC-Gens, und jeder erbt einen zufällig ausgewählten Satz von seinen Eltern. Das bedeutet, die MHC-Gene sind etwas höchst Individuelles. Außerhalb der eigenen Familie werden Sie sehr wahrscheinlich keinen Artgenossen mit einem ähnlichen MHC-Satz finden, im Gegenteil: Der erstbeste Mensch, dem sie begegnen, hat mit Ihnen bestenfalls einige wenige MHC-Gene gemeinsam. Aus diesem Grund kann man Organe auch innerhalb derselben Blutgruppe nicht wahllos – ohne sie auf MHC-Ähnlichkeit getestet zu haben – transplantieren. Das Immunsystem des Empfängers erkennt den fremden MHC und stößt ihn ab.

Was dem Transplantationsmediziner Sorgen bereitet, freut die verliebte Maus. Weil der MHC bei nichtverwandten Mäusen in der Regel sehr verschieden ist, kann eine weibliche Maus feststellen, ob ein bestimmtes Männchen mit ihr verwandt ist, indem sie die bestimmte ausgeschiedene Substanzen erschnüffelt, die mit dem MHC zusammenhängen. Will sich ein Weibchen paaren, legt es Wert auf MHC-Verschiedenheit. Damit stellt es sicher, dass es einen munteren, nicht von Inzucht beeinträchtigten Wurf zur Welt bringt. Wenn es einmal trächtig ist, sucht es sich einen MHC-*ähnlichen*, wahrscheinlich verwandten Partner für Nestbau und Brutpflege.

Gibt es Beweise dafür, dass auch Menschen ihre Partner auf der Grundlage der MHC-Gene auswählen? Lange hielt man das für unwahrscheinlich, weil man dachte, dass den Menschen das sogenannte Vomeronasalorgan fehlt – ein kleines, schlauchförmiges Sinnesorgan in der Nasenscheidewand, das für die meisten Pheromone (Sexuallockstoffe) empfindlich ist. Menschliche Embryonen verfügen noch darüber, aber man glaubte, im Laufe der Individualentwicklung ginge es verloren. Neue Studien haben aber gezeigt, dass das Organ bei Erwachsenen nicht nur noch vorhanden ist, sondern auch auf Pheromone durch Aktivierung verschiedener Hirnareale reagiert. Was dabei besonders auffällt, sind die klaren geschlechtsspezifischen Unterschiede dieser Reaktion, die darauf hindeuten, dass das Vomeronasalorgan tatsächlich beim Menschen eine ebensolche Rolle für die Fortpflanzung spielt wie bei den meisten anderen Säugetieren.

Den Zusammenhang zwischen Geruch und Partnerwahl beim Menschen zu belegen, war wesentlich schwieriger als bei Mäusen. Schließlich gilt es als unethisch, Jugendliche in ein kleines Zimmer zu sperren, um zu sehen, wer auf wessen Duft sexuell reagiert. Zum Glück bietet sich ein halbwegs ähnliches Versuchsfeld an, und das heißt „Universität". Bei einem großen Teil der frühen Studien zu den Kriterien der Partnerwahl ließ man tatsächlich Studenten an Klamotten schnüffeln, die andere Studenten getragen hatten. Anschließend wurden die MHC-Typen der Probanden mit denselben Methoden ermittelt, die man auch zur Gewebetypisierung vor Organtransplantationen nutzt, und siehe da: Es ergab sich prinzipiell dasselbe Muster wie bei den Mäusen. Offensichtlich finden junge Mädchen den Körpergeruch von Jungen am attraktivsten, deren MHC sich von ihrem eigenen stark unterscheidet. Außerdem ähnelten die MHC-Gene der Jungen, deren Geruch sie besonders gern mochten, den MHC-Genen ihres aktuellen Intimpartners.

Mittlerweile wurden diese ersten Ergebnisse durch Studien erweitert, die darauf hindeuten, dass das unbewusste Sortieren von Gerüchen eine beängstigend wichtige Rolle für das ganze Sexualverhalten spielt. Eine Untersuchung ergab zum Beispiel, dass Frauen, die mit MHC-ähnlichen Partnern zusammen sind, häufiger nebenbei Affären haben. Eine andere brachte die Vorverlegung der Pubertät, die wir in jüngerer Zeit beobachten, in Zusammenhang mit modernen Arbeits- und Familiengewohnheiten: Neuerdings verbringen Kinder mehr Zeit mit ihren Vätern und weniger mit der Mutter, deshalb hat sich die „Geruchsumgebung" gewandelt, in der sie leben, und das Gehirn empfängt früher einen Auslöser zum Start der Pubertät. Ob sich solche Theorien irgendwann beweisen lassen oder nicht – jedenfalls ist es doch beunruhigend, dass einige der wichtigsten Entscheidungen, die wir im Leben treffen, auf der Basis simpler Gerüche fallen. Überraschend hingegen ist es nicht. Viele Leute geben an, der Duft ihres Partners gehöre zu den angenehmsten Aspekten vom Sex. Gelegentlich habe ich dazu selbst kleine Studien unter meinen (männlichen und weiblichen) Studenten angestellt: Ich habe sie befragt, was sie eher davon abhalten würde, sich mit einer ansonsten attraktiven Person zu verabreden – ein etwas ungewöhnliches *Aussehen* oder ein etwas ungewöhnlicher *Körpergeruch*. Die empörten Mienen, die ich damit geerntet habe, bestätigen die Bedeutung des Geruchs für die sexuelle Anziehungskraft.

Wir fassen zusammen: Die Jugend ist die Zeit, in der man sich über die eigenen sexuellen Vorlieben in einem Cocktail aus äußerer Erscheinung, Vernunft und Geruch klar wird. Noch immer wissen die Forscher nicht besonders gut über die Mechanismen der Partnerwahl Bescheid, aber allmählich treten faszinierende Fähigkeiten zutage. So wurde behauptet, Frauen könnten einfach durch einen Blick in ein Männergesicht den Hormonspiegel ihres Gegenübers abschätzen und sogar beurteilen, wie fürsorglich er sich um Kinder kümmern wird. Dabei scheinen auch einige uralte Weisheiten wissenschaftliche Bestätigung zu finden. Teenager wählen ihren Intimpartner anscheinend wirklich nach dem Vorbild des andersgeschlechtlichen Elternteils aus, vorausgesetzt, sie hatten eine emotional positive Beziehung zu ihm oder ihr. Die sinnlichen Begierden Halbwüchsiger sind, wie sich herausstellt, eine sehr komplexe Angelegenheit. All die verschiedenen Arten des Wollens und Brauchens werden ausprobiert und schließlich zu einem individuellen Begehrensmuster zusammengesetzt.

Sex ist aber mehr als Wollen und Brauchen. Sex ist auch Tun. Irgendwann müssen wir lernen, was wir machen sollen und wie; und das geschieht in aller Regel in der Teenagerzeit. Die paar verbalen Anleitungen, die wir hier und da bekommen, sind kein Ersatz für das praktische Ausprobieren. Und da gibt es eine Menge zu lernen, weil das menschliche Gehirn das alleinige Regiment über den Sex übernommen hat. Viele Tiere müssen lediglich einfache Zeichen der Empfänglichkeit bei potenziellen Partnern erkennen, ihre Geschlechtsteile zusammenkoppeln und fertig. Dagegen ist die menschliche Sexualität ein wahres geistiges Minenfeld, gepflastert mit Reizen, vorgetäuschter Schüchternheit, Humor und Erwiderung.

Wie Sie sich aus Kapitel 1 erinnern, ist eines der ungewöhnlichen Merkmale des Menschen, dass wir keine klar abgegrenzten Perioden der „Hitze" – der Empfänglichkeit und Fruchtbarkeit – erleben. Deshalb wurde vorgeschlagen, dass die fruchtbare Zeit der Frau aus gutem Grund nicht nur vor ihr selbst, sondern auch vor den zufällig in der Nähe herumlungernden Männern verborgen ist. Befragungen unter heute noch auf dem Stand der Steinzeit lebenden Volksgruppen zeigten tatsächlich, dass in der Regel zwar bekannt ist, dass Sex die Ursache von Schwangerschaft ist, dass aber oft völlig falsche Vorstellungen darüber existieren, wann im Zyklus die Frau empfängt. Die menschliche Fruchtbarkeit ist also eine verschwiegene Sache. Vielleicht informiert die Biologie nicht einmal die Frau selbst, weil man niemals sicher sein kann, ob es das geschwätzige Wesen fertigbringt, dieses wichtige Geheimnis vor seinen Lieblingsmännern zu bewahren. Zugegeben: Die Fähigkeit von Frauen, Signale von Gesichtern, Körpern und Gerüchen zu erkennen, ist zyklusabhängig. Nachgewiesen ist auch, dass sich Frauen vorzugsweise um den Eisprung herum „aufbrezeln", um das andere Geschlecht zu beeindrucken. Es bleibt aber dabei: Niemand weiß, wann der Eisprung tatsächlich stattfindet.

Und warum nicht? Vielleicht hat sich die Natur entschlossen, die Zeit der Fruchtbarkeit für sich zu behalten, weil die Fortpflanzung nicht der einzige Zweck der sexuellen Betätigung des Menschen ist. Sehr wichtig ist die ständige Pflege der Paarbindung; vermutlich aus diesem Grund haben Menschen in allen Stadien des Zyklus Sex. Die verborgene Fruchtbarkeit kann es jedoch peinlich machen, die Initiative zu ergreifen. Zwei flirtende junge Menschen wissen genau, dass sie jederzeit Sex haben können, aber dass einer von ihnen vielleicht gerade nicht will. Herauszufinden, wann man „zur Sache" kommen soll – gleichgültig, ob am Anfang einer Beziehung oder mittendrin –, ist eine Frage subtilster sexueller Etikette. Wer Sex vorschlägt, riskiert eine Zurückweisung, und die kann extrem verletzend sein. In der Regel sind es Jungen, die einen Korb bekommen. Ich frage mich, ob das der Grund für das robuste Selbstbewusstsein ist, das Männern eingebaut zu sein scheint: So können sie wiederholte sexuelle Abweisung besser verkraften. Mädchen scheinen aber auch nicht die idealen Moderatoren in Sachen Geschlechtsverkehr zu sein, denn Studien zeigen, dass sich viele von ihnen nicht in der Lage sehen zu steuern, wann und wie sie Sex haben. Das trifft nicht nur für Jugendliche zu, sondern oft noch für erwachsene Frauen. Dieses ganze Spiel des Anregens, Sich-Einigens und Abgewiesenwerdens kann für Teenager besonders entmutigend sein. Schließlich haben sie ohnehin Schwierigkeiten mit ihrem Selbstwertgefühl, sind noch unerfahren in den sozialen Feinheiten des Anregens sexueller Beziehungen und häufig ziemlich unsicher, ob sie „es" wirklich können, wenn es dann drauf ankommt.

Was man beim Paarungsakt tut, wissen Teenager auch nicht von selbst. Auch das muss man lernen. Dieser Prozess beginnt meist damit, dass der Teenager sich nicht vorstellen kann, dass überhaupt jemand jemals mit ihm Sex haben will oder dass er „es" jemals richtig beherrscht. Der nächste Schritt ist oft die Selbstbefriedigung, eine Sache, für die die Primatenhand sehr gut geeignet ist. (Obwohl ich danach gesucht habe, konnte ich allerdings noch niemanden finden, der behauptet, die Hand habe sich *ausdrücklich* zum Zweck der Masturbation entwickelt.) Wenn zwei Teenager zusammen sind, gehen dem Akt an sich in der Regel verschiedene sexuelle Spielchen voraus. In einer Studie unter jugendlichen Sexanfängern berichteten 30 Prozent von gegenseitiger Masturbation, zehn Prozent von Oralsex und ein Prozent von Analsex. Der Prozess des Lernens durch Ausprobieren erstreckt sich über mehrere Jahre.

Obwohl selten darüber geredet wird, ist das Jugendalter vermutlich die Zeit, in der die meisten sexuellen Funktionsstörungen auftreten. Das ist wichtig, weil es vom Alter abhängt, wie solche Störungen empfunden werden: Erwachsene sind frustriert, wenn ihre Erwartungen nicht erfüllt werden, aber Teenager geraten in Panik, weil sie gar nicht wissen, welche Erwartungen sie haben dürfen. Außerdem interpretieren sie die Probleme oft als grundlegendes persönliches Versagen. Die Formen der sexuellen Dysfunktion unterscheiden sich zwischen Jugendlichen und Erwachsenen allerdings nicht sehr. Am weitesten verbreitet ist bei Jungen die vorzeitige Ejakulation und bei Mädchen das Ausbleiben des Orgasmus. Beide Probleme haben oft psychische Gründe und lösen sich von selbst, wenn es in einer stabilen, entspannten Partnerschaft regelmäßig zum Geschlechtsverkehr kommt. Leider genießen Teenager diesen Luxus nicht oft. Wenn dann aus körperlichen Gründen mehrere Beziehungen hintereinander in die Brüche gehen, ist niemals genug Zeit, um die Probleme zu verringern. Nach einer Weile bringt dieser Kreislauf des Wollens und empfundenen Versagens manche Teenager dazu, Sex völlig zu vermeiden – nicht selten bis ins Erwachsenenalter hinein. Abgesehen davon hat das Thema auch eine sehr finstere Seite. Teenager werden mit viermal größerer Wahrscheinlichkeit als Erwachsene Opfer sexueller Übergriffe. Ein Fünftel aller Festnahmen bei Sexualstraftaten hat in den USA mit Jugendlichen unter 18 Jahren zu tun, und ein Fünftel der Jungen und ein Viertel der Mädchen geben an, bei einer Verabredung schon einmal irgendeiner Form von Gewalt ausgesetzt gewesen zu sein.

All diesen negativen Aspekten zum Trotz dürfen wir nicht vergessen, dass Sex zu den angenehmsten und lohnendsten Aktivitäten des Lebens gehört. Das gilt für Teenager genauso wie für Erwachsene. Obwohl sich die positiven Seiten nicht so leicht definieren oder messen lassen wie die negativen, gibt es sie, daran besteht kein Zweifel. Man sieht sie jeden Tag bei jungen Pärchen, die, fest ineinander verschlungen, so glücklich sind, wie man es im Leben nur selten wieder ist. Teenager werden in vielerlei Hinsicht so schnell erwachsen, und dabei lernen sie so vieles. In einem Alter, wo sich alle Wege des Lebens, der Vergangenheit und Zukunft in einer zentralen Kreuzung von Freude und Schmerz treffen, gibt ihnen die neu gefundene Fähigkeit, Erfüllung zu bereiten und zu empfangen, die Gelegenheit, sich für ein Weilchen aus all diesem Tumult zurückzuziehen und zu genießen, bis es ihnen den Atem verschlägt.

Schluss
Das lange Spiel

Erinnern Sie sich noch an meine Liste ungewöhnlicher Merkmale des Menschen, die ich Ihnen zu Beginn von Kapitel 1 vorgestellt habe?

Fortbewegung	Gehirn	Fortpflanzung	Lebensplan
auf zwei Beinen	hohe kognitive Fähigkeiten	Menstruation	Langlebigkeit
	Sprache	keine „Hitze"	Eltern sorgen für Nahrung und befriedigen Bedürfnisse
		Sex nicht nur zum Zweck der Fortpflanzung	
			langes Leben nach Beendigung der Fruchtbarkeit
		Menopause	
			Nachwuchs längere Zeit abhängig

Im restlichen Buch haben wir verfolgt, wie Teenager körperlich, geistig, emotional und sexuell reifen. Dabei haben wir entdeckt, dass die meisten der typisch menschlichen Eigenschaften im Jugendalter ihre Wurzeln haben. Soweit es unsere fortpflanzungstechnischen Eigenheiten betrifft, ist das nicht

verwunderlich; dass diese sich um die Pubertät herum ausbilden, war zu erwarten. Was viel mehr beeindruckt, ist der
Prozess der Formung unseres wertvollen Gehirns. Es sind
die ungewöhnlich langwierigen und tiefgreifenden Veränderungen des Körpers und des Gehirns zusammengenommen,
die dem Jugendalter des Menschen ihr einzigartiges Gepräge
geben.

Der Teenager ist also keine Erfindung der modernen Kultur. Er ist ein im Tierreich beispielloses Phänomen. Das Erwachsenwerden eines Menschen ist ein Zusammenspiel von
Ereignissen, die nach einem sorgfältig austarierten Zeitplan
aufeinanderfolgen: erstens die körperlichen Veränderungen
der Pubertät, oft zwischen den Geschlechtern versetzt, wobei
sich die Mädchen schneller entwickeln; zweitens der phasen-
weise Umbau des Gehirns, der dem menschlichen Geist neue
Reiche der Analyse, Abstraktion und Kreativität eröffnet; drittens das Durcheinander des sozialen Wandels, der zu einer
neuen Sicht auf die eigene Persönlichkeit, zur Abnabelung
von den Eltern und zur Hinwendung zu Gleichaltrigen führt;
viertens die Aufregungen des romantischen und sexuellen
Experimentierens. Entscheidend ist dabei, dass alle diese Ereignisse simultan und über einen bemerkenswert langen Zeitraum von zehn Jahren oder mehr verteilt stattfinden. Daran
hat sich im Laufe der Menschheitsgeschichte nicht viel geändert, abgesehen davon, dass die Pubertät neuerdings immer
früher einsetzt, früher zudem, als Teenager zum ersten Mal
schwanger werden sollten. Wenn diese Spannung zwischen
beschleunigter Fruchtbarkeit und verzögerter Empfängnis
überhaupt einen neuen Aspekt bringt, dann macht sie den
ohnehin aufregenden Fluss des Erwachsenwerdens noch tur-
bulenter. In jeder anderen Hinsicht ist dieser Teil des Lebensplans unverändert geblieben. Wir beobachten an Teenagern

genau jene Phänomene, die ihnen die Evolution in die Wiege gelegt hat.

Als ob diese menschliche Einzigartigkeit noch nicht genug wäre, ist die Teenagerzeit auch noch die wichtigste Zeit im Leben jedes einzelnen Individuums. Evolution findet statt, weil erfolgreiche Tiere überleben und sich vermehren. Deshalb ist der Lebensabschnitt, in dem wir durch Lernen den Grundstein für späteren Erfolg legen und Kinder bekommen, ausschlaggebend: Genau hier wirkt die natürliche Auslese. Bei Menschen ist das eben das Jugendalter (oder war es zumindest, bevor wir die Teenager davon abzubringen versuchten, Babys zu bekommen). Kurz gesagt: Die natürliche Auslese fand in der Menschheitsgeschichte im Teenageralter statt. Ob ein Halbwüchsiger sich bewährte oder versagte, entschied alles. Das bedeutet: Der moderne Mensch ist das Evolutionsprodukt nicht etwa Erwachsener, sondern Jugendlicher.

Es ist durchaus sinnvoll anzunehmen, dass der ganze Lebensplan des Menschen um die Teenagerzeit herum aufgebaut ist. Die Evolutionstheorie trifft einige interessante Voraussagen über Arten, in denen ein Geschlecht mehr als das andere davon profitiert, schon früh im Leben in die Fortpflanzung zu investieren. Die Art und Weise der Fortpflanzung von Säugetieren bedingt, dass es die Männchen sind, die bei Vermehrungserfolg oder Versagen am meisten zu gewinnen oder zu verlieren haben. Das gilt wahrscheinlich auch für Menschen. Weil aber die Männer einen so großen Teil ihrer Ressourcen im Jugendalter darauf verwenden, Intimpartner zu finden und zu beeindrucken, müssen sie irgendwann dafür bezahlen – so verlangt es die Evolution. Männer sollten früher sterben. Natürlich tun sie genau das. In der Jugend pokern sie; ausgezahlt wird später. Das Jugendalter diktiert den Lauf des ganzen Lebens.

Ein dramatisches Beispiel für die Bedeutung des Teenagers ist die Evolution der Langlebigkeit des Menschen. In den letzten Jahrmillionen hat sich der Mensch zur Luxusausführung des Primaten entwickelt. Unsere kognitiven und sozialen Fähigkeiten wurden immer komplexer und dominierten die Biologie immer deutlicher. Aus diesem Grund brauchen Menschen lange, um sich zu entwickeln. In einen einzelnen jungen Menschen müssen die Eltern enorm lange enorm viel hineinstecken, bis er fertig ist. Nachdem der Mensch also in jungen Jahren ein paar Kinder in die Welt gesetzt hat, ist er weitere zwei Jahrzehnte dazu verpflichtet, sie aufzuziehen. Und es liegt in der Natur des Menschen, selbst dann noch nicht mit der Brutpflege aufzuhören. Schließlich kann man seine Enkelkinder unterstützen. Die Bedürfnisse von Teenagern erklären vielleicht sogar die Menopause: Die Frauen sollen ihre Aufmerksamkeit jetzt nicht mehr auf neue Babys richten, sondern die großziehen, die sie schon haben.

Die Existenz des Teenagers ist also der Grund dafür, dass wir so lange, lange, lange leben. Diese Langlebigkeit gibt uns genügend Zeit, unseren anspruchsvollen Langsamentwicklern bei der Reifung zu helfen. Unterstützt wird diese These durch die Beobachtung, dass sich bei einigen anderen intelligenten, langlebigen, langsam wachsenden Säugetieren etwas Ähnliches getan hat, nämlich bei Elefanten und Walen. (Interessanterweise sind bestimmte Walarten die einzigen nichtmenschlichen Arten, bei denen man so etwas wie die Menopause findet.) Man kann sich gut vorstellen, wie sich dieser Trend so lange aufschaukelte, bis er außer Kontrolle geriet: Im Jugendalter verfeinerte sich das Gehirn immer weiter, dafür musste der Mensch immer länger leben, um die gesammelte Weisheit an seine Nachkommen weitergeben zu können. Das Leben des Menschen ist ein langfristig bestehender, hohe Investitionen verlangender Wissensbetrieb. Das haben wir den Teenagern zu verdanken. Aus diesem Grund ist das Jugendalter nicht einfach eine turbulente Übergangsphase, sondern der Dreh- und Angelpunkt des ganzen menschlichen Lebensplans.

Wir haben uns nun also damit abgefunden, dass Teenager das wichtigste sind, was es überhaupt gibt. Sind alle späteren Altersgruppen damit irrelevant? Die Versuchung, das zu behaupten, ist groß; jenseits des fruchtbaren Alters verliert die natürliche Auslese schnell an Bedeutung. Haben wir jenseits des 25. Lebensjahrs also eigentlich keine Funktion mehr? Sollte man so weit gehen zu sagen: Nur Teenager leben, der Rest ist schon beim Sterben? Ist das Leben ein Dreiakter des Heranwachsens, Sichfortpflanzens und Dahinschwindens? Ich weise diese Sicht zurück mit dem Argument, dass es gerade Teenager sind, die dafür sorgen, dass wir Älteren nicht in der Sinnlosigkeit und Bedeutungslosigkeit versinken. Schließlich haben die Erwachsenen eine wichtige Aufgabe, und das ist die Unterstützung der Kinder und Jungendlichen. Ganz einfach: Dazu sind die Erwachsenen *da*. Bräuchten die Teenager unsere Hilfe nicht, dann könnten wir genauso gut mit, sagen wir, 30 sterben. Die Jugend gibt dem Leben der Älteren ihren Sinn. Die natürliche Auslese wirkt nur deshalb noch ein wenig im Erwachsenenalter fort, weil der Nachwuchs großgezogen werden muss.

Selbst in der modernen Zeit und angesichts dessen, dass sich die Gattung Mensch womöglich nicht mehr sehr viel weiter entwickelt, sind es die Teenager, die das Zepter in der Hand halten. Ich frage mich, ob nicht viele Reibereien zwischen Erwachsenen und Jugendlichen daher kommen, dass wir wissen: Eines Tages werden sie an unsere Stelle treten. Bald sind sie erwachsen, und dann werden sie es sein, die über Ethik, Recht und Normen entscheiden, und wir müssen beiseite treten. Ihre Zeit wird kommen, unsere geht zu Ende. Noch dazu spotten die Jugendlichen unser mit ihrer Kreativität, die in diesem Alter ihren Höhepunkt erreicht. So viele der bedeutendsten Eingebungen, Erfindungen und Schöpfungen entstammen dem launenhaften jungen Geist, und viele Genies bezeichnen diese Jahre als fruchtbarsten ihres Lebens. Aus diesem Grunde sind Teenager dazu bestimmt, die Welt zu verändern – in einer Weise, die der Generation ihrer Eltern unweigerlich fremd und unbegreiflich erscheint.

Darum also sind die Teenagerjahre so schwierig: weil sie so *wichtig* sind. Teenager verdienen die Unterstützung der älteren Generationen bei ihrer einzigartig menschlichen Suche nach dem geistigen Glück aus dem simplen Grund, dass sie wichtiger sind als alle anderen Menschen. Im Jugendalter laufen alle Wege zusammen, aber nicht einfach deshalb, weil sich Kindheit und Erwachsensein hier irgendwie „überschneiden". Die Teenagerzeit ist so vollgestopft mit allem, was menschlich ist, weil es diese Jahre sind, die für die Entwicklung der ganzen Art zählen. Vielleicht ist es darum eine so intensive Erfahrung, jung zu sein.

Teenager zu sein, ist keine ärgerliche Nebenerscheinung des Lebens als Mensch. Teenager sind es, die uns zum Menschen machen. Das Jugendalter ist der Schlüssel zu allem. Hier spielt das Leben.

Literatur

Weitere Informationen auch auf www.davidbainbridge.org

Akil M, Pierri JN, Whitehead RE, Edgar CL, Mohila C, Sampson AR, Lewis DA (1999) Lamina-specific alterations in the dopamine innervation of the prefrontal cortex in schizophrenic subjects. *Am J Psychiatry* 156: 1580–1589

Alloy LB, Abramson LY (2007) The adolescent surge in depression and emergence of gender differences. In: Romer D, Walker EF (Hrsg) Adolescent Psychopathology and the Developing Brain. Oxford University Press, Oxford

Anhalt K, Morris TL (1998) Developmental and adjustment issues of gay, lesbian, and bisexual adolescents: a review of the empirical literature. *Clin Child Fam Psychol Rev* 1: 215–230

Apter D (2003) The role of leptin in female adolescence. *Ann NY Acad Sci* 997: 64–76

Ara K, Hama M, Akiba S, Koike K, Okisaka K, Hagura T, Kamiya T, Tomita F (2006) Foot odor due to microbial metabolism and its control. *Can J Microbiol* 52: 357–364

Armelagos GJ, Brown PJ, Turner B (2005) Evolutionary, historical and political economic perspectives on health and disease. *Soc Sci Med* 61: 755–765

Aron A, Fisher H, Mashek DJ, Strong G, Li H, Brown LL (2005) Reward, motivation and emotion systems associated with early-stage intense romantic love. *J Neurophysiol* 94: 327–337

Badanich KA, Adler KJ, Kirstein CL (2006) Adolescents differ from adults in cocaine conditioned place preference and cocaine-induced dopamine in the nucleus accumbens septi. *Eur J Pharmacol* 21: 95–106

Bainbridge DRJ (2000) A Visitor Within: The Science of Pregnancy. Weidenfeld and Nicolson, London

Bainbridge DRJ (2003) The X in Sex: How the X Chromosome Controls our Lives. Harvard University Press, Cambridge, MA. Deutsche Übersetzung: Das X in Sex. Wie ein Chromosom unser Leben bestimmt. Wagenbach, Berlin 2005

Bainbridge DRJ (2008) Beyond the Zonules of Zinn: A Fantastic Journey Through Your Brain. Harvard University Press, Cambridge, MA

Baron-Cohen S (2003) The Essential Difference: Men, women and the extreme male brain. Allen Lane, London

Barth JH, Clark S (2003) Acne and hirsuties in teenagers. *Best Pract Res Clin Obstet Gynaecol* 17: 131–148

Ben-Dor DH, Laufer N, Apter A, Frisch A, Weizman A (2002) Heritability, genetics and association findings in anorexia nervosa. *Isr J Psychiatry Relat Sci* 39: 262–270

Bereczkei T, Gyuris P, Weisfeld GE (2004) Sexual imprinting in human mate choice. *Proc Biol Sci* 271: 1129–1134

Beuten J, Ma JZ, Payne TJ, Dupont RT, Crews KM, Somes G, Williams NJ, Elston RC, Lic MD (2005) Single- and multilocus allelic variants within the GABA(B) receptor subunit 2 (GABAB2) gene are significantly associated with nicotine dependence. *Am J Hum Genet* 76: 859–864

Berenbaum SA (1999) Effects of early androgens on sex-typed activities and interests in adolescents with congenital adrenal hyperplasia. *Horm Behav* 35: 102–110

Bimonte HA, Fitch RH, Denenberg VH (2000) Neonatal estrogen blockade prevents normal callosal responsiveness to estradiol in adulthood. *Brain Res Dev Brain Res* 122: 149–155

Blakemore SJ, Choudhury SA (2006) Development of the adolescent brain: implications for executive function and social cognition. *J Child Psychol Psychiatry* 47: 296–312

Bloom DF (2004) Is acne really a disease? A theory of acne as an evolutionarily significant, high-order psychoneuroimmune interaction timed to cortical development with a crucial role in mate choice. *Med Hypotheses* 62: 462–469

Bogin B (1999) Evolutionary perspective on human growth. *Annu Rev Anthropol* 28: 109–153

Bogin B (2003) The human pattern of growth and development in palaeontological perspective. In: Thompson JL, Krovitz GE, Nelson AJ (Hrsg) Patterns of Growth and Development in the Genus Homo. Cambridge University Press, Cambridge

Boots M, Knell RJ (2002) The evolution of risky behaviour in presence of a sexually transmitted disease. *Proc R Soc Lond B Biol Sci* 269: 585–589

Bourgeois J-P, Goldman-Rakic PS, Rakic P (1994) Synaptogenesis in the pre-frontal cortex of rhesus monkeys. *Cereb Cortex* 4: 78–96

Brand S, Luethi M, von Planta A, Hatzinger M, Holsboer-Trachsler E (2007) Romantic love, hypomania, and sleep pattern in adolescents. *J Adolesc Health* 41: 69–76

Brody S (1945) Bioenergetics and growth. Reinhold, New York City

Burger J, Gochfeld M (1985) A hypothesis on the role of pheromones on age of menarche. *Med Hypotheses* 17: 39–46

Burns JK (2006) Psychosis: a costly by-product of social brain evolution in *Homo sapiens*. *Prog Neuropsychopharmacol Biol Psychiatry* 30: 797–814

Buss DM (1999) Evolutionary Psychology: The New Science of the Mind. Allyn & Bacon, Needham Heights

Byrd-Bredbrenner C, Murray J, Schlussel YR (2005) Temporal changes in anthropometric measurements of idealized females and young women in general. *Women Health* 41: 13–30

Caldwell JC, Caldwell P, Caldwell BK, Pieris I (1998) The construction of adolescence in a changing world: implications for sexuality, reproduction, and marriage. *Stud Fam Plann* 29: 137–153

Campbell B (2006) Adrenarche and the evolution of human life history. *Am J Hum Biol* 18: 569–589

Campbell BC, Udry JR (1994) Implications of hormonal influences on sexual behavior for demographic models of reproduction. *Ann NY Acad Sci* 709: 117–127

Cardinal RN, Everitt BJ (2004) Neural and psychological mechanisms underlying appetitive learning: links to drug addiction. *Curr Opin Neurobiol* 14: 156–162

Carpenter-Hyland EP, Chandler LJ (2007) Adaptive plasticity of NMDA receptors and dendritic spines: implications for enhanced vulnerability of the adolescent brain to alcohol addiction. *Pharmacol Biochem Behav* 86: 200–208

Carskadon MA, Acebo C, Jenni OG (2004) Regulation of adolescent sleep: implications for behavior. *Ann NY Acad Sci* 1021: 276–291

Carter CS, DeVries AC, Taymans SE, Roberts RL, Williams JR, Getz LL (1997) Peptides, steroids, and pair bonding. *Ann NY Acad Sci* 807: 260–272

Caspari R, Lee SH (2006) Is human longevity a consequence of cultural change or modern biology? *Am J Phys Anthropol* 129: 512–517

Caspi A, Sugden K, Moffitt TE, Taylor A, Craig IW, Harrington H, McClay J, Mill J, Martin J, Braithwaite A, Poulton R (2003) Influence of life stress on depression: moderation by polymorphism in the 5-HTT gene. *Science* 301: 386–389

Catlow BJ, Kirstein CL (2007) Cocaine during adolescence enhances dopamine in response to a natural reinforcer. *Neurotoxicol Teratol* 29: 59–65

Chugani HT, Phelps ME, Mazziotta JC (1987) Positron emission tomography study of human brain functional development. *Ann Neurol* 22: 487–497

Chemes HE (2001) Infancy is not a quiescent period of testicular development. *Int J Androl* 24: 2–7

Clarkson J, Herbison AE (2006) Development of GABA and glutamate signalling at the GnRH neuron in relation to puberty. *Mol Cell Endocrinol* 254/255: 32–38

Coall DA, Chisholm JS (2003) Evolutionary perspectives on pregnancy: maternal age at menarche and infant birth weight. *Soc Sci Med* 57: 1771–1781

Cornwell RE, Law Smith MJ, Boothroyd LG, Moore FR, Davis HP, Stirrat M, Tiddeman B, Perrett DI (2006) *Philos Trans R Soc Lond B Biol Sci* 361: 2143–2154

Cotton S, Mills L, Succop PA, Biro FM, Rosenthal SL (2004) Adolescent girls perceptions of the timing of their sexual initiation: „too young" or „just right"? *J Adolesc Health* 34: 453–458

Cox G (1995) De virginibus puerisque: the function of the human foreskin considered from an evolutionary perspective. *Med Hypotheses* 45: 617–621

Cunningham MG, Bhattacharyya S, Benes FM (2002) Amygdalo-cortical sprouting continues into early adulthood: implications for the development of normal and abnormal function during adolescence. *J Comp Neurol* 453: 116–130

Cyranowski JM, Frank E, Young E, Shear MK (2000) Adolescent onset of the gender difference in lifetime rates of major depression: a theoretical model. *Arch Gen Psychiatry* 57: 21–27

Dalley JW, Fryer TD, Brichard L, Robinson ES, Theobald DE, Lääne K, Peña Y, Murphy ER, Shah Y, Probst K, Abakumova I, Aigbirhio FI, Richards HK, Hong Y, Baron JC, Everitt BJ, Robbins TW (2007) Nucleus accumbens D2/3 receptors predict trait impulsivity and cocaine reinforcement. *Science* 317: 1033–1035

Darroch JE (2001) Adolescent pregnancy trends and demographics. *Curr Womens Health Rep* 1: 102–110

Davey CG, Yücel M, Allen NB (2008) The emergence of depression in adolescence: Development of the prefrontal cortex and the representation of reward. *Neurosci Biobehav Rev* 31: 1–19

Debiec J (2007) From affiliative behaviors to romantic feelings: a role of nanopeptides. *FEBS Lett* 581: 2580–2586

Dean C, Leakey MG, Reid D, Schrenk F, Schwartz GT, Stringer C, Walker A (2001) Growth processes in teeth distinguish *Homo erectus* and earlier hominids. *Nature* 414: 628–631

Degenhardt L, Hall WA (2006) Is cannabis use a contributory cause of psychosis? *Can J Psychiatry* 51: 556–565

Dehaene S, Molko N, Cohen L, Wilson AJ (2004) Arithmetic and the brain. *Curr Opin Neurobiol* 14: 218–224

Di Chiaraa G, Bassareoa V (2007) Reward system and addiction: what dopamine does and doesn't do. *Curr Opin Pharmacol* 7: 69–76

Doremus TL, Brunell SC, Rajendran P, Spear LP (2005) Factors influencing elevated ethanol consumption in adolescent relative to adult rats. *Alcohol Clin Exp Res* 29: 1796–1808

Dorus S, Vallender EJ, Evans PD, Anderson JR, Gilbert SL, Mahowald M, Wyckoff GJ, Malcom CM, Lahn BT (2004) Accelerated evolution of nervous system genes in the origin of *Homo sapiens*. *Cell* 119: 1027–1040

Dunbar RI, Shultz S (2007) Evolution in the social brain. *Science* 317: 1344–1347

Dunkel L (2006) Use of aromatase inhibitors to increase final height. *Mol Cell Endocrinol* 254/255: 207–216

Ebling FJ (1987) The biology of hair. *Dermatol Clin* 5: 467–481

Einarsson JI, Sangi-Haghpeykar H, Gardner MO (2003) Sperm exposure and development of preeclampsia. *Am J Obstet Gynecol* 188: 1241–1243

Eisenberg N, Zhou Q, Spinrad TL, Valiente C, Fabes RA, Liew J (2005) Relations among positive parenting, children's effortful control, and externalizing problems: a three-wave longitudinal study. *Child Dev* 76: 1055–1071

Elliot AJ, Thrash TM (2004) The intergenerational transmission of fear of failure. *Pers Soc Psychol Bull* 30: 957–971

Emanuele E, Politi P, Bianchi M, Minoretti P, Bertona M, Geroldi D (2006) Raised plasma nerve growth factor levels associated with early-stage romantic love. *Psychoneuroendocrinology* 31: 288–294

Enoch MA (2006) Genetic and environmental influences on the development of alcoholism: resilience vs. risk. *Ann NY Acad Sci* 1094: 193–301

Esenyel M, Walsh K, Walden JG, Gitter A (2003) Kinetics of high-heeled gait. *J Am Podiatr Med Assoc* 93: 27–32

Essex MJ, Klein MH, Cho E, Kalin NH (2002) Maternal stress beginning in infancy may sensitize children to later stress exposure: effects on cortisol and behavior. *Biol Psychiatry* 52: 776–784

Fales CL, Barch DM, Rundle MM, Mintun MA, Snyder AZ, Cohen JD, Mathews J, Sheline YI (2008) Altered Emotional Interference Processing in Affective and Cognitive-Control Brain Circuitry in Major Depression. *Biol Psychiatry* 63: 377–384

Feldmann J, Middleman AB (2002) Adolescent sexuality and sexual behavior. *Curr Opin Obstet Gynecol* 14: 489–493

Fernandez-Fernandez R, Martini AC, Navarro VM, Castellano JM, Dieguez C, Aguilar E, Pinilla L, Tena-Sempere M (2006) Novel signals for the integration of energy balance and reproduction. *Mol Cell Endocrinol* 254/255: 127–132

Fessler DM (2002) Dimorphic foraging behaviors and the evolution of hominid hunting. *Riv Biol* 95: 429–453

Field T (2002) Violence and touch deprivation in adolescents. *Adolescence* 37: 735–749

Finkelstein JW, Susman EJ, Chinchilli VM, Kunselman SJ, D'Arcangelo MR, Schwab J, Demers LM, Liben LS, Lookingbill G, Kulin HE (1997) Estrogen or testosterone increases self-reported aggressive behaviors in hypogonadal adolescents. *J Clin Endocrinol Metab* 82: 2433–2438

Fisher HE, Aron A, Brown LL (2006) Romantic love: a mammalian brain system for mate choice. *Philos Trans R Soc Lond B Biol Sci* 361: 2173–2186

Fisher HE, Aron A, Brown LL (2006) Romantic love: an fMRI study of a neural mechanism for mate choice. *J Comp Neurol* 493: 58–62

Fisher SE, Marcus GF (2006) The eloquent ape: genes, brains and the evolution of language. *Nat Rev Genet* 7: 9–20

Flensmark J (2004) Is there an association between the use of heeled footwear and schizophrenia. *Med Hypotheses* 63: 740–747

Floresco SB, Magyar O (2006) Mesocortical dopamine modulation of executive functions: beyond working memory. *Psychopharmacology* 188: 567–585

Florian V, Mikulincer M, Hirschberger G (2002) The anxiety-buffering function of close relationships: evidence that relationship commitment acts as a terror management mechanism. *J Pers Soc Psychol* 32: 527–542

Foster DL, Jackson LM, Padmanabhan V (2006) Programming of GnRH feedback controls timing puberty and adult reproductive function. *Mol Cell Endocrinol* 254/255: 109–119

Fraley RC, Brumbaugh CC, Marks MJ (2005) The evolution and function of adult attachment: a comparative and phylogenetic analysis. *J Pers Soc Psychol* 89: 731–746

Frisch RE (2002) Female Fertility and the Body Fat Connection. University of Chicago Press, Chicago

Frith U (2001) Mind blindness and the brain in autism. *Neuron* 32: 969–979

Gamba M, Pralong FP (2006) Contol of GnRH neuronal activity by metabolic factors: the role of leptin and insulin. *Mol Cell Endocrinol* 254/255: 133–139

Garcia-Falgueras A, Junque C, Giménez M, Caldú X, Segovia S, Guillamon A (2006) Sex differences in the human olfactory system. *Brain Res* 1116: 103–111

Garver-Apgar CE, Gangestad SW, Thornhill R, Miller RD, Olp JJ (2006) Major histocompatibility complex alleles, sexual responsivity, and unfailthfulness in romantic couples. *Psychol Sci* 17: 830–835

Gatward N (2007) Anorexia nervosa: an evolutionary puzzle. *Eur Eat Disord Rev* 15 1–12

Gavrilow LA, Gavrilova NS (2002) Evolutionary Theories of Aging and Longevity. *Scientific World Journal* 2: 339–356

Geller DA (2006) Obsessive-compulsive and spectrum disorders in children and adolescents. *Psychiatr Clin North Am* 29: 353–370

Giedd JN, Castellanos FX, Rahapakse JC, Vaituzis AC, Rapoport JL (1997) Sexual dimorphism of the developing human brain. *Prog Neuropsychopharmacol Biol Psychiatry* 21: 1185–1201

Giedd JN, Clasen LS, Lenroot R, Greenstein D, Wallace GL, Ordaz S, Molloy EA, Blumenthal JD, Tossell JW, Stayer C, Samango-Sprouse CA, Shen D, Davatzikos C, Merke D, Chrousos GP (2006) Puberty-related influences on brain development. *Mol Cell Endocrinol* 254/255: 154–162

Gilbert P, Allan S, Brough S, Melley S, Miles JN (2002) Relationship of anhedonia and anxiety to social rank, defeat and entrapment. *J Affect Disord* 71: 141–151

Gluckman PD, Hanson MA (2006) Changing times: the evolution of puberty. *Mol Cell Endocrinol* 254/255: 26–31

Gluckman PD, Hanson MA (2006) Evolution, development and the timing of puberty. *Trends Endocrinol Metab* 17: 7–12

Gogtay N, Giedd JN, Lusk L, Hayashi KM, Greenstein D, Vaituzis AC, Nugent TF, Herman DH, Clasen LS, Toga AW, Rapoport JL, Thompson PM (2004) Dynamic mapping of human cortical development during childhood through early adulthood. *Proc Natl Acad Sci USA* 101: 8174–8179

Goldberg D (1994) A bio-social model for common mental disorders. *Acta Psychiatr Scand Suppl* 385: 66–70

Gonzales FJ, Nebert DW (1990) Evolution of the P450 gene superfamily: animal-plant ‚warfare', molecular drive and human genetic differences in drug oxidation. *Trends Genet* 6: 182–186

Grant VW (1976) Falling in Love: the psychology of the romantic emotion. Springer, New York

Green AR, Mechan AO, Elliott JM, O'Shea E, Colado MI (2003) The pharmacology and clinical pharmacology of 3,4-methylenedioxymethamphetamine (MDMA, „ecstasy"). *Pharmacol Rev* 55: 463–508

Guindalini C et al (2006) A dopamine transporter gene functional variant associated with cocaine abuse in a Brazilian sample. *Proc Natl Acad Sci USA* 103: 4552–4557

Gur RC (2005) Brain maturation and its relevance to understanding criminal culpability of juveniles. *Curr Psychiatry Rep* 7: 292–296

Gurven M, Kaplan H, Gutierrez MA (2006) How long does it take to become a proficient hunter? Implications for the evolution of extended development and long life span. *J Hum Evol* 51: 454–470

Hall WD (2006) Cannabis use and the mental health of young people. *Aust NZ J Psychiatry* 40: 105–113

Hall WD, Lynskey M (2005) Is cannabis a gateway drug? Testing hypotheses about the relationship between cannabis use and the use of other illicit drugs. *Drug Alcohol Rev* 24: 39–48

Halpern CT, Udry JR, Campbell B, Suchindran CA (1993) Testosterone and pubertal development as predictors of sexual activity: a panel analysis of adolescent males. *Psychosom Med* 59: 161–171

Halpern CT, Joyner K, Udry JR, Suchindran C (2000) Smart teens don't have sex (or kiss much either). *J Adolesc Health* 26: 213–225

Halpern CT, Udry JR, Suchindran C (1997) Testosterone predicts initiation of coitus in adolescent females. *Psychosom Med* 59: 161–171

Harrop C, Trower P (2001) Why does schizophrenia develop at late adolescence? *Clin Psychol Rev* 21: 241–265

Higuchi S, Matsushita S, Masaki T, Yokoyama A, Kimura M, Suzuki G, Mochizuki H (2004) Influence of genetic variations of ethanol-metabolizing enzymes on phenotypes of alcohol-related disorders. *Ann NY Acad Sci* 1025: 472–480

Hill RS, Walsh CA (2005) Molecular insights into human brain evolution. *Nature* 437: 64–67

Hofman MA, Fliers E, Goudsmit E, Swaab DF (1988) Morphometric analysis of the suprachiasmatic and paraventricular nuclei in the human brain: sex differences and age-dependent changes. *J Anat* 160: 127–143

Holmes KK, Bell TA, Berger RE (1984) Epidemiology of sexually transmitted diseases. *Urol Clin North Am* 11: 3–13

Horn M, Collingro A, Schmitz-Esser S, Beier CL, Purkhold U, Fartmann B, Brandt P, Nyakatura GJ, Droege M, Frishman D, Rattei T,

Mewes HW, Wagner M (2004) Illuminating the evolutionary history of chlamydiae. *Science* 304: 728–730

Huffman MA (2003) Animal self-medication and ethno-medicine: exploration and exploitation of the medicinal properties of plants. *Proc Nutr Soc* 62: 371–381

Hughes IA, Kumana MA (2006) A wider perspective on puberty. *Mol Cell Endocrinol* 254/255: 1–7

Hull EM, Muschamp JW, Sato S (2004) Dopamine and serotonin: influences on male sexual behavior. *Physiol Behav* 83: 291–307

Huttenlocher PR, Dabholkar AS (1997) Regional differences in synaptogenesis in human cerebral cortex. *J Comp Neurol* 387: 167–178

Hyde JS, Fennema E, Lamon SJ (1990) Gender differences in mathematics performance: a meta-analysis. *Psychol Bull* 107: 139–155

Insel TR (2003) Is social attachment an addictive disorder? *Physiol Behav* 79: 351–357

Insel TR, Hulihan TJ (1995) A gender-specific mechanism for pair-bonding: oxytocin and partner preference formation in monogamous voles. *Behav Neurosci* 109: 782–789

Irwin CE, Millstein SG (1992) Correlates and predictors of risk-taking behavior during adolescence. In: Lipsitt LP, Mitnick LL (Hrsg) Self-regulatory behavior and risk-taking: causes and consequences. Ablex, Norwood, NJ

Isbell LA (2006) Snakes as agents of evolutionary change in primate brains. *J Hum Evol* 51: 1–35

Izenwasser S (2005) Differential effects of psychoactive drugs in adolescents and adults. *Crit Rev Neurobiol* 17: 51–67

James AC, James S, Smith DM, Javaloyes A (2004) Cerebellar, prefrontal cortex, and thalamic volumes over two time points in adolescent-onset schizophrenia. *Am J Psychiatry* 161: 1023–1029

Johansson T, Ritzén EM (2005) Very long-term follow-up of girls with early and late menarche. *Endocr Dev* 8: 126–136

Kanazawa SA (2007) Beautiful parents have more daughters: a further implication of the generalized Trivers-Willard hypothesis (gTWH). *J Theor Biol* 244: 133–140

Kaplan H, Hill K, Lancaster J, Hurtado AM (2000) A theory of human life history evolution. *Evol Anthropol* 9: 156–185

Keller MC, Miller G (2006) Resolving the paradox of common, harmful, heritable mental disorders: which evolutionary genetic models work best? *Behav Brain Sci* 29: 385–404

Keller MC, Nesse RM (2006) The evolutionary significance of depressive symptoms: different adverse situations lead to different depressive symptom patterns. *J Pers Soc Psychol* 91: 316–330

Kelley BM, Rowan JD (2004) Long-term, low-level adolescent nicotine exposure produces dose-dependent changes in cocaine sensitivity and reward in adult mice. *Int J Dev Neurosci* 22: 339–348

Keshavan MS, Hogarty GE (1999) Brain maturational process and delayed onset in schizophrenia. *Dev Psychopathol* 11: 525–543

Kessler RC, Amminger GP, Aguilar-Gaxiola S, Alonso J, Lee S, Ustün TB (2007) Age of onset of mental disorders: a review of recent literature. *Curr Opin Psychiatry* 20: 359–364

Kessler RC, Berglund P, Demler O, Jin R, Merikangas KR, Walters EE (2005) Lifetime prevalence and age-of-onset distributions of DSM-IV disorders in the National Comorbidity Survey Replication. *Arch Gen Psychiatry* 62: 593–602

Keverne EB (2004) Understanding well-being in the evolutionary context of brain development. *Philos Trans R Soc Lond B Biol Sci* 399: 1349–1358

Kiess W, Meidert A, Dressendörfer RA, Schriever K, Kessler U, König A, Schwarz HP, Strasburger CJ (1995) Salivary cortisol levels throughout childhood and adolescence: relation with age, pubertal stage, and weight. *Pediatr Res* 37: 502–506

Killgore WD, Oki M, Yurgelun-Todd DA (2001) Sex-specific developmental changes in amygdala responses to affective faces. *Neuroreport* 12: 427–433

Knell RJ (2004) Syphilis in renaissance Europe: rapid evolution of an introduced sexually transmitted disease? *Proc Biol Sci* 271 (Suppl 4): s174–s176

Koelman CA, Coumans AB, Nijman HW, Doxiadis II, Dekker GA, Claas FH (2000) Correlation between oral sex and low incidence of preeclampsia: a role for soluble HLA in seminal fluid? *J Reprod Immunol* 46: 155–166

Korte SM, Koolhaas JM, Wingfield JC, McEwen BS (2005) The Darwinian concept of stress: benefits of allostasis and costs of allostatic load and the trade-offs in health and disease. *Neurosci Biobehav Rev* 29: 3–38

Kreek MJ, Nielsen DA, Butelman ER, LaForge KS (2005) Genetic influences on impulsitivity, risk taking, stress responsivity and vulnerability to drug abuse and addiction. *Nat Neurosci* 8: 1450–1457

Kroger J (1989) Identity in Adolescence: The Balance Between Self and Other. Routledge, London

Kudwa AE, Bodo C, Gustafsson JA, Rissman EF (2005) A previously uncharacterized role for estrogen receptor beta: defeminization of male brain and behaviour. *Proc Natl Acad Sci USA* 102: 4608–4612

Lai S, Lai H, Page JB, McCoy CB (2000) The association between cigarette smoking and drug abuse in the United States. *J Addict Dis* 19: 11–24

Lane RC, Hull JW, Foehrenbach LM (1991) The addiction to negativity. *Psychoanal Rev* 78: 391–410

Lang UE, Sander T, Lohoff FW, Hellweg R, Bajbouj M, Winterer G, Gallinat J (2007) Association of the met66 allele of brain-derived neurotrophic factor (BNDF) with smoking. *Psychopharmacology* 190: 433–439

Larke A, Crews DE (2006) Parental investment, late reproduction and increased reserve capacity are associated with longevity in humans. *Am J Phys Anthropol* 25: 119–131

Larsen CS (2000) Skeletons in Our Closet: Revealing the Past Through Bioarchaeology. Princeton University Press, Princeton, NJ

LaVelle RG (1995) Natural selection and developmental sexual variation in the human pelvis. *Am J Phys Anthropol* 98: 59–72

LeBlanc SA, Barnes E (1974) On the adaptive significance of the female breast. *Am Nat* 108: 577–578

Leigh SR (1996) Evolution of human growth spurts. *Am J Phys Anthropol* 101: 455–474

Leigh SR (2005) Brain growth, life history and cognition in primate and human evolution. *Am J Perinatol* 62: 139–164

Leigh SR, Park PB (1998) Evolution of human growth prolongation. *Am J Phys Anthropol* 107: 331–350

Levine SB (2005) What is love anyway? *J Sex Marital Ther* 31: 143–151

Lewis DA, González-Burgos G (2008) Neuroplasticity of Neocortical Circuits in Schizophrenia. *Neuropsychopharmacology* 33: 141–165

Little AC, Jones BC, Burriss RP (2007) Preferences for masculinity in male bodies change across the menstrual cycle. *Horm Behav* 51: 633–639

Lockhart AB, Thrall PH, Antonovics J (1996) Sexually transmitted diseases in animals: ecological and evolutionary implications. *Biol Rev Camb Philos Soc* 71: 415–471

Locke JL, Bogin B (2006) Language and life history: a new perspective on the development and evolution of human language. *Behav Brain Sci* 29: 259–325

Lovejoy CO (2005) The natural history of human gait and posture: part I. Spine and pelvis. *Gait Posture* 21: 95–112

Luna B, Garver KE, Urban TA, Lazar NA, Sweeney JA (2004) Maturation of cognitive processes from late childhood to adulthood. *Child Dev* 75: 1357–1372

Maccoby EE (1991) Different reproductive strategies in males and females. *Child Dev* 62: 676–681

Maggini C, Lundgren E, Leuci E (2006) Jealous love and morbis jealousy. *Acta Biomed* 77: 137–146

Malamitsi-Puchner A, Boutsikou T (2006) Adolescent pregnancy and perinatal outcome. *Pediatr Endocrinol Rev* 3 (Suppl 1): 170–171

Makinson C (1985) The health consequences of teenage fertility. *Fam Plann Perspect* 17: 132–139

Manzanares J, Ortiz S, Oliva JM, Pérez-Rial S, Palomo T (2005) Interactions between cannabinoid and opioid receptor systems in the mediation of ethanol effects. *Alcohol Alcohol* 40: 25–34

Marlowe FW (2004) Is human ovulation concealed? Evidence from conception beliefs in a hunter-gatherer society. *Arch Sex Behav* 33: 427–433

Martin JT, Nguyen DH (2004) Anthropometric analysis of homosexuals and heterosexuals: implications for early hormone exposure. *Horm Behav* 45: 31–39

Masterson J (1972) Treatment of the borderline adolescent. Wiley, New York

Mayr E (2002) What Evolution Is. Basic Books, New York

Mazur A, Booth A (1998) Testosterone and dominance in men. *Behav Brain Sci* 21: 353–363

McEwen BS (1999) Permanence of brain sex differences and structural plasticity of the adult brain. *Proc Natl Acad Sci USA* 96: 7128–7130

McGivern RF, Andersen J, Byrd D, Mutter KL, Reilly J (2002) Cognitive efficiency on a match to sample task decreases at the onset of puberty in children. *Brain Cogn* 50: 73–89

McMichael AJ (2004) Environmental and social influences on emerging infectious diseases: past, present and future. *Philos Trans R Soc Lond B Biol Sci* 359: 1049–1058

Meinhardt UJ, Ho KK (2006) Modulation of growth hormone by sex steroids. *Clin Endocrinol* 65: 413–422

Meloy JR, Fisher H (2005) Some thoughts on the neurobiology of stalking. *J Forensic Sci* 50: 1472–1480

Mendoza A (2002) Teenage Rampage: The Worldwide Youth Crime Phenomenon. Virgin, London

Menon V, Levitin DJ (2005) The rewards of music listening: response and physiological connectivity of the mesolimbic system. *Neuroimage* 28: 175–184

Meyer C, Jung C, Kohl T, Poenicke A, Poppe A, Alt KW (2002) Syphilis 2001 – a palaeopathological reappraisal. *Homo* 53: 39–58

Michaud PA, Suris JC, Deppen A (2006) Gender-related psychological and behavioral correlates of pubertal timing in a national sample of Swiss adolescents. *Mol Cell Endocrinol* 254/255: 172–178

Michener W, Rozin P, Freeman E, Gale L (1999) The role of low progesterone and tension as triggers of perimenstrual chocolate and sweets craving: some negative experimental evidence. *Physiol Behav* 67: 417–420

Milham MP, Nugent AC, Drevets WC, Dickstein DP, Leibenluft E, Ernst M, Charney D, Pine DS (2005) Selective reduction in amygdala volume in pediatric anxiety disorders: a voxel-based morphometry investigation. *Biol Psychiatry* 57: 961–966

Miller G (2000) Sexual selection for indicators of intelligence. *Novartis Found Symp* 233: 260–270

Miller NS, Mahler JC, Gold MS (1991) Suicide risk associated with drug and alcohol dependence. *J Addict Dis* 10: 49–61

Mithen S (2007) Did farming arise from a misapplication of social intelligence? *Philos Trans R Soc Lond B Biol Sci* 362: 702–718

Mittal VA, Tessner KD, Walker EF (2007) Elevated social Internet use and schizotypal personality disorder in adolescents. *Schizophr Res* 94: 50–57

Molez JF (2006) A comparative study of the emergence of the AIDS and syphilis pandemics (französisch). *Santé* 16: 215–253

Moller L (2000) The humen vomeronasal system. *Psychiatry* 63: 178–201

Monti-Bloch L, Jennings-White C, Dolberg DS, Berliner DL (2000) Have dual survival systems created the human mind? *Psychoneuroendocrinology* 63: 178–201

Morrison MA, Smith DE, Wilford BB, Ehrlich P, Seymour RB (1993) At war in the fields of play: current perspectives on the nature and treatment of adolescent chemical dependency. *J Psychoactive Drugs* 25: 321–330

Muscarella F, Cevallos AM, Siler-Knogl A, Peterson LM (2005) The alliance theory of homosexual behavior and the perception of social status and reproductive opportunities. *Neuro Endocrinol Lett* 26: 771–774

Myers DP, Andersen AR (1991) Adolescent addiction. Assessment and identification. *J Pediatr Health Care* 5: 86–93

Nebert DW, Dieter MZ (2000) The evolution of drug metabolism. *Pharmacology* 61: 124–135

Nesse RM, Berridge KC (1997) Psychoactive drug use in evolutionary perspective. *Science* 278: 63–66

Neumann CS, Walker EF (2003) Neuromotor functioning in adolescents with schizotypal personality disorder: associations with symptoms and neurocognition. *Schizophr Bull* 29: 285–298

Nunn CL, Gittleman JL, Antonovics J (2000) Promiscuity and the primate immune system. *Science* 290: 1168–1170

O'Brien CP (2007) Brain development as a vulnerability factor in the etiology of substance abuse and addiction. In: Romer D, Walker EF (Hrsg) Adolescent Psychopathology and the Developing Brain. Oxford University Press, Oxford

O'Brien EM, Mindell JA (2005) Sleep and risk-taking behavior in adolescents. *Behav Sleep Med* 3: 113–133

Ochsner KN (2004) Current directions in social cognitive neuroscience. *Curr Opin Neurobiol* 14: 254–258

Oinonen KA, Mazmanian D (2007) Facial symmetry detection ability changes across the menstrual cycle. *Biol Psychol* 75: 136–145

Ong KK, Ahmed ML, Dunger DB (2006) Lessons from large population studies on timing and tempo of puberty (secular trends and relation to body size): the European trend. *Mol Cell Endocrinol* 254/255: 8–12

Paul T, Zijdenbos A, Worsley K, Collins DL, Blumenthal J, Giedd JN, Rapoport JL, Evans AC (1999) Structural maturation of neural pathways in children and adolescents: in vivo study. *Science* 283: 1908–1911

Pawlowski B, Grabarczyk M (2003) Center of body mass and the evolution of female body shape. *Am J Hum Biol* 15: 144–150

Penn DJ, Smith KR (2007) Differential fitness costs of reproduction between the sexes. *Proc Natl Acad Sci USA* 104: 553–558

Porter MW (2001) Why do we have apocrine and sebaceous glands? *J R Soc Med* 94: 236–237

Provost MP, Quinsey VL, Troje NF (2007) Differences in Gait Across the Menstrual Cycle and Their Attractiveness to Men. *Arch Sex Behav* 37: 598–604

Quinlivan JA (2004) Teenagers who plan parenthood. *Sex Health* 1: 201–208

Rapoport SI (1999) How did the human brain evolve? A proposal based on new evidence from *in vivo* brain imaging during attention and ideation. *Brain Res Bull* 50: 149–165

Réale D, Reader SM, Sol D, McDougall PT, Dingemanse NJ (2007) Integrating animal temperament within ecology and evolution. *Biol Rev Camb Philos Soc* 82: 291–318

Rhodes G (2006) The evolutionary psychology of facial beauty. *Annu Rev Psychol* 57: 199–226

Rhodes G, Chan J, Zebrowitz LA, Simmons LW (2003) Does sexual dimorphism in human faces signal health? *Proc R Soc Lond B Biol Sci* 270 (Suppl 1): s93–s95

Rikowski A, Grammer K (1999) Human body odour, symmetry and attractiveness. *Proc R Soc Lond B Biol Sci* 266: 869–874

Ritchey PN, Reid GS, Hasse LA (2001) The relative influence of smoking on drinking and drinking on smoking among high school students in a rural tobacco-growing county. *J Adolesc Health* 29, 386–394

Robinson L (1892) On a possible obsolete function of the axillary and pubic hair tufts in man. *J Anat Physiol* 26: 254–257

Rosenfeld RG (2004) Gender differences in height: an evolutionary perspective. *J Pediatr Endocrinol Metab* 17 (Suppl 4): 1267–1271

Rosenfeld RG, Nicodemus BC (2003) The transition from adolescence to adult life: physiology of the ‚transition phase' and its evolutionary basis. *Horm Res* 60 (Suppl 1): 74–77

Ryder JJ, Webberley KM, Boots M, Knell RJ (2005) Measuring the transmission dynamics of a sexually transmitted disease. *Proc Natl Acad Sci USA* 102: 15140–15143

Savin-Williams RC, Cohen KM (2004) Homoerotic development during childhood and adolescence. *Child Adolesc Psychiatr Clin N Am* 13: 529–549

Scherf KS, Sweeney JA, Luna B (2006) Brain basis of developmental change in visuospatial working memory. *J Cogn Neurosci* 18: 1045–1058

Schlegel A (1995) Cross-cultural approach to adolescence. *Ethos* 23: 15–32

Schneider JE (2006) Metabolic and hormonal control of the desire for food and sex: implications for obesity and eating disorders. *Horm Behav* 50: 562–571

Scholl TO, Hediger ML, Schall JI, Khoo CS, Fischer RL (1994) Maternal growth during pregnancy and the competition for nutrients. *Am J Clin Nutr* 60: 183–188

Schultz W (2004) Neural coding of basic reward terms of animal learning theory, game theory, microeconomics and behavioral ecology. *Curr Opin Neurobiol* 14: 139–147

Schuster MA, Bell RM, Kanouse DE (1996) The sexual practices of adolescent virgins: genital sexual activities of high school students who had never had vaginal intercourse. *Am J Public Health* 86: 1570–1576

Seeman E (2001) Sexual dimorphism in skeletal size, density and strength. *J Clin Endocrinol Metab* 86: 4576–4584

Segalowitz SJ, Davies PL (1994) Charting the maturation of the frontal lobe: an electrophysiological strategy. *Brain Cogn* 55: 116–133

Sharp FR, Hendren RL (2007) Psychosis: atypical limbic epilepsy versus limbic hyperexcitability with onset at puberty? *Epilepsy Behav* 10: 515–520

Shilling PD, Kuczenski R, Segal DS, Barrett TB, Kelsoe JR (2006) Differential regulation of immediate-early gene expression in the prefrontal cortex of rats with a high vs low behavioral response to methamphetamine. *Neuropsychopharmacology* 31: 2359–2367

Silverman I, Choi J, Mackewn A, Fisher M, Moro J, Olshansky E (2000) Evolved mechanisms underlying wayfinding. Further studies on the hunter-gatherer theory of spatial sex differences. *Evol Hum Behav* 21: 201–213

Skegg K (2005) Self-harm. *Lancet* 366: 1471–1483

Slotkin TA (2002) Nicotine and the adolescent brain: insights from an animal model. *Neurotoxicol Teratol* 24: 369–384

Smith AM, Kelly RB, Chen WJ (2002) Chronic continuous nicotine exposure during periadolescence does not increase ethanol intake during adulthood in rats. *Alcohol Clin Exp Res* 26: 976–979

Snowdon CT, Ziegler TE, Schultz-Darken NJ, Ferris CF (2006) Social odours, sexual arousal and pairbonding in primates. *Philos Trans R Soc Lond B Biol Sci* 361: 2079–2089

Sowell ER, Peterson BS, Kan E, Woods RP, Yoshii J, Bansal R, Xu D, Zhu H, Thompson PM, Toga AW (2007) Links Sex Differences in Cortical Thickness Mapped in 176 Healthy Individuals between 7 and 87 Years of Age. *Cereb Cortex* 17: 1550–1560

Sowell ER, Peterson BS, Thompson PM, Welcome SE, Henkenius AL, Toga AW (2003) Mapping cortical change across the human life span. *Nat Neurosci* 6: 309–315

Sowell ER, Thompson PM, Holmes CJ, Batth R, Jernigan TL, Toga AW (2002) Localizing age related changes in brain structure between childhood and adolescence. *Neuroimage* 9: 587–597

Sowell ER, Thompson PM, Toga AW (2007) Mapping adolescent brain maturation using structural magnetic resonance imaging. In: Romer D, Walker EF (Hrsg) Adolescent Psychopathology and the Developing Brain. Oxford University Press, Oxford

Spear LP (2000) The adolescent brain and age-related behavioral manifestations. *Neurosci Biobehav Rev* 24: 417–463

Spear LP (2007) The developing brain and adolescent-typical behaviour patterns: an evolutionary approach. In: Romer D, Walker EF (Hrsg) Adolescent Psychopathology and the Developing Brain. Oxford University Press, Oxford

Sperry R (1982) Some effects of disconnecting the cerebral hemispheres. *Science* 217: 1223–1226

Sullivan RJ, Hagen EH (2002) Psychotropic substance-seeking: evolutionary pathology or adaptation? *Addiction* 97: 389–400

Swaab DF, Gooren LJ, Hofman MA (1995) Brain research, gender and sexual orientation. *J Homosex* 28: 283–301

Takahashi H, Matsuura M, Yahata N, Koeda M, Suhara T, Okubo Y (2006) Men and women show distinct brain activations during imagery of sexual and emotional infidelity. *Neuroimage* 32: 1299–1307

Terasawa E, Fernandez DL (2001) Neurobiological mechanisms of the onset of puberty in primates. *Endocr Rev* 22: 111–151

Thomas KM, Drevets WC, Dahl RE, Ryan ND, Birmaher B, Eccard CH, Axelson D, Whalen PJ, Casey BJ (2001) Amygdala response to fearful faces in anxious and depressed children. *Arch Gen Psychiatry* 58: 1057–1063

Thompson PM, Giedd JN, Woods RP, MacDonald D, Evans AC, Toga AW (2000) Growth patterns in the developing brain detected by using continuum mechanical tensor maps. *Nature* 404: 190–193

Todd RD, Botteron KN (2001) Family, genetic, and imaging studies of early-onset depression. *Child Adolesc Psychiatr Clin N Am* 10: 375–390

Tosevski J, Tosevski DL (2006) Concealed female external genitals: possible morpho-psychological clue to unique emotional and cognitive evolutionary matrix of man. *Med Sci Monit* 12: 11–19

Tucker DM, Moller L (2007) The metamorphosis: individuation of the adolescent brain. In: Romer D, Walker EF (Hrsg) Adolescent Psychopathology and the Developing Brain. Oxford University Press, Oxford

Upadhyaya HP, Deas D, Brady KT, Kruesi MA (2002) Cigarette smoking and psychatric comorbidity in children and adolescents. *J Am Acad Child Adolesc Psychiatry* 41: 1294–1305

Uvnäs-Moberg K, Björkstrand E, Hillegaart V, Ahlenius S (1999) Oxytocin as a possible mediator of SSRI-induced antidepressant effects. *Psychopharmacology* 142: 95–101

Wallace JM, Luther JS, Milne JS, Aitken RP, Redmer DA, Reynolds LP, Hay WW jr (2006) Nutritional modulation of adolescent pregnancy outcome – a review. *Placenta* 27 (Suppl A): s61–s82

Wallen K (2001) Sex and context: hormones and primate sexual motivation. *Horm Behav* 40: 339–357

Wallen K, Zehr JL (2004) Hormones and History: the evolution and development of primate female sexuality. *J Sex Res* 41: 101–102

Wang MH, vom Saal FS (2000) Maternal age and traits in offspring. *Nature* 407: 469–470

Ward H (2007) Prevention strategies for sexually transmitted infections: importance of sexual network structure and epidemic phase. *Sex Transm Infect* 83 (Suppl 1): 143–149

Weisfeld GE (1999) Evolutionary Principles of Human Adolescence. Basic Books, New York

Weisfeld GE (2006) Uniqueness of human childhood and adolescence? *Behav Brain Sci* 29: 298–300

Weisfeld GE, Czilli T, Phillips KA, Gall JA, Lichtman CM (2003) Possible olfaction-based mechanisms in human kin recognition and inbreeding avoidance. *J Exp Child Psychol* 85: 279–295

Weisfeld GE, Woodward L (2004) Current evolutionary perspectives on adolescent romantic relations and sexuality. *J Am Acad Child Adolesc Psychiatry* 43: 11–19

Wellings K, Collumbien M, Slaymaker E, Singh S, Hodges Z, Patel D, Bajos N (2006) Sexual behaviour in context: a global perspective. *Lancet* 368: 1706–1728

Wellings K, Field B (1996) Sexual behaviour in young people. *Baillieres Clin Obstet Gynaecol* 10: 139–160

Wellings K, Wadsworth J, Johnson A, Field J, Macdowall W (1999) Teenage fertility and life chances. *Rev Reprod* 4: 184–190

White A, Bae J, Truesdale M, Ahmad S, Wilson W, Swartzwelder HS (2002) Chronic intermittent alcohol exposure during adolescence prevents normal developmental changes in sensitivity to alcohol-induced motor impairments. *Alcohol Clin Exp Res* 26: 960–968

Whitlock KE, Illing N, Brideau NJ, Smith KM, Twomey SA (2006) Development of GnRH cells: setting the stage for puberty. *Mol Cell Endocrinol* 254/255: 39–50

Wiers RW, Bartholow BD, van den Wildenberg E, Thush C, Engels RC, Sher KJ, Grenard J, Ames SL, Stacy AW (2007) Automatic and controlled processes and the development of addictive behaviors in adolescents: a review and a model. *Pharmacol Biochem Behav* 86: 263–283

Worret WI (2002) Screening for depression in adult acne vulgaris patients: tools for the dermatologist. *J Cosmet Dermatol* 1: 202–207

Yacubian J, Sommer T, Schroeder K, Gläscher J, Kalisch R, Leuenberger B, Braus DF, Büchel C (2007) Gene-gene interaction associated with neural reward sensitivity. *Proc Natl Acad Sci USA* 104: 8125–8130

Yuferov V, Fussell D, LaForge KS, Nielsen DA, Gordon D, Ho A, Leal SM, Ott J, Kreek MJ (2004) Redefinition of the human kappa opioid receptor gene (OPRK1) structure and association of haplotypes with opiate addiction. *Pharmacogenetics* 14: 793–804

Yun AJ, Bazar KA, Lee PY (2004) Pineal attrition, loss of cognitive plasticity, and onset of puberty during the teen years: is it a modern maladaptation exposed by evolutionary displacement? *Med Hypotheses* 63: 939–950

Yurgelun-Todd DA, Killgore WD, Cintron CB (2003) Cognitive correlates of medial temporal lobe development across adolescence: a magnetic resonance imaging study. *Percept Mot Skills* 96: 3–17

Zehr JL, Maestripieri D, Wallen K (1998) Estradiol increases females sexual initiation independent of male responsiveness in rhesus monkeys. *Horm Behav* 33: 95–103

Zeki S (2007) The neurobiology of love. *FEBS Lett* 581: 2575–2579

Zhang PW, Ishiguro H, Ohtsuki T, Hess J, Carillo F, Walther D, Onaivi ES, Arinami T, Uhl GR (2004) Human cannabinoid receptor 1: 5' exons, candidate regulatory regions, polymorphisms, haplotypes and association with polysubstance abuse. *Mol Psychiatry* 9: 916–931

Danksagung

Aitken Alexander Associates gilt mein Dank für die Genehmigung, das Zitat aus *Der Magus* von John Fowles als Einstieg in Kapitel 4 abdrucken zu dürfen.

Eine große Hilfe war es, dass meine Freunde Angie Tavernor und Jill de Laat die letzten Versionen des Manuskripts dieses Buches mit vereinter Kritikerkraft zerpflückt haben. Ich danke Dr. Barry Bogin für die Zusendung einiger Artikel, die meine Überlegungen in interessante Richtungen lenkten. Dank auch an meinen Agenten Peter Tallack und meine Lektorin Laura Barber für ihre Unterstützung während des gesamten Projekts. Schließlich danke ich allen, die mir außerdem geholfen haben: meiner Familie, meinen Freunden, meinen Kollegen, meinen verfälschten Jugenderinnerungen, Steve Reich und Johann Sebastian Bach.

Sachverzeichnis

Printing: Ten Brink, Meppel, The Netherlands
Binding: Stürtz, Würzburg, Germany